中国地震局地震科学联合基金会、上海市地震局联合资助

上海附近海域的地震研究和滨海地震学

林命週 等 编著

地震出版社

图书在版编目（CIP）数据

上海附近海域的地震研究和滨海地震学/林命週等编著. ——北京：
地震出版社，2009.6
ISBN 978-7-5028-3493-7

Ⅰ. 上… Ⅱ. 林… Ⅲ. 海域－地震－研究－上海市 Ⅳ. P316.251

中国版本图书馆 CIP 数据核字（2009）第 009715 号

地震版 XT200400091

上海附近海域的地震研究和滨海地震学
林命週 等 编著
责任编辑：宋炳忠 樊 钰
责任校对：李 珆

出版发行：地震出版社
北京民族学院南路9号 邮编：100081
发行部：68423031 68467993 传真：88421706
门市部：68467991 传真：68467991
总编室：68462709 68423029 传真：68467972
E-mail：seis@ht.rol.cn.net

经销：全国各地新华书店
印刷：北京地大彩印厂

版（印）次：2009年6月第一版 2009年6月第一次印刷
开本：787×1092 1/16
字数：327千字
印张：12.75
印数：001～500
书号：ISBN 978-7-5028-3493-7/P（4114）
定价：38.00元

版权所有 翻印必究
（图书出现印装问题，本社负责调换）

Seismic Research of Sea Area Near Shanghai and Offshore Seismology

Edited by Lin Mingzhou et al.

Seismological Press

《上海附近海域的地震研究和滨海地震学》

编委会

主　编　　林命週
副主编　　徐永林　章　纯　吕恒俭
编　委　　汪育新　蒋　淳　汪江田
　　　　　　李于民　李起彤　谢富华
　　　　　　陈　奇　熊　丹　陈乃其
　　　　　　包军强

序

  回顾20世纪七八十年代——唐山地震时代，对于唐山地震的预测，震级显著偏低。即使在唐山地震后的回溯性预测研究中，仍难以将其震级匹配得预报到位。今日我们认识到，从大地震活动空间特征着眼，地球浅表层覆盖的海水，对于深部大地震的活动空间图像，并无特别重要影响。分析唐山地震，若能纵览其东南广袤的海域，从大尺度的视野，则对其震级预测可以到位（参见《唐山地震30周年天津地震局论文集》，2006年，p.9～13）。

  20世纪90年代，中国地震学会于1993年12月15～17日在海南三亚召开"中国近海地震研讨会"。会议促使人们关注我国东部、东南部滨海环形强震活动带。事后确实发生了如会议纪要中所指出的闽粤交界近海（1994年9月16日7.3级）、桂粤琼交界近海（1994年12月31日6.1级和1995年1月10日6.2级）、南黄海上海近海（1996年11月9日6.1级）等一系列强震（参见《中国地震学会会讯》1993.3，No.14，p.26）。我国东部包括滨海强震带在内的环形强震构造带，在历史上有多次活动，特别是17世纪初以泉州8级大震为代表的活动高潮。从而表明我国东部地震与其海域地震的密切关系（参见《大地测量与地球动力学》，2005.2，25（1），p.1～5）。

  我国近海地区是广袤的大陆架，离海岸线延伸很远，可达千百公里。越过大陆架，海底地貌才发生显著变化，进入深海域。以海水为界的海岸线在地层深部并无特别重要的构造物理意义。如上所述，就强震的活动而言，滨海地区（包括滨海陆区与海区）地震活动的特征融为一体，并不因为浅表有无海水，震情就有变化。1985年9月19日墨西哥近海8.1级大地震使墨西哥城遭受巨大损失。1995年1月7日日本阪神7.2级地震，大阪、神户损失惨重。这些都是灾情突出的现代滨海地震。

  我国是一个海洋大国，从北到南有渤海、黄海、东海和南海，拥有6500多个岛屿，18000km大陆海岸线，14000km岛屿海岸线，海岸线总和长达32000km。滨海、三角洲地区，人口密集，高楼林立，历来就是我国的经济要地。改革开放以来经济高速增长，近海拥有丰富的油气资源，开发前景诱人。海底输气管线，深水港口，修建人工半岛或人工岛，跨海大桥、海底隧道，诸多涉及海域的重大工程建设的防震抗震设计对策必须先行。

  改革开放以来，作为滨海城市的上海成为一个国内经济地位举足轻重、国外一致看好、经济蓬勃发展的世界金融中心之一。但是，上海邻近海域位于环太平洋地震带西部，时有（中）强震发生。上海有着滨海城市的一切特点，滨海附近发生的地震影响较大；上海地处冲积平原，地表有软土覆盖层，类似墨西哥城遭受的破坏值得借鉴重视。

　　林命週教授长期关注滨海地震，在开展"上海及其邻近海域滨海地震学研究一期工程"实践中与同仁们获得了诸多新成果。本著作首次将上海地区的地震研究纳入了滨海地震学的视野，为我国地震研究推向海洋领域作出了贡献。

许绍燮
2007.7.24

前言

21世纪是海洋世纪，世界已进入全面开发利用海洋的新时期。海洋、空间和生物工程技术是当今世界上的三大高新技术。对于人类面临的人口、资源、环境三大问题，依靠科学技术合理开发海洋是解决这些问题的重要出路之一。这也是各国有识之士都已意识到的事情。因为随着陆地资源的持续开采，资源在不断减少，但与此同时人类不断地开发着新技术，已有足够的能力向海洋进军，向海洋索取资源，21世纪正处在这样的背景下，人们理所当然地将目光转向了海洋，将海洋问题作为了重点议题。

地球科学的飞速发展，促使人们把大陆和海洋作为一个统一的整体（统一的固体地球）来研究，其目的一方面是收集并积累海底深部的多种信息，监视其变化及活动，阐明地震发生机制，进行海域地震危险性评价，捕捉地震前兆现象，提高海底地震预测水平；另一方面是要阐明地壳、地幔、地球内部的结构状态、演化历史、构造运动及其反应，以便为陆地和海洋的国防建设、矿产资源预测与开发、海岸防护、港口建设等提供科学依据和基本资料，既为地震预测服务，同时又反过来推进地球科学的许多学科，诸如地球物理、地质、地球化学等基础理论的发展。其中，海洋地球物理探测由于其在军事和海洋石油资源开发等方面的需求，早就被各海洋大国所重视。特别是随着陆上资源逐渐匮乏，各有关海洋国家纷纷加大了对海洋资源的探测、占有与开发力度。根据1982年《联合国国际海洋法公约》，海洋边界划分的地学依据是沿海国陆地自然延伸到大陆边外缘的海底区域的海床和底土，因此主要以大陆架及其延伸为基本内容的海域地质构造探测，成为各个海洋国家的紧迫任务。20世纪80年代，各有关经济强国，如日本、美国等开始以海域天然地震为震源，通过沿海密集的地震观测网，来获取穿过海底地壳的地震波，用以了解海底构造和研究板块运动。近些年，地球科学计划层出不穷，占地球面积2/3的海洋观测成为热点之一。全球海洋地震观测网络成为地震观测的必然发展趋势，如以地震观测为主要内容的国际洋底观测网（ION）于1993年建立，促进了海洋观测的国际合作，并于1995年扩展到地质界，2001年扩展到海洋界。国际上不少国家已在这些方面取得了相当进展。

我国不仅是个大陆国家，而且是一个海洋大国。从海洋看，我国从北到南有渤海、黄海、东海和南海，拥有 18000km 大陆岸线，6500 多个岛屿，14000km 岛屿海岸线，海岸线总和长达 32000km；我国近海海深 200m 范围内，至少有 22 亿亩待开发的滨海海域，在面积达 300 万 km^2 的我国管辖海域，到 1997 年为止已查明分布着大、中型含油气盆地 15 个，迄今还不断有新发现传出。在有着丰富油气资源、开发前景诱人的地区，油气总资源量预计在 365 亿 t 以上。改革开放以来，作为滨海城市的上海及邻近地区，高楼林立，工农业、商业贸易飞速发展，上海已成为一个国内经济地位举足轻重、国外一致看好、经济蓬勃发展的世界金融中心之一；上海周边省市本身是一个经济发达地区，改革开放使之一日千里，它们和上海的产值在我国国民经济中占有极高的比例。但是，我国海域位于环太平洋地震带西部，欧亚板块和菲律宾海板块的结合部，地震活动频繁、强烈。因此，为了确保我国东部地区，尤其是沿海地区经济的持续稳定发展，"滨海地震"工作必须尽快上马，给经济发展高潮提供防震减灾保障。况且上海有着滨海城市的一切特点，如：受海域，尤其是滨海附近发生的地震影响较大；另外，上海地处冲积平原，地表有一层很厚的软土覆盖层，它的地震动响应对其构筑物的影响巨大。1985 年墨西哥大地震，尽管震中距墨西哥城有 400 多千米，但由于其地处软土覆盖层，经软土覆盖层放大后的地震动，使墨西哥城遭受了毁灭性破坏，这是有软土覆盖层城市遭受地震破坏的一个典型例子；日本阪神地震造成大阪严重破坏和损失又是一例。因此，探讨上海附近海域的介质特性，地震震源参数，滨海区域与陆地之间地壳、震源存在的差异，特定地区潜在中强地震并对其进行地震时程预测，软土覆盖层的地震动放大效应及其对构筑物的影响等，其重要性不言而喻。在这样的形势下，上海市地震局于 1994～1995 年间正式开始了滨海地震研究的准备工作。事实上，早在 20 世纪 70 年代，建制在上海的海洋地质调查队就曾邀请作者等人，咨询过关于在南黄海和东海近海海域开展海底地震观测可行性的问题，可见对滨海地区地震的关注，早已大有人在。

在科学上，"滨海地震学"研究在我国始于 20 世纪 80 年代中期。90 年代以来，海洋地震的研究引起了国内有关学术部门的关注，1991 年中国地震学会在海南省海口市举行的第三届地震学专业委员会会议上有人倡议设立海洋地震学小组；两年后由中国地震学会地震学专业委员会，地震地质、地壳深部探测、地震科技情报委员会，中国地震局科技监测处和海南省地震局于 1993 年 9 月在海南省三亚市联合召开了"中国近海地震学研讨会"，会上就中国近海地震研究提出了专家建议。海南省地震局于 1992 年成立了海洋地震研究所，但遗憾的是该所在机构改革中被取消了。作为正式的有相当规模的立项研究，上海市地震局开展的"上海及其邻近海域滨海地震学研究一期工程"尚属首次，可以说是我国第一次正式把陆上的地震研究推向海洋领域的初步尝试，课题编制的长远研究规划也可以认为是我国地震工作者首次试图全面地向滨海-海洋地震进军的设想。本书以上海市地震局于1997年开展的"滨海地震学研究一期工程"的部分内容以根据，并补充不少新内容改写而成，可以说是我国第一部专门论述滨海-海洋地震学的著作。在成稿过程中郭增建研究员、周公威研究员和冉从容高级工程师应作者之邀寄来了各自的大作：海域地震区划研究、海洋半球台网计划（OHP）与海底地震观测系统的发展和个人课题研究中未公开发表的资料，上海市地震局的方国庆先生向作者提供了申报有关海洋地震观测课题的"项目建议书"，他们十分友好地同意作者任意使用他们提供的素材，为此我们在本书第一章、第四章、第五章中按原件以一字不改，仅作连接处理的方式进行了有关内容的转引，以示尊重。另外，卢振恒、宋治平提供了某些参考文稿。参与一期工程课题研究的除本书的一些编委外，还有刘文龙、罗伟、门可佩、梅洪明、何建树、何淑韵；参与课题研究部分资料翻译的有赵志光、刘峥、何建树、肖志江、姚立珣，虞雪君、钟羽云、佘俊和、谢健健；冉从容、黄福林、张训华等人还为课题研究提供了图件和少量文稿）。

本书之雏形"滨海地震学研究一期工程课题报告"一套曾寄于地震界的老前辈梅世蓉教授，梅先生的复函中提及："你们已经在滨海地震学的研究方面走出了可喜的第一步，为今后的发展已经奠定了一个良好的基础……"正是这样深切的鼓励，使作者鼓起勇气编著了本书。

在写作过程中，许绍燮院士、陈运泰院士、丁国瑜院士、张奕麟教授级高级工程师、郭增建研究员、朱传镇研究员、冯德益研究员、琴朝智研究员等老一辈专家给予了作者指导和具体帮助。原上海市地震局情报资料室的段华琛同志提供了某些信息，汪育新女士承担了全书的打印、修改、制图和电脑处理工作，黄佩女士为本书清绘了不少底图，上海市地震局原局长火恩杰研究员不仅关心本书的出版，还特批了部分出版经费，中国地震局地震科学联合基金会资助了另一部分出版经费。显见地震界的各方同仁都在时刻关心着本书的出版，因此在一定程度上可以说本书的出版是集体智慧和劳动的结晶，没有上述那些提名的以及许多未提及的同仁的关心和支持，断无此作。在此谨向上述各位及所有关心本书、给本书的编写和出版提供过帮助的同志、向本书所引用文献的作者致以最深切的谢意。

作者才疏学浅，所述或有不妥，恳请各方同仁斧正，特别是引用的文献如有不当或遗漏，恭请各方及时告知，以容纠正。

愿地震界众多前辈和我们一起对滨海-海洋地震进行深入研究，并取得丰硕成果的共同愿望早日成真！

目 录

第一章 概论 ·· 1
第二章 上海附近海域地质构造和地震活动背景 ··· 7
  第一节 苏北南黄海基础地质研究 ·· 7
    1. 苏北南黄海构造区划 ·· 7
    2. 苏北南黄海地震活动特点 ·· 8
    3. 苏北南黄海盆地地质构造特征 ·· 9
    4. 盆地海陆部分地震活动差异原因分析 ·· 14
  第二节 上海附近及海域新构造运动 ·· 19
    1. 地震构造背景 ·· 19
    2. 新构造运动的表现 ·· 20
    3. 新构造分区 ·· 23
    4. 新构造运动的特点 ·· 23
    5. 新构造运动与地震活动的关系 ·· 24
  第三节 苏北滨海断裂查证与评价 ·· 25
    1. 苏北滨海断裂存在依据 ·· 26
    2. 苏北滨海断裂活动性评价 ·· 28
    3. 苏北滨海断裂构造意义 ·· 30
第三章 上海附近海域的地震活动 ··· 32
  第一节 上海附近海域地震资料评估和1505年地震的再定位与命名 ······ 32
    1. 上海附近海域地震资料评估 ·· 32
    2. 1505年地震的再定位与命名 ·· 46
  第二节 日本海沟（含部分千岛海沟）、琉球与台湾等地区的地震与
        上海附近海域地震的关系 ·· 54
    1. 日本地震概况 ·· 54
    2. 日本海沟（含部分千岛海沟）地震与上海附近海域地震的关系研究 ······ 59
    3. 日本海沟和部分千岛海沟地区与中国大华北地区地震活动的关系 ······ 65
    4. 日本琉球地区与中国华东地区地震关系的研究结果 ···················· 66
    5. 日本海沟（含部分千岛海沟）地震与上海附近海域地震关系
       研究的其他结果 ·· 67
    6. 台湾地区地震与上海附近海域地震的关系 ···································· 76
    7. 不同海域地区地震之间关系的可能解释 ·· 77

- 第三节　上海附近海域地震的震源参数和介质参数 ………………………… 77
  - 1. 小震震源参数和介质参数 …………………………………………… 77
  - 2. 中强地震的震源参数 ………………………………………………… 84

第四章　海域地震的若干工程问题
- 第一节　上海附近海域的烈度区划 ………………………………………… 95
- 第二节　近海中强地震的仿真合成 ………………………………………… 100
  - 1. 用半经验格林函数法合成中强地震的地震动 …………………… 100
  - 2. 用相位谱和目标反应谱方法合成中强地震的地震动 …………… 105
- 第三节　上海沿海地区软土层的地震波反应 ……………………………… 114
  - 1. 表层软土 S 波的地震动反应 ……………………………………… 115
  - 2. 细砂层 S 波的地震动反应 ………………………………………… 118
  - 3. 整个软土层 S 波的地震动反应 …………………………………… 118
  - 4. 软土覆盖层地震动反应的意义及其影响 ………………………… 122
- 第四节　软土覆盖层地震面波的地震动反应及台湾 M_S8 地震对上海高层建筑影响的估计 ……………………………………………… 122
  - 1. 软土覆盖层对地震动面波的放大作用 …………………………… 123
  - 2. 软土覆盖层中地震面波频谱分析 ………………………………… 125
  - 3. 台湾 M_S8 地震对上海高层建筑影响的估计 …………………… 127

第五章　海底地震观测和滨海-海洋地震学
- 第一节　海底地震观测方式 ………………………………………………… 133
  - 1. 海底地震仪 ………………………………………………………… 133
  - 2. 海底地震观测方式 ………………………………………………… 136
- 第二节　海底地震观测现状 ………………………………………………… 137
  - 1. 国际海洋地震台网（OSN） ……………………………………… 137
  - 2. 日本海底地震观测概况 …………………………………………… 139
  - 3. 美国海底地震仪的研制、实验和研究项目 ……………………… 154
  - 4. 俄罗斯（含苏联）和其他国家（法国、希腊等）的海底地震观测和研究 … 161
  - 5. 中国的海底地震观测研究 ………………………………………… 168
- 第三节　海底地震观测展望 ………………………………………………… 177
  - 1. 日本对未来海底地震观测研究的设想 …………………………… 177
  - 2. 美国 21 世纪地球科学计划——观测研究太平洋与北美板块边界带 … 178
  - 3. 关于发展我国海底地震观测的建议和设想 ……………………… 179
- 第四节　滨海-海洋地震学 …………………………………………………… 180
  - 1. 滨海-海洋地震学的含义、研究简史、现状和展望 ……………… 180
  - 2. 上海市对滨海-海洋地震学研究的设想 ………………………… 182

后　记 ……………………………………………………………………………… 187

Content

Chapter 1 Introduction ··· 1

Chapter 2 Geologic structure of sea area and seismic activity background near Shanghai ·· 7

  Section 1 Basic geology study of North Jiangsu and South Yellow Sea ············· 7

    1. Tectonic zoning of North Jiangsu and South Yellow Sea ························ 7

    2. Characteristics of seismic activity in North Jiangsu and South Yellow Sea ············ 8

    3. Features of basin geological structure in North Jiangsu and South Yellow Sea ·· 9

    4. Analysis of the differences of some seismic activities between basin land and sea ··· 14

  Section 2 New tectonic movement of sea area near Shanghai ························ 19

    1. Seismic tectonic background ··· 19

    2. Representation of new tectonic movement ······································· 20

    3. New tectonic zoning ·· 23

    4. Characteristics of new tectonic movement ······································· 23

    5. Relation between new tectonic movement and seismic activity ············· 24

  Section 3 Fracture examination and evaluation in coast of North Jiangsu ········· 25

    1. Gist of fracture existence in coast of North Jiangsu ·························· 26

    2. Evaluation of fracture activity in coast of North Jiangsu ···················· 28

    3. Significance of fracture tectonic in coast of North Jiangsu ·················· 30

Chapter 3 Seismic activity of sea area near Shanghai ······························· 32

  Section 1 Seismic data evaluation of sea area near Shanghai and relocation and renaming of the earthquake in 1505 ························ 32

    1. Seismic data evaluation of sea area near Shanghai ···························· 32

    2. Relocating and renaming of the earthquake in 1505 ·························· 46

  Section 2 Relation between Japan trench (including part of Kuril trench), Ryukyn, China Taiwan Region earthquakes and sea area earthquakes near Shanghai ·· 54

    1. General situation of Japan earthquakes ·· 54

    2. Study on relation between Japan trench (including part of Kuril trench) earthquakes and sea area earthquakes near Shanghai ························· 59

    3. Relation between Japan trench (part of Kuril trench) and seismic

activity in North China region ································· 65
    4. Research result on earthquake relation between Japan Ryukyu region
       and East China region ··· 66
    5. Other research results on relation between Japan trench (including part of
       Kuril trench) earthquakes and sea area earthquakes near Shanghai ········ 67
    6. Relation between earthquakes in Taiwan and sea area earthquakes
       near Shanghai ·· 76
    7. Possible explanation of relation between different sea area earthquakes ········ 77
  Section 3 Seismic source parameters and medium parameters of sea area
             earthquake near Shanghai ·· 77
    1. Seismic source parameters and medium parameters of small earthquakes ········ 77
    2. Seismic source parameters of moderate-to-strong earthquakes ··············· 84

Chapter 4 Several projects problems of sea area earthquakes ··············· 95
  Section 1 Intensity zoning of sea area near Shanghai ···························· 95
  Section 2 Emulation composition of offshore moderate-to-strong earthquakes ········ 100
    1. Compositing earthquake motion of moderate-to-strong earthquakes
       using semi-empirical green function method ································· 100
    2. Compositing earthquake motion of moderate-to-strong earthquakes
       using phase spectrum and objective response spectrum ······················· 105
  Section 3 Seismic wave response of soft soil layer along Shanghai sea ············· 114
    1. Seismic motion response of S wave in surface layer ························· 115
    2. Seismic motion response of S wave in fine sand layer ······················· 118
    3. Seismic motion response of S wave in whole soft layer ······················ 118
    4. Significance of seismic motion response in soft soil layer and its influence ········ 122
  Section 4 Seismic motion response of surface wave in soft soil covering layer
             and estimation of influence of Taiwan $M_s 8$ earthquake on Shanghai
             high buildings ·· 122
    1. Amplified effect of soft soil covering layer to seismic motion surface wave ······ 123
    2. Spectrum analysis of seismic surface wave in soft soil covering layer ··········· 125
    3. Estimation of influence of Taiwan $M_s 8$ earthquake on Shanghai
       high buildings ·· 127

Chapter 5 Submarine seismologic observation and coast-marine seismology ········· 133
  Section 1 Submarine seismologic observation method ····························· 133
    1. Submarine seismograph ·· 133
    2. Submarine seismologic observation method ································· 136
  Section 2 Present situation for submarine seismologic observation ················ 137
    1. International ocean seismic network stations ································ 137
    2. General situation for Japan submarine seismologic observation ··············· 139
    3. Experiment of American submarine seismograph and research projects ········· 154

4. Submarine seismologic observation and research of Russia (former Soviet Union) and other countries (France, Greece, etc.) ········· 161
  5. Submarine seismologic observation for China ········· 168
Section 3 Expectation for submarine seismologic observation ········· 177
  1. Assumption for Japan to future marine earthquake research ········· 177
  2. American earth science plan for the 21th century ········· 178
  3. Suggestion and assumption on developing submarine seismologic observation of our country ········· 179
Section 4 Coast-marine seismology ········· 180
  1. Meaning of coast-marine seismology, brief history, present situation and expectation ········· 180
  2. Assumption of study of Shanghai to coast-marine seismology ········· 182
Backword ········· 187

第一章　概　　论

顾名思义，"滨海"是大陆附近，其地域包括沿海的陆地部分和海域部分，即海陆交界处向海、陆两侧适当扩展的某些地域。"滨海地震学"就是研究这一地域中地震问题的一个地震学分支。当然，对于陆上部分的研究内容和研究方法与传统的地震学并无二致，而对海上部分，尽管只是浅海，却涉及到目前正在蓬勃兴起的海洋地震学。前者并无新意，后者却是一个新的研究方向。尤其是我国，以前对海洋的研究明显不如陆地，因此从陆向海的过程中先研究其过渡地带——有陆有海的"滨海"，毫无疑问是任何人都自然而然会想出来的，这不仅是因为研究了这一地域的地震问题可以为真正的海洋地震研究积累经验，还因为"滨海"毕竟是走向海洋的第一步，是海陆两栖的状态，研究"滨海"必须思考并借鉴海洋。因此广义上讲，严格意义下的"滨海地震学"应是"滨海-海洋地震学"。事实上，关于"滨海地震学"的问题在我国地震界早有提及，许绍燮院士和梅世蓉教授在20世纪80年代就有论述，郭增建教授实际上早已开展了这方面的探索。20世纪80年代中期，中国科学院地球物理研究所等单位先后研制出HS1浅海（200 m）和HS2深海（2000 m）数字记录海底地震仪，并于90年代以改进型HS3进行过多次海底地震观测试验[1]。上海市地震局也在同期作过早期的海底地震仪可行方案试验，不过这是后话，将在本书第五章展开。

上海地处我国东海之滨，是实实足足的滨海地区，研究上海地区的地震问题是货真价实的"滨海地震学"课题，从这个意义上讲在上海开展的任何与地震有关的工作都可纳入广义的"滨海地震学"范畴，足见上海关注并开发"滨海地震学"研究是有意无意都会涉及的非常自然的顺理成章的科学思路，这是在上海地区从事地震工作的任何一个人都会想到的。不过本书要介绍的是上海在有意识觉察到这个问题后有针对性地开展的一些工作，我们且把它理解为狭义的"滨海地震学"；另外，为什么恰恰在20世纪末才提出这一问题，并在现在整理上海在"滨海地震"研究方面取得的成果以形成本书仍有其客观原因，这些就是我们要在概论中阐述的主要内容（至于上海市地震局在狭义的"滨海地震"研究中取得的主要成果和今后的构想，将会在本书第二章起逐一介绍）。

上海及其附近地区，历史上曾被视为少震弱震区。进入20世纪70年代以后，地震频度和强度却有所提高，先后发生了1971年12月30日长江口4.9级地震，上海东部局部有感；1974年4月22日溧阳5.5级地震，上海西部有感；1975年9月2日南黄海5.3级地震，上海北部有感；1979年7月9日溧阳6.0级地震，上海大范围有感；1984年5月21日南黄海6.2级地震，上海普遍强烈有感，崇明边缘有少许破坏；1990年2月10日常熟太仓5.1级地震，上海普遍强烈有感，嘉定有一定破坏；1996年11月9日长江口以东海域6.1级地震，上海普遍强烈有感。研究表明，苏鲁交界南黄海一带20世纪来和21世纪地震活动较为活跃，除1996年11月9日长江口以东海域发生6.1级地震外，1997年7月28日盐城以东海域又发生了5.1级地震，不出一个星期在当年8月3日崇明以东的长江口发生了3.9级地震，8月9日在"11.9"6.1级地震以东200 km处发生了3.6级地震，次日即8月10日又在南黄海勿南沙发生了2.4级地震，8月12日在舟山以东海域再次发生2.2级地震。上海近海如此频发的地震事件，在南黄海地区和东海地区的历史上还是不多见的。另外，1994年9月16日台湾海峡7.3级地震使上海10层以上的高层居民强烈有感。显然，过去由于上海市高层、超高层不多而未能引起关注的台湾地震，未来将会对上海有明显影响。1999年9月21日台湾南投7.6级地震和2002年3月31日台湾花莲以东7.5级地震发生时也有同样的情况。这些地震的发生一而再、再而三地提醒着在上海地区工作的地震工作者：上海地区的地震危险主要来自海域地区的7级甚至7级以上的地震和上海市及其周邻地区的5～6级左右地震；对海域切不可掉以轻心。不过促使上海市及社会各界关注其附近海域的地震活动至少还有下述两方面的原因。

1. 墨西哥地震和阪神地震对上海的启示[2,3]

1985年9月19日离墨西哥城400 km外的太平洋中发生了一次M_S8.1地震，墨西哥城损失惨重；1995年1月17日日本阪神地区发生M_S7.2地震，造成了巨大灾难。在分析和收集了上海的有关资料后，我们发现，上海和上述两地区有许多类似的潜在致灾因素。例如：

①上海不仅受当地附近本底地震影响，还受远震长波影响。

②上海覆盖层厚，地貌条件和墨西哥城及阪神地区类似（墨西哥城为古湖泊沉积，阪神多为人造填海土，上海冲积层平均厚300 m）。

③上海人口稠密，据2006年统计，2005年年末全市在籍人口为1360.26万人（据称另有300万以上的流动人口）。上海地下水位高，存在砂土液化的潜在条件和危险，情况与墨西哥城和阪神地区类似。

④上海实施工业抽水，城市布局不规则、混乱。

⑤上海虽然经济发达，但以前留下未设防的建筑物多，近年来对工程质量时有投诉，偷工减料的情况估计不少。

⑥黄海中的地震多具双震特点。墨西哥地震和阪神地震都是数次地震相继发生。

因此，墨西哥地震和阪神地震给上海的启示是：要警惕并减轻上海附近海域发生的地震对上海造成的破坏和影响，必须对上海附近海域的地震问题及早进行研究，只有这样才能提高上海地区的防震减灾能力。

2. 上海附近地区近年来经济的飞跃发展

上海及其附近的长三角地区，人口密集，高楼林立，历来就是我国的经济要地，改革开放以来经济高速增长，形成了以上海为中心的可以称为世界第六的大经济区，毗邻的海域也成了这一经济区的重要组成部分，这一地区的一次中等地震对社会政治经济生活和稳定的影响不亚于西部地区的7级大震。其中，在经济上对海域地震研究的需要最具直接影响的因素有：

（1）海洋石油工业的开发

上海东南和东北的海洋石油工业正在兴起并将蓬勃发展，近年来在我国海域，上海的东南和东北发现油、气田的消息时有报道（图1-1）。在上海东南距上海约500 km的东海大陆架上发现了藏量丰富的石油天然气资源。其中，平湖油、气田是东海第一个投入开发建设的油、气田，1996年元旦开始开发建设，1998年完工。主要设施包括一个综合平台，一条

385 km 的海底输气管线和一条 306 km 的输油管线，年产天然气 5 亿 m³，稳产 15 年；原油 50 万 t 以上，时间 5 年。东海的另一大油、气田在丽水凹陷，油气聚集量约为 10 亿 t。另外，西湖凹陷是东海天然气生产的接替场所，从该区可获天然气近千亿 m³。方方面面的资料表明，东海是目前世界上为数不多的海洋石油勘探远景较好的地区之一，具有良好的石油地质条件。长期以来许多外国石油公司一直瞩目于东海，充分表明上海东边（东北和东南）海域海上油、气田的开发在上海未来经济发展中举足轻重的地位。与此同时，人们必然会对海域地震资料，海域地震活动和预测的研究提出新的需求。

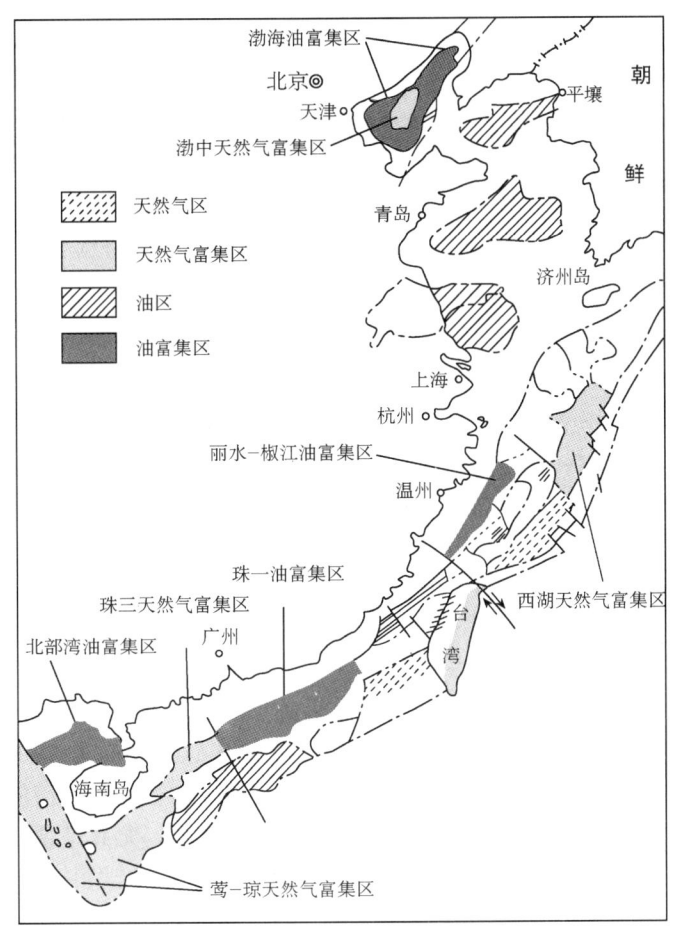

图 1-1　中国近海油气资源潜力分布示意图 [据中国海上油气（地质）]

（2）环境资源保护的需要

随着上海地区经济的发展，其东面必将修建人工半岛或人工岛。这是因为上海要成为国际大都市，面临的一个突出"瓶颈"就是土地的极其紧张。作为我国综合性城市的上海，其面积却在全国 30 个省、市、自治区中最小。据 1992 年统计，在这块 6340.5 km² 的土地上，人口密度为 2034 人/km²，是全国平均人口密度的 20 倍，尤其是市区，达到 3.44 万人/km²。上海经济的飞速发展使近年来的建设用地超过了 120 km²，本已高度紧张的土地面积火上浇油。于是国内不少有识之士和上海的某些部门提出了向海洋"索要"130 km² 土地的计划，即向大海要地，建造人工半岛或人工岛。这样不仅能使上海的土地资源得以扩展，而且还能解决深水港泊位和环境保护等问题，这和循环经济的理念不谋而合。例如从环境保护来看，上海1992年年产固体工业废渣就达1142 t，十余年来经济高速增长，固体工业废渣远非上述数据可及。这巨量垃圾不仅占据了城市边缘的大量宝贵土地，还造成了严重污染。而拿这些做过环保处理的固体工业废渣、做过无害化处理的煤灰钢渣、废弃建筑垃圾、废弃汽车等作建材（其间上海长江口每年还有4.72 t 泥沙中的相当部分可资利用）建筑人工半岛或人工岛可谓一举多得，既改善了生态环境，又充分利用了资源，为环保作出了贡献。人工半岛或人工岛建成后，因其在近海，可得众多深水泊位，使其周围水域均可利用。这种循环经济的思路将使上海大大得益，而由此却同时对海域地震、地震地质及近海工程的抗震提出了新的要求。

（3）上海经济的发展使上海地区出现了许多新的与江河、海洋有关的建、构筑物

早几年已建成了杨浦、南浦、奉浦、徐浦、松浦、卢浦大跨度桥，2006年又竣工了从嘉定到金山的高速公路，其越过黄浦江的大桥暂称黄浦大桥，2005年9月黄浦江上的第8座越江大桥——闵浦大桥试桩，3年后，该桥建成时，将成为上海首座双层斜拉桥、黄浦江上规模最大的桥梁，也是世界上跨径最大的双层公路斜拉桥（全长4000 m，主桥长1212 m，主跨708 m，一跨过江）。此外，2009年还要竣工从松江到金山卫的"松卫"越江大桥，这样在2009年前，就有9座各种类型的大跨度桥横跨黄浦江。而从上海跨过长江南水道到崇明则采用上海长江隧桥方式，采用一段隧道（崇明越江通道）接一座桥梁（上海长江大桥）的做法；其隧道建在长江水下60 m，隧道直径15 m（比现有的黄浦江11 m 隧道直径还大4 m）。与此同时，上海国际航运中心的核心工程——洋山深水港一期工程已于2005年竣工开港。该工程位于杭州湾口、长江口外，上海芦潮港的东南，在距上海南汇嘴27.5 km 的浙江崎岖列岛的大、小洋山地区。洋山深水港是世界上唯一建在外海岛屿上的离岸式集装箱码头，其一期工程的吹填量高达2500万 m³，码头集装箱堆场原是水深—20多米的海中汊道，从原来的—20 m 左右到建成后的7 m，等于在海中筑起了一道30多米的"高墙"，如何保证这堵"海上高墙"在一切情况，包括在地震袭击下的稳固，如何使坐落在海底淤泥质软土带上的这么高的吹填层不受软土地基不均匀沉降的影响，尤其是预估地震袭击下的反应且做好应对措施，洋山深水港工程已对、并必将进一步对种种学科，包括地震科学提出要求，显然，海洋地震工程处于首当其冲的位置。与此同时，2005年建成的与洋山港配套的东海大桥，始于上海南汇的芦潮港，直达小洋山，总长32.5 km（海上段长25.5 km）；整座大桥按Ⅶ度烈度设防，是我国真正意义上的第一座超大型跨海大桥，也是我国首次将"设计基准期"定为100年的大桥。和东海大桥一样，作为洋山深水港一期工程的重要辅助配套工程，上海临港新城的首个重大市政工程项目——两港大道一期工程，也于2005年竣工通车。两港大道是连接洋山深水港和浦东航空港的一条重要快速干道，是"临港新城"的"生命线"。另据了解，上海周围地区目前正在规划或实施许多更为宏伟的海上工程：提出或实施修建过海大桥及向外海建造海底隧道的设想。例如在2008年竣工的宁波-杭州湾大桥，该大桥一头通向上海，一头连着宁波，全长36 km；绍兴也在规划杭州湾第二跨海大桥；2003年6月27日苏通大桥开工建造，大桥位于江苏东部的南通市和苏州、常熟之间，主跨径

1088 m，拟于 2009 年 5 月建成；舟山群岛则开始了舟山和大陆的连岛工程。上述这些大跨度构筑物和深水港码头均有自己特殊的抗震防震要求，总之，东海跨海大桥、输油气管线以及洋山国际深水港的建设拉开了上海海洋工程建设的大幕。随着海洋经济的不断发展，今后相当长时间内，在上海海岸与近海海域都不断会有重大国民经济与国防工程上马。对这些工程前期的地震安全性评价，建成后对地震、海啸等灾害的预防，是不可或缺的重要内容。在海洋地震危险性日益突出的今天，加强海洋地震与海啸的监测、提高防震减灾能力是其安全的重要保障。此外，目前还存在不少与邻国的划界纠纷。因此海域地震的监测、预测，海上工程防震减灾措施和对策的研究，都是上海经济发展必然要提出的课题。

鉴于上述原因，上海市科委于 1997 年下达了由上海市地震局承担并于 1999 年完成的"上海及其邻近海域滨海地震学研究一期工程"的研究课题。该课题研究了中国和上海开展滨海地震研究的重要性，以较大篇幅研究了上海及其附近海域未来 20 年内的地震形势，从海域地震预测的角度给出了几个危险时段，并对后续的研究工作作了全面规划和可行性讨论。可见，"滨海地震学"研究在我国虽然始于 20 世纪 80 年代中期，近 20 年来也陆续有些零星的研究成果发表，但"上海及其邻近海域滨海地震学研究一期工程"可能是首次正式的、有相当规模的立项研究。本书即在该课题结果的基础上选取了某些部分，并对这些部分作了更深入的改写和补充，扬弃了某些尚不成熟并被实践证明未必正确的内容。因此，本书并不是"上海及其邻近海域滨海地震学研究一期工程"课题的总结报告，更不是课题本身，而是按照新的结构书写而成，有些内容（例如第四章的全部和第三章的大部分内容）是"上海及其邻近海域滨海地震学研究一期工程"课题中未曾涉及的材料，是新补充进来的研究结果。

归纳起来，本书介绍的上海对附近海域地震研究的初步结果有下列若干特点，集中体现在以下几个结合上：

(1) 科学和技术相结合，以任务带学科

"滨海地震学研究"是一种开创性的学科建设，上海附近海域的地震研究即密切结合实际需要，边解决实际问题边发展学科，取得经济效益的同时解决科学问题，推进"滨海地震学"科学方法上的发展。

(2) 海陆结合，由陆向海

由于经典地震和前兆观测的仪器无法置于海中，人类对海底情况的了解远不及陆地。在地震学和地震预测的研究方面，关于陆区的资料（精度、数量、种类等）和方法远较海区丰富、可靠。因此涉及到海区研究的时候，采取海陆结合，由陆向海、由浅向深逐步深入的方法，是开展海洋地震研究的必由之路，因此"滨海地震学"就成了由陆地向海洋扩展的中间过渡，是海陆兼顾较多考虑二者联系的学科。对地震学而言，构成了一种可持续性研究，其最终不仅服务于经济建设，而且能形成一种科学方向，推动科学的整体发展。

(3) 点面结合，由点向面

上海附近海域地震研究的范围非常清晰，立足于上海及其附近地区，这对我国还处于空白状态的"海洋地震学"研究将会提供经验，对我国各沿海省份起到示范作用，从而达到由点向面，由上海作南北辐射到东部沿海省份，不仅如此，在取得我国沿海的经验和宝贵资料后，将可进一步作东向辐射，涉及到朝鲜、日本、琉球外海，进入太平洋，这种特点正符合中科院各院士为发展我国地学事业编著的《从地学大国到地学强国》一书中"以小见大"的原则。

（4）地震、地质和工程相结合，以地震为主

上海附近海域地震研究所介绍的内容不完全局限在地震问题上，而是和地震、地质及工程密切结合，把地质作为基础，把工程作为应用，这就使本书具有较强的实用性。正是基于"滨海地震学"是一门过渡性的综合学科，我们对"滨海地震学"的持续发展提出了几项研究原则。

①海陆结合。
②固定观测和活动观测结合。
③以地震监测为主，地震学和地球物理观测结合。
④中心基地与子台网结合。
⑤试验和经验综合相结合。
⑥服务和试验相结合。
⑦上海和沿海省市相结合。
⑧中国和外国相结合。
⑨海洋观测、地面观测、地下深部观测和空间技术观测相结合。

这9条基本原则，对在10～20年内在我国建设一个具有世界水平的滨海－海洋地震监测和研究基地的努力方向或许有所裨益，对其他有意开发海洋地震研究领域的工作或许也有参考价值。

不过，由于滨海地震研究还处于初始阶段，再加上众所周知的原因：探索地震成因和地震预测的困难及用地震波探知地壳介质的不唯一性，以及上海及周边地区地震事件相对于多震地区尚属稀少，这种种原因使本书对一些问题的探讨均很肤浅。相信随着时间的推延，地震样本事件的增多，研究将会日益深入，因此滨海地震的研究将是一项长期的工作。然而毫无疑问，不断深入这方面的研究，将会大大扩展我们的知识，推进地震学本身的发展，不仅在学术上而且在实用上都具有重大意义。

当今人类正面临着海洋世纪，谁及早开发海洋，谁就拥有未来！

参 考 文 献

[1] 郝维城、徐礼国、冉从容等，HS1海底数字地震仪，地球物理学报，1986，29（5）：482～490
[2] 张洪由、宋守全，1985年9月墨西哥强烈地震概况综合汇编，国际地震动态，1986，4：18
[3] 郑斯华，日本阪神大地震考察，北京：地震出版社，1995

第二章 上海附近海域地质构造和地震活动背景

上海附近及海域的范围指 29°～34°N，119°～124°E 间的区域。本章含三部分内容：第一部分为苏北南黄海基础地质概述，试图从地震地质观点论述苏北南黄海盆地陆上和海上地震活动差异的构造原因；第二部分是上海附近及海域新构造运动特点的综述，试图概述南黄海和长江口海区新构造运动的特点，探讨该区地震活动与地震构造的可能关系；第三部分为对江苏沿海可能存在的北西向滨海断裂作一评估。

在构造区划上，上述区域的主体部分属华北断块区，南区一小部分属华南断块区。华北断块区中的主要构造单元有苏北南黄海盆地和勿南沙隆起区，华南断块区中的主要构造单元有浙闽隆起区和东海陆架盆地（图 2-1）。在地震区划上，上述区域主体部分属华北地震区，西南一小部分属华南地震区。华北地震区中的主要地震带有长江中下游-南黄海带（简称长南带）等；华南地震区中主要地震带有雪峰-武夷地震带（图 2-2）。

第一节 苏北南黄海基础地质研究

地理上，从江苏启东嘴至韩国济洲岛一线为黄海与东海之分界线，其北为黄海，其南为东海，江苏部分的黄海海域为南黄海。上海附近及海域包括了苏北（陆地）和南黄海（海域）部分地区。地震活动是现代地壳运动的一种表现形式，为了认识该区地震发生的地点、强度和成因上的特点，必须深入研究地震构造条件，包括基础地质问题。

1. 苏北南黄海构造区划

为了突出构造与地震的关系，本节所述的构造区划为新生代构造区划。

苏北南黄海的新生代构造区划主要根据下第三系发育和保留程度来区划。据许薇龄[1]等研究，苏北南黄海地区在地质上发育着两个新生代盆地，一个是南黄海北部盆地（此离上海颇远，本书不予讨论），另一个是苏北南黄海南部盆地。南黄海北部盆地（简称北部盆地）和苏北南黄海南部盆地（简称南部盆地）之间为中部隆起；南部盆地南侧为苏南勿南沙隆起区。著名的郯庐断裂带延伸在苏北南黄海盆地的西北侧。

盆地和隆起区是一级构造区划单元，二级构造区划单元是坳陷和隆起，三级构造区划单元则是凹陷和凸起。苏北南黄海南部盆地由 NEE 向转为 NWW 向，略呈弧形展布，该盆地是下第三系主要沉积区，可细分出 3 个坳陷和 5 个隆起：坳陷有东台坳陷、盐阜坳陷和太湖坳陷；隆起有江都、天长、小海、建湖和金子沙隆起。在东台坳陷内可划分出 7 个凸起和 6 个凹陷，在盐阜坳陷内可划分出 6 个凸起和 4 个凹陷，在太湖坳陷内可划分出 3 个凸起和 6 个凹陷。

苏南勿南沙隆起区位于南部盆地以南，走向 NEE。其上零星分布着一些小型凹陷，如勿一、勿二、勿三凹陷等；在长江口附近有崇明东凹陷，浦江凹陷等；在苏南有直溪桥、奔牛、白茆、角直等凹陷。

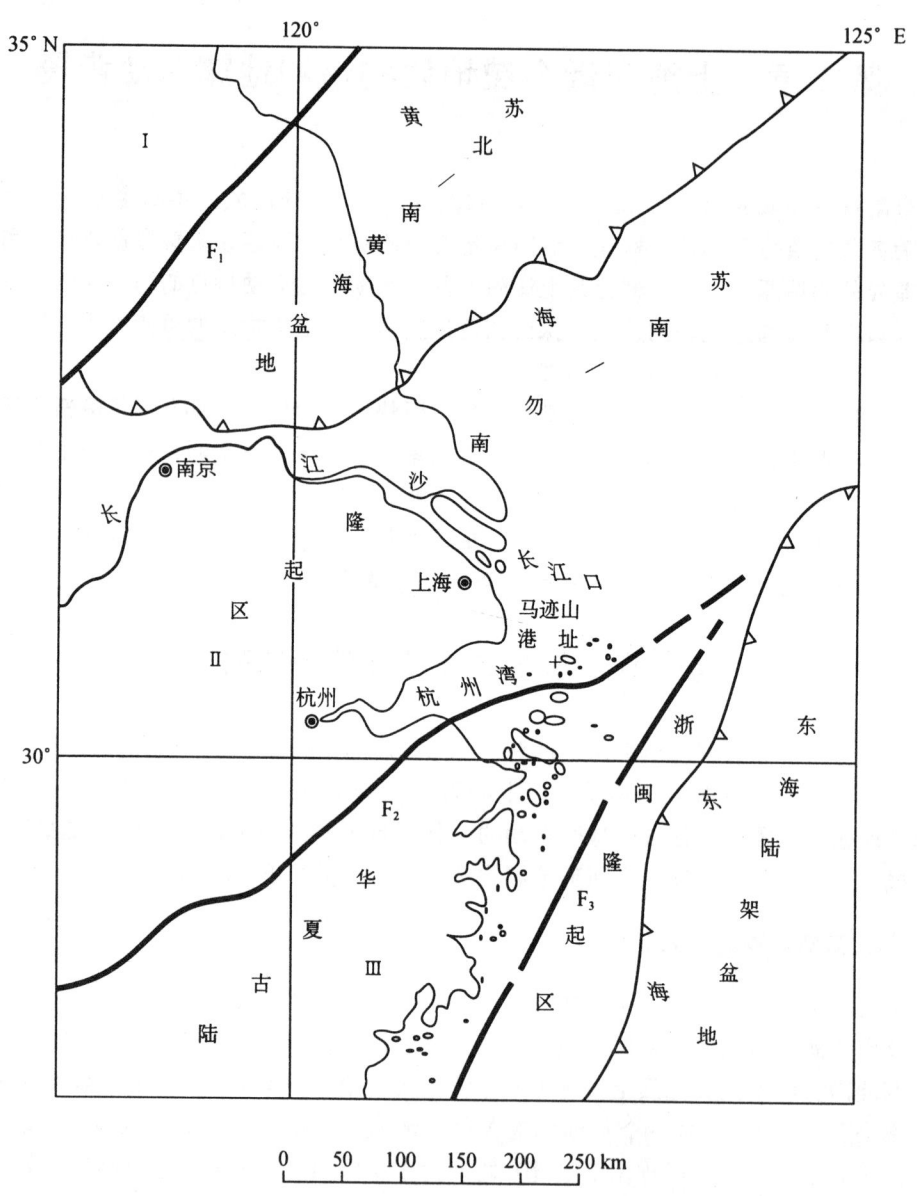

图 2-1 上海附近及海域构造区划图

Ⅰ—华北断块区；Ⅱ—扬子断块区；Ⅲ—华南断块区

F_1—淮阴—响水口断裂；F_2—江山—绍兴断裂；F_3—闽浙沿海断裂

2. 苏北南黄海地震活动特点

苏北南黄海地区位于华北地震区长南地震带上（图 2-2），南黄海南部海域是我国东部重要的中强震多发区。据不完全统计，在 29°～34°N，119°～124°E 范围内，自 288～1998 年共发生 $M_S \geqslant 4\tfrac{3}{4}$ 地震 66 次，其中 7 级地震 1 次，6～6.9 级地震 13 次，5～5.9 级地震 30 次。

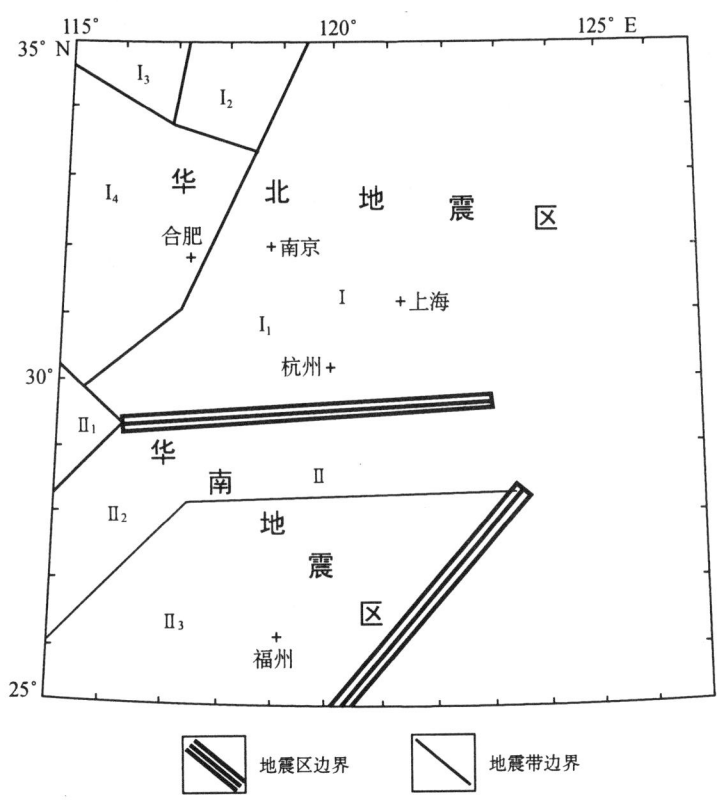

图 2-2 研究区地震区（带）划分图

Ⅰ—华北地震区；Ⅰ₁—长江中下游—南黄海地震带；
Ⅰ₂—郯城—营口地震带；Ⅰ₃—华北平原地震带；Ⅰ₄—河淮地震带；
Ⅱ—华南地震区；Ⅱ₁—汉水地震带；
Ⅱ₂—雪峰—武夷地震带；Ⅱ₃—东南沿海地震带

地震在空间分布上很不均匀，近代地震主要发生在苏北南黄海南部盆地的海域部分（图2-3）。据不完全统计，自 1900～1998 年该地 31°N 线以北地区共发生 $M_S \geq 4\frac{3}{4}$ 地震 27 次，其中陆域部分 6 次（含溧阳地震等），海域部分 21 次。明显表明，苏北南黄海盆地区地震活动在空间分布上存在明显的差异性。

3. 苏北南黄海盆地地质构造特征

苏北南黄海盆地（简称南部盆地或南盆）地处苏北和南黄海，面积约 1.5×10^4 km²，新生代沉积厚度达 7 km[2]。自 1958 年以来，为探查苏北南黄海盆地油气资源，在该区（尤其陆域）开展了大量地球物理和地质勘探工作。所有资料证实，该区早第三纪盆地为断陷性质，晚第三纪盆地已转化为坳陷性质。苏北南黄海盆地的地质构造特征包括盆地基底、新生代构造层、构造运动、断裂构造、岩浆活动、盆地形成与演化等方面显示的特征。

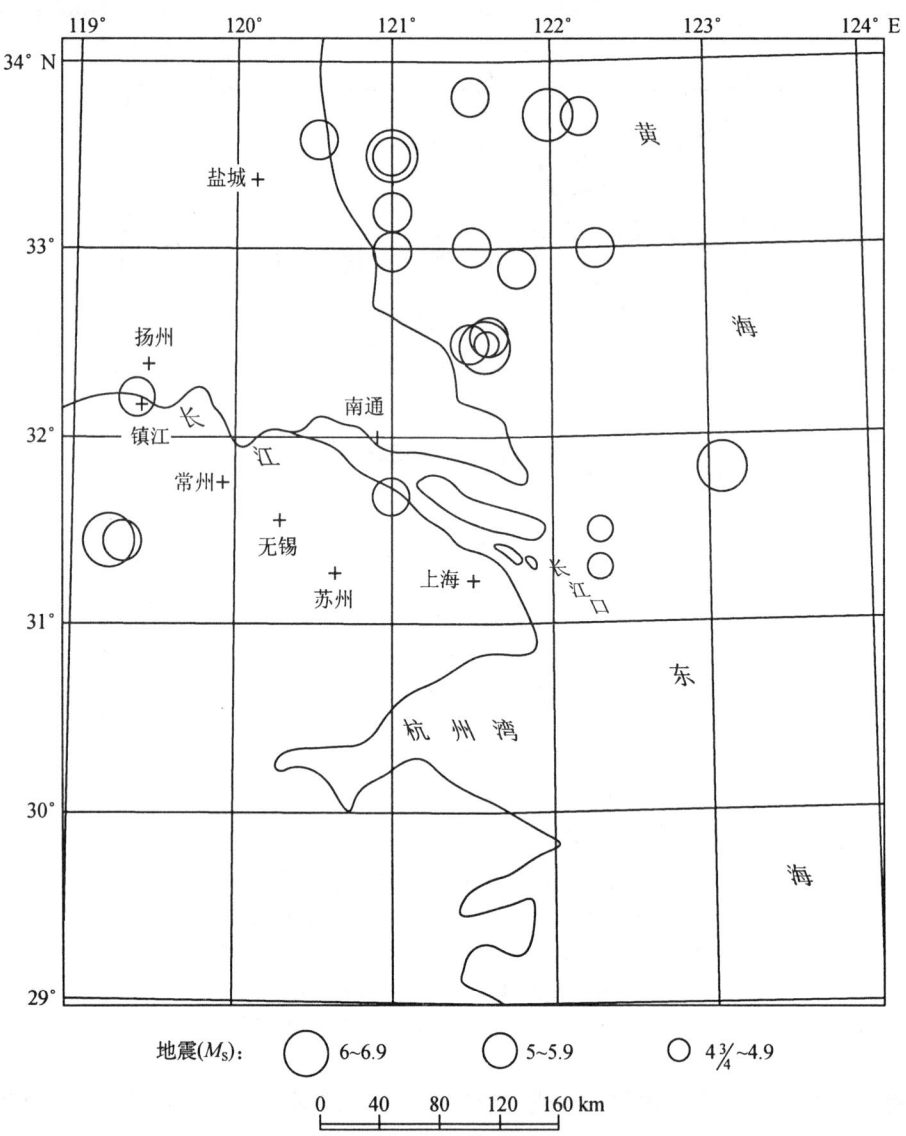

图 2-3　上海附近及其海域近代地震震中分布图（1900～1998 年，$M_S \geqslant 4\frac{3}{4}$）

(1) 盆地基底概述

苏北南黄海盆地是在不同时代、不同性质基底上发生、发展起来的，不同的基底将会影响盆地的演化。在盆地形成之前，其基底曾经历了前震旦纪地槽、震旦纪—早中三叠世的稳定地台和中生代构造"变格"（或"活化"）三个发展阶段。

在淮阴—响水口—开山岛一线以北的鲁苏千里岩隆起区，广泛分布着前震旦纪变质岩系，有的已出露地表，如连云港五台山地区。而在此线以南地区，变质岩系至今没有被揭露。磁性资料说明，此线以南为一片块状正磁场区，系具磁性古老结晶基底的反映。从基底埋深图上可看出，盆地基底埋深变化在 1～7 km 之间[2]。

据钻井、地震等资料，苏北南黄海盆地区发育着地台型古生代海相沉积。经过印支、燕山运动，这套地层发生了褶皱变形，并伴有逆掩断层，形成从南向北逆冲的推复构造。这种构造在苏南地区特别发育，还可能延伸到苏北、南黄海地区。如经钻井证实，苏北泰州凸起上就发现了古生代倒转褶皱。实际上，盆地中的新生代隆起和凸起，多数是在中生代复背斜基础上发展起来的。苏北南黄海盆地主要坐落在扬子准地台基底上。

（2）新生代构造层划分

新生代构造层是盆地从断陷向大面积坳陷转化过程中沉积而成。由于受吴堡运动和三垛运动影响，形成了下、中、上三个新生代构造层（表2-1）。

表2-1 苏北南黄海南部盆地新生代地层、构造运动和构造层划分一览表[1]

地			层	构造运动	构造层	盆地演化
界	系	统	层			
新生界	第四系		东台群	黄海运动	上构造层	坳陷期
	上第三系	上新统	盐城群 上	凡川运动		
		中新统	盐城群 下	三垛运动		
	下第三系	渐新统	三垛组	吴堡Ⅱ幕	中构造层	断陷萎缩期
			戴南组	吴堡Ⅰ幕		断陷最盛期
		始新统	阜宁群		下构造层	断陷雏型期
		古新统	泰州组	仪征运动		

据钻井、地质和地震资料分析，在盆地变质基底上，广泛发育了一套古生代地台型沉积。经过印支、燕山运动，古生界形成了三个复背斜和两个复向斜。这套地层常形成紧密褶皱，并伴有逆掩断层，形成从南向北的推复构造，如泰州凸起上的古生界倒转褶皱，即为其代表。

燕山运动时，苏北南黄海进入了构造活化和变格阶段，在侏罗纪伴有大规模火山喷发活动。中生界大部在挤压应力控制下形成断陷盆地沉积。

新生代构造层有三套建造，其发育特征分别反映了盆地演化的三个不同阶段。

从表2-1可知，下构造层由古新统泰州组（Et）和始新统阜宁群（Ef）构成，分布于各坳陷内，特别在凹陷中厚度很大。在盆地陆区最厚可达2800 m，如金湖凹陷。在盆地海区最厚可达4000 m，如太一凹陷。下构造层是断陷雏型期沉积。

中构造层由渐新统戴南组（Ed）和三垛组（Es）构成，基本上继承了下构造层的沉积体制。戴南组受凹凸之间的边界大断层严格控制，厚度变化大。在盆地陆区最厚可达2600 m，如高邮凹陷所见；在盆地海区最厚可达2400 m，如太一凹陷所见。中构造层下部是断陷最盛期沉积，其上部是断陷萎缩期沉积。

上构造层由中—上新统盐城群（Ny）和第四系东台群（Qd）构成，广布于苏北南黄海地区。在盆地陆区最厚达 2000 m，如海安凹陷所见；在盆地海区上构造层厚度普遍在 1200～2000 m。三垛运动结束了盆地的断陷性质，自晚第三纪开始，盆地接受了广盆式坳陷沉积。

总之，沉积反映了构造，构造控制了沉积，整个新生代的沉积发育反映了盆地的发展从断陷到坳陷的整个过程。箕状凹陷是盆地内凹陷的主要形式，它形成了下第三系沉积的中心，并控制了岩性、岩相和厚度的迅速变化。

（3）新生代构造运动

苏北南黄海盆地自形成以来共经历了 6 次构造运动，即仪征运动、吴堡运动Ⅰ幕和Ⅱ幕、三垛运动、凡川运动和黄海运动（表 2-1）。其中，仪征、吴堡运动Ⅰ幕和Ⅱ幕为新生代三次主要的构造运动，其规模和影响较大。

仪征运动发生在白垩纪末期，从此揭开了新生代盆地演化发展的序幕。下第三系不整合在白垩系或更老地层之上，如仪征小河口所见。断面多上陡下缓，南断北超的箕状凹陷已初具雏形。这次运动是应力场改变后的初次运动，断裂褶皱不强烈。

吴堡运动是新生代一次较强的构造运动，这次运动从始新世末开始，一直持续到渐新世早中期。这次运动以断裂升降活动为主，伴有褶皱运动。吴堡运动是盆地箕状凹陷发育的全盛时期，使边界同生断层下掉，在凹陷的陡坡断层附近形成逆牵引。这次运动使南部盆地差异升降变大。

三垛运动发生在老第三纪末期，是盆地中喜马拉雅山旋回另一次重要的构造运动。这次运动使地层抬升遭到剥蚀，并且有规模较大的基性岩浆侵入和玄武岩流喷溢。三垛运动一方面使凹陷边界大断裂继续活动，使箕状凹陷从形成到发展进一步完善；另一方面又表现出明显的褶皱和剥蚀作用。三垛运动强度各地不一，盆地东部海区强于西部陆区。

此外，盆地在新第三纪还发生了凡川运动和黄海运动。凡川运动发生在晚第三纪中期，使南部盆地西南部上升，盐城群一段地层遭受剥蚀，盐城群二段沉积中心向东部海区转移。但整个盆地主要表现为下沉和接受披盖式沉积，盆地已具明显的坳陷沉积特征。黄海运动发生在晚第三纪末，在北部盆地中部，能见到第四系与上新统盐城群之间存在的明显的不整合接触。

盆地经历的三次主要构造运动，都受郯庐断裂右旋而形成的区域水平拉张应力场控制，各箕状凹陷受每次运动重大影响，使断陷向坳陷逐渐转化。

从苏北南黄海地区喜马拉雅山旋回构造运动的变化看，从盆地西部陆区到东部海区，在时间上有从老到新、程度上有从弱到强的变化趋势。

（4）断裂构造特征

苏北南黄海盆地断裂构造特别发育，它是新生代构造运动的主要形迹，它控制了盆地中隆起、坳陷、凸起和凹陷的边界。断裂性质以张性正断层为主，但在北部盆地中发现了三条逆断层。断裂方向主要为 NE—NEE 向（盆地陆区）和 NW—NWW 向（盆地海区）。

盆地中的断裂可分为一级、二级、三级和四级 4 个不同级别的断裂。一级断裂为控制盆地的边界断裂，在南部盆地有 4 条一级断裂。它们一般生成较早，具长期发育、多期活动的特征。南部盆地的 4 条一级断裂（I_1～I_4），形成时间都在燕山运动末期，甚至更早。主要活动期在吴堡运动期间，如南部盆地的I_2断裂；最晚活动期为三垛运动期间；也有结束于中新世早期的，如南部盆地的I_2、I_3等断裂。I级断裂对盆地的形成和发展起了重要作用，特别对早第三纪沉积起了明显的控制作用，如南部盆地的I_3断裂，控制沉积了5000余米厚的下第三系。一级断裂延伸长，断距大，如南部盆地I_3断裂，最大断距约6390 m。二级断裂为控制隆起与坳陷、凸起与凹陷的边界断裂，它控制新生代沉积中心，是盆地内部的主要断裂。二级断裂在南部盆地有32条，在勿南沙隆起区有5条。早期形成的二级断裂主要活动期在始新世，后期形成的断裂主要活动期在渐新世。结束期多数在渐新世末，少数为中新世早期或中期。二级断裂除控制各凹陷沉积中心的形成外，还控制了基性喷发岩和侵入岩的活动。断裂产状具上陡下缓的犁形特征，如断层倾角上部可达65°～70°，中部为40°～50°，下部仅为25°。三级断裂为凹陷内控制沉积分带和局部构造成因的规模相对较大的断裂。三级断裂形成时间相对较晚，多数为始新世以后，属吴堡或三垛运动期间的产物。延伸一般为20～30 km，断距多小于500 m。四级断裂为数极多，遍及盆地各个部位，方向不定，延伸较短，一般短于10 km，断距多为100～200 m。它们形成时间较晚，大多在三垛运动或更晚期的构造运动中形成。四级断裂使早期构造复杂化，特别使局部构造切割厉害。

综上所述，苏北南黄海盆地断裂构造有以下主要特征（表2-2）：

①在整个早第三纪，南部盆地断裂活动十分强烈，是仪征、吴堡、三垛运动的主要表现形式。

②断裂构造性质为正断层性质，南部盆地断面以北倾为主，上陡下缓，形成犁形正断层，说明区域应力场处于张应力控制之下。

③一、二级断裂大多形成于燕山运动末期甚至更早，在吴堡、三垛运动期间又有活动，对盆地及盆内次级构造单元的形成发展起明显的控制作用。三、四级断裂形成较晚，一般形成于始新世以后，多是吴堡、三垛运动的产物。

④断裂优势方向为 NE—NEE（盆地西部陆区）、NW—NWW（盆地东部海区）和 EW 向（盆地中部海陆过渡区），这三组构造线以 NE 向为主，它们相互穿插形成盆地内网状构造。总体上看断裂在平面上的展布，由西往东具有从 NE—NEE—NWW 向的弧形变化特征。NW 向断裂形成稍晚，在盆地构造格局上，起到东、西分块的作用。

⑤某些一、二级断裂具有分段性特点。由于所处边界条件不同，同一条断裂不但在空间展布上有变化（如走向、断面产状及断距等），而且在活动时间上也有先后差异现象。

表2-2 苏北南黄海南部盆地一级断裂要素表

编号	性质	走向	倾向	长度（km）	落差（m）	典型剖面	最早活动期
I_1	正断层	NE	S46°E	80	1000±	F150	前新生代
I_2	正断层	NE	N20°W	50	300～1200	S10	始新世
I_3	正断层	NW	N13°E	95	2150～6390	S44	始新世早期
I_4	正断层	NW	S5°W	25	2600±	N9	晚白垩世末

（5）新生代岩浆活动

苏北南黄海盆地新生代岩浆活动主要表现为基性岩浆的侵入和喷发。苏北陆区玄武岩十分广泛，遍及各凹陷，从古新统到上新统均有分布。南黄海海区仅在局部地段阜宁群（Ef）中见有少量玄武岩。但从磁力图上可看出在隆起部位有岩浆活动，推测不少是新生代的中基性岩。

根据陆区钻井资料分析，苏北南黄海盆地的玄武岩可分为熔岩和浅层侵入岩两种。按玄武岩分布与构造的关系，该区玄武岩喷发可分为三个旋回，即早第三纪早期旋回、早第三纪晚期旋回和晚第三纪旋回。每个旋回又可分成几个活动期。玄武岩喷发以三垛组一段时期规模最大，最晚喷发为盐城群二段（表2-1）。推断坳陷中辉绿岩侵入时代在渐新世末或以后。

（6）盆地形成与演化

苏北南黄海新生代盆地是在其下伏的陆相中生代盆地基础上发展、演化而成的。印支运动后，太平洋板块呈NNW向推挤欧亚板块，使规模宏大的郯庐断裂作左旋平移运动，其错距达数百千米，从而控制了苏北南黄海中新生代盆地的形成与发育。由于郯庐断裂的拖曳作用，构造线在盆地陆区呈NE、NEE向，向东至海区因远离郯庐断裂，而渐转为近EW向，再远则转为NWW向，呈弧形撒开。

仪征运动后，由于印度板块向北与欧亚板块碰撞，使中国大陆相对向北、向东滑移，导致郯庐断裂停止了左旋运动，并开始了新的右旋活动。这样，苏北南黄海的区域应力场由NW-SE向挤压转为NW-SE向拉张，从此开始了苏北南黄海新生代盆地的形成与演化。

早第三纪凹陷和主要构造线仍继承了下伏基底的主要构造线方向。在早第三纪早期，郯庐断裂刚从左旋转为右旋，其时区域张应力还较弱，盆地接受的是断陷雏形期沉积。

4. 盆地海陆部分地震活动差异原因分析

苏北南黄海盆地虽是一个统一的新生代构造盆地，但在地震活动性方面，盆地的陆域部分和海域部分却表现出巨大差异，海域地震活动强度和频次明显高于陆地（图2-3）。其主要原因可能有以下5个方面。

（1）海陆构造部位差异

苏北南黄海盆地虽是一个统一的新生代盆地，但其西部（陆区）和东部（海域）所处构造部位不同。陆区靠近郯庐断裂带而远离太平洋板块，海域则远离郯庐断裂带相对靠近太平洋板块。苏北南黄海盆地的形成与演化，与印度板块、太平洋板块、欧亚板块的相对运动和相互作用以及郯庐断裂带的枢纽作用密切相关。从盆地的构造演化史可清楚地看出，当印度板块与欧亚板块的相互作用起主导作用时，盆地陆区所受构造运动影响就比海域大。反之，当太平洋板块与欧亚板块的相互作用起主导作用时，盆地海域所受构造运动影响就比陆区大。

所以，盆地陆区和海域地震活动性差异，可能与其所处构造部位、构造阶段不同有关。

到早第三纪晚期，印度板块与欧亚板块碰撞加强。此外，太平洋板块转向NWW向俯冲挤压，对郯庐断裂亦产生了一个右旋力偶。所以，这时郯庐断裂的右旋活动达到了高峰，盆地的拉张应力也最显著。由于盆地陆区靠近郯庐断裂，所以陆区活动比海区强。其时盆地接受了断陷最盛期沉积。

到渐新世后期，由于太平洋板块对中国板块挤压应力作用点北移，不再对郯庐断裂产生右旋力偶。因此，盆地所受的区域拉张应力减弱，故盆地进入断陷萎缩期，三垛组沉积已逐步具有坳陷性质的沉积特征。

新第三纪初期，由于太平洋板块对中国东部挤压应力作用点已移向南黄海以北，对苏北南黄海相应产生了一个 NE-SW 向的水平挤压分应力。郯庐断裂仍继续作右旋走滑运动。

到中新世中期，太平洋板块对中国东部挤压应力作用点已移到郯庐断裂北部，对郯庐断裂开始形成左旋力偶，对郯庐断裂已存在的右旋力偶起了抵消作用，使郯庐断裂基本上停止了右旋。这时盆地所受的区域拉张应力已大为减弱。所以，盐城群（Ny）沉积已是坳陷性质的沉积。至第四纪，东台群（Qd）更是典型的披盖式坳陷沉积了。

综上所述，苏北南黄海盆地的形成与演化，与印度板块、太平洋板块、欧亚板块的相对运动和相互作用密切相关[3]。

此外，盆地西侧的郯庐断裂起了重要的应力传递和转换作用，在盆地新生代沉积和运动过程中，随着印度板块、太平洋板块对欧亚板块活动方式和强弱程度的变化与不同，苏北南黄海盆地经历了完整的断陷—坳陷转化过程。

（2）海陆新地层厚度差异

从苏北南黄海盆地新生代构造层厚度可以看出，随着盆地的演化发展，海区新地层厚度比陆区大。如下构造层厚度，陆区最大厚 2800 m，而海区则达 4000 m。又如上构造层厚度，陆区虽有厚度达 2000 m 的，但多数凹陷中的上构造层（Q+N）平均最大厚度在 1100 m 左右；而海区（Q+N）平均最大厚度为 2000 m。这说明盆地凹陷中心在向东部海区迁移，盆地海区新地层厚度比陆区大，反映海区坳陷幅度、沉降速率和新构造运动强度比陆区大。

需要特别指出的是，在陆区近海处新地层（Q+N）也较厚。如盐城、海安以东滨岸地区，（Q+N）最厚约 2200 m，这里正是陆区中强地震相对较活跃地区。

（3）海岸线转折影响

中国东部海岸线在华南为 NE 向，海岸为石质海岸；在华北转为 NW 向，黄淮平原海岸为泥质海岸，其转折点在杭州湾、长江口附近（图 2-4）。这种差异一直延伸到海域，岸线转折的巨大变化可能与新构造运动有关。从相关区域的地震构造图可以清楚地看出，苏浙皖沪及近海地区的中强地震主要分布在宣城—绍兴—宁波一线以北地区，即大别山北麓至杭州湾南岸一线以北地区[4]。而该线以南地区即 28°～30°N 区内极少地震，这里是我国东部少有的弱震-无震区。苏北南黄海盆地海区在该线以北，且靠近中国海岸线转折点附近，所以，苏北南黄海盆地海区中强震活动水平比盆地陆区高，可能与此有关。

（4）应力场转折影响

据震源机制解和原地应力测量等研究（表 2-3），华北地壳块体内现代主压应力轴优势方向为 NE—NEE。而在华南地壳块体内现代主压应力轴优势方向为 NW—NWW。它们组成了各自统一的区域应力场（图 2-5）[5]。华北、华南区域应力场分区界线大体在大别山北麓至杭州湾南岸一线附近（图 2-6），在这里应力转换表现得十分清晰。此外，据冯锐等[6]对黄海、东海等地区地震构造研究，沿此线附近可能形成了一个左旋剪切力偶（图 2-7）。

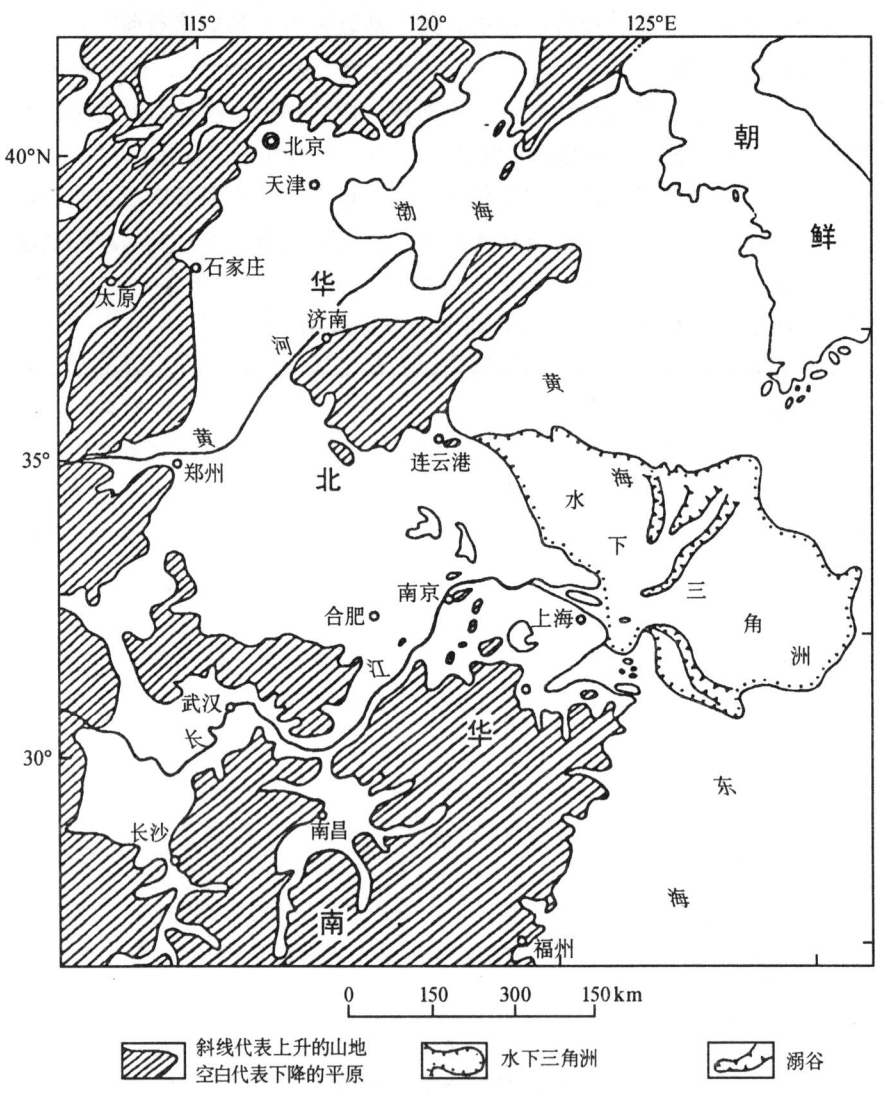

图 2-4 苏北南黄海及附近地区地貌略图

表 2-3 华东部分地区震源机制解一览表

编号	发震时间			震中位置			震级	深度	节面 A			节面 B			P 轴		T 轴		资料来源
	年	月	日	地点	φ_N	λ_E	M_S	km	走向	倾向	倾角	走向	倾向	倾角	方位角	仰角	方位角	仰角	
1	1983	11	7	菏泽	35°17′	115°17′	5.9	12	42°	NW	51°	114°	SW	70°	251°	44°	352°	11.5°	F
2	1979	10	2	郯城	34.7°	118.5°	2.3	9	47°	NW	60°	291°	SW	55°	256°	50°	249°	3°	A
3	1979	3	2	固镇	33.2°	117.4°	5.0	11	43.8°	NW	55°	291°	SSW	65°	255°	45°	351°	6°	A
4	1978	2	12	盱眙	33.1°	118.6°	2.8	22	31°	SE	79°	299°	NE	74°	75°	15°	165°	0°	A
5	1976	11	2	兴化	33.2°	119.8°	4.5	18	11°	NWW	75°	277°	SSW	80°	236°	15°	145°	1°	A
6	1982	4	22	东台	32.9°	120.7°	4.6	20	103°	NNE	64°	209°	SEE	61°	66°	41°	156°	2°	E
7	1982	4	22	东台	33.8°	121.1°	4.6	24	16°	NW	75°	97°	SW	65°	238°	29°	144°	7°	B

续表

编号	发震时间 年	月	日	震中位置 地点	φ_N	λ_E	震级 M_S	深度 km	节面A 走向	倾向	倾角	节面B 走向	倾向	倾角	P轴 方位角	仰角	T轴 方位角	仰角	资料来源
8	1984	5	21	南黄海	32.5°	121.6°	6.2	17	350°	NNE	85°	77°	NWW	60°	37°	25°	299°	18°	B
9	1976	6	14	肥东	32.0°	117.5°	3.0	7	21°	NWW	75°	295°	NE	75°	247°	2°	337°	20°	A
10	1979	7	9	溧阳	31.5°	119.3°	6.0	12	20°	SE	75°	289°	NE	80°	64°	18°	154°	5°	B
11	1990	2	10	常熟	31.7°	121.0°	5.1	15	2°	SEE	55°	111°	SSW	65°	54°	6°	150°	45.0°	B
12	1978	1	5	上海	31.3°	121.2°	2.3	2	28°	NW	55°	371°	NE	64°	82°	84.5°	356°	46.4°	A
13	1971	12	30	长江口	31.3°	122.3°	4.9	10	25°	NW	47°	123°	NNE	81°	247°	21°	354°	36°	E
14	1984	6	18	德清	30.6°	119.9°	2.0	(15)	29°	NWW	80°	119°		90°	254°	7°	344°	7°	C
15	1977	11	5	慈溪	30.3°	121.2°	3.0	16	8°	NWW	50°	100°	NNE	85°	226°	23°	336°	29°	C
16	1985	9	11	舟山	30.4°	122.6°	3.2	22	33°	NW	65°	101°	SSW	50°	254°	49°	151°	4°	C
17	1979	10	7	乌溪江	28.35°	118°57′	2.8	3	20°	NW	85°	301°	SW	48°	159°	21°	263°	32°	D
18	1977	9	20	顺昌	26.7°	117.7°	2.1		64°			21°			130°		220°		G
19	1994	9	7	鄞县	29°56′	121°13′	4.2	20	19°	NW	61°	111°	NW	85°	239°	18°	182°	27°	D
20	1996	11	9	长江口	31.7°	123.1°	6.1		51°	NW	75°	136°	SW	70°	89°	24°	182°	3°	B

资料来源栏中的字母代号：A 为六省（市）震源机制小组；B 为江苏省地震局；C 为上海市地震局；D 为浙江省地震局；E 为局地球所；F 为魏光兴（1985）；G 为林纪曾（1980）。

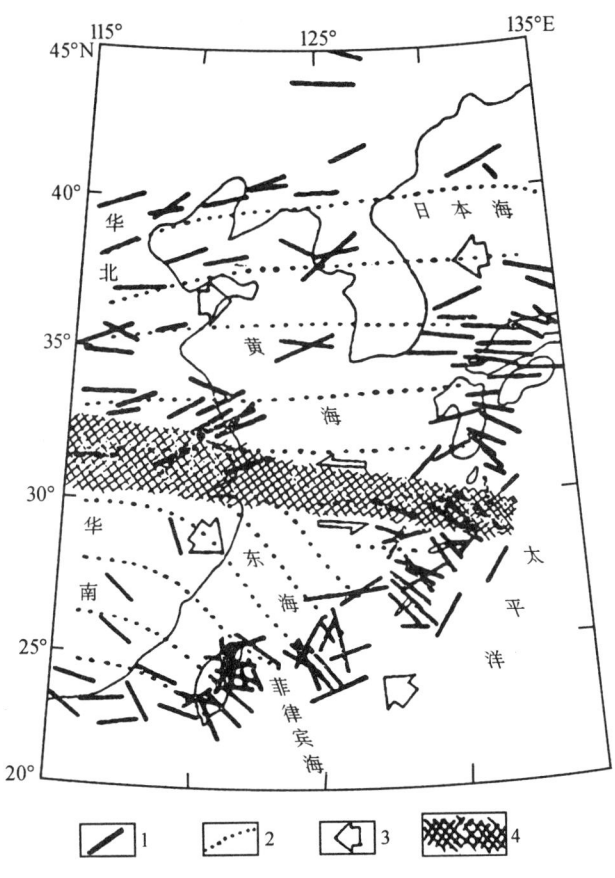

图 2-5 华北、华南及邻近地区主压应力轴分布图[5]

1—主压应力轴；2—压应力场轨迹；
3—平均主压应力方向；4—应力场分区界线

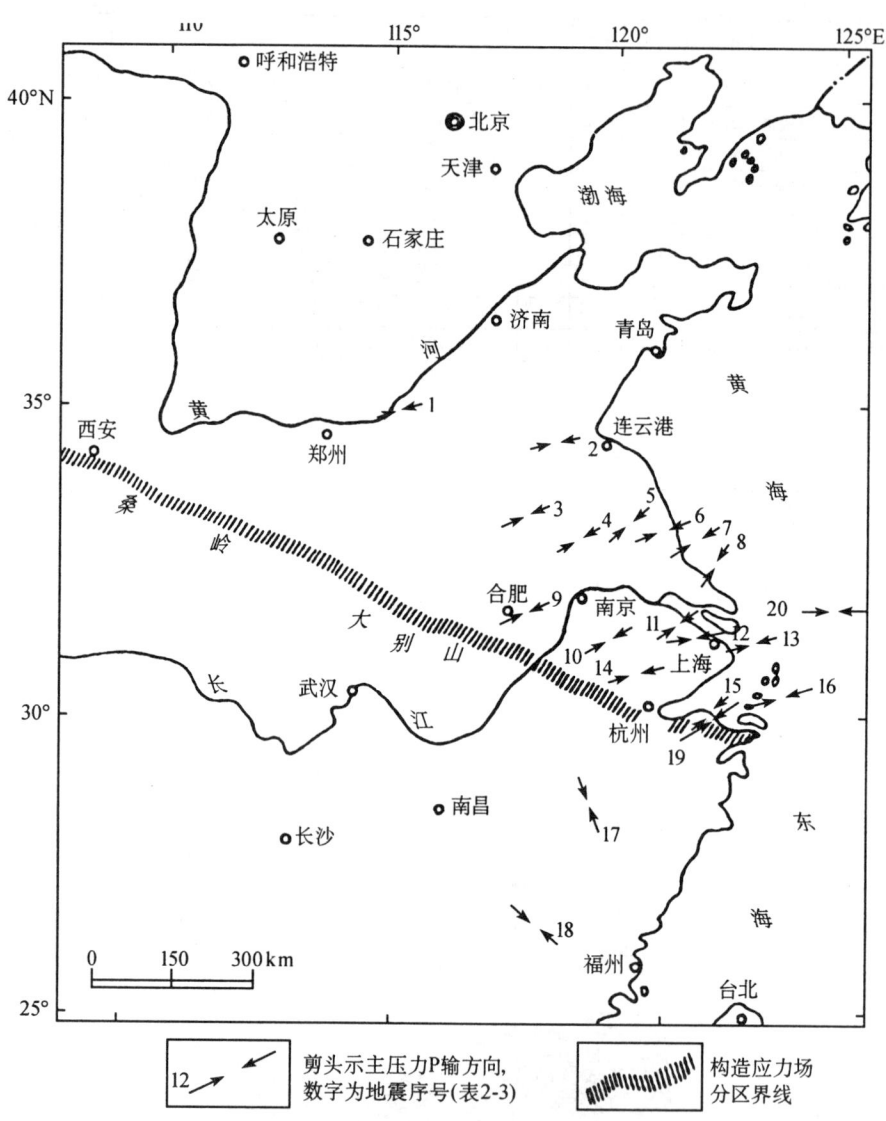

图 2-6 苏北南黄海及邻近地区构造应力场图

(5) 深部构造影响

冯锐等[6]用面波层析技术对黄海、东海地区三维深部结构进行了综合分析研究，得到了一些新的认识。他们发现，①大体以 30°N 线为界分成南北两个区域（图2-7），即黄海与东海的深部构造是从下地壳开始分异的。②在 Moho 面的深度分布上，东海地区的等深线呈大体平行的 NE 向排列，未见明显的梯度带。黄海地壳厚而平坦，均值 29 km，等深线已经改变成近 EW 向。③上地幔顶部的速度分布给出了重要的深部构造信息。最醒目之处是沿长江口—杭州湾至日本吐噶喇海峡存在一个高速带（4.45～4.55 km/s），它可能反映由岩石圈下部的剪切破裂所引起的幔源物质的侵入，将海盆分割成南北两块。有趣的是此高速带在南黄海呈 NWW 向展布，这暗示苏北南黄海盆地海区地震活动可能受此深部构造影响。

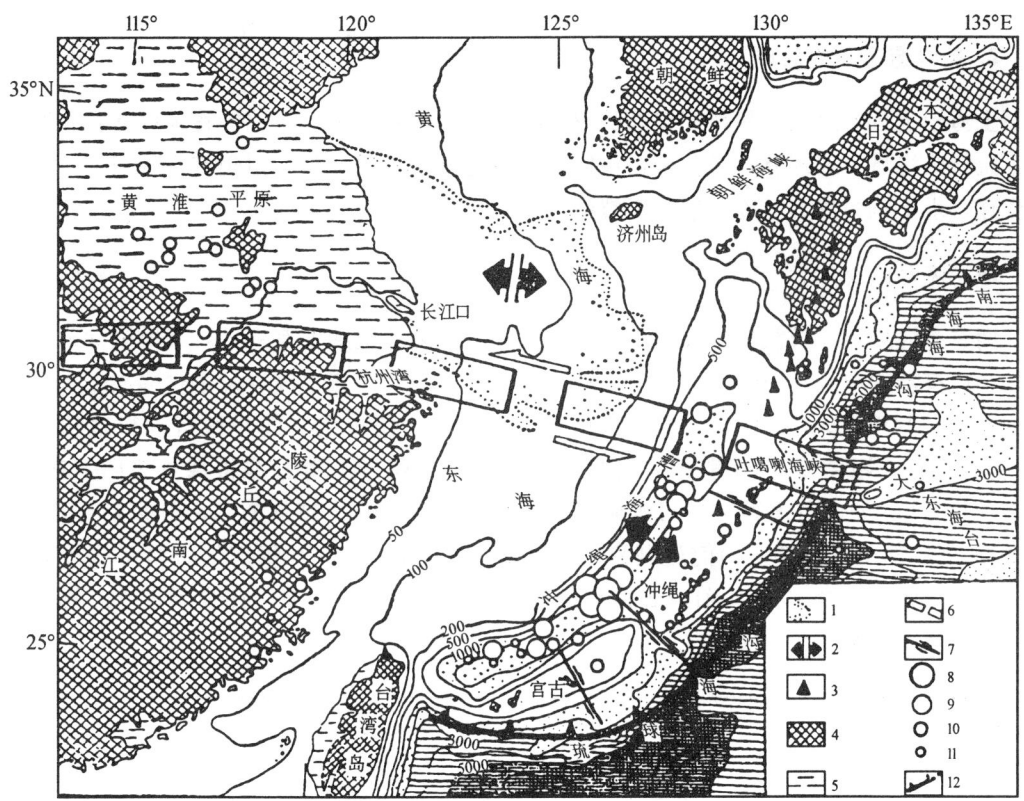

图 2-7 东海、黄海及邻近地区地貌、热流、火山等分布图[6]
1—海底沙丘；2—扩展中心；3—活火山；4—隆起区；5—沉降区；
6—深部构造分界线；7—走滑断层；8—热流＞5HFU；9—热流≤5HFU；
10—热流≤3HFU；11—热流≤1HFU；12—板块消减带

第二节　上海附近及海域新构造运动

上海附近及海域是指南黄海、长江口、杭州湾及其毗邻的东海近海区。自上新世晚期以来发生的新构造运动，对塑造我国现代地形地貌起了重要作用。因此，新第三纪上新世晚期可看作是新构造期的开始，距今约 340 万年。

1. 地震构造背景

南黄海、长江口、杭州湾及其毗邻的东海近海地区，在新生代构造区划上包括了苏北南黄海盆地、苏南勿南沙隆起区、浙闽隆起区和东海陆架盆地一部分（图 2-1）。在大地构造上，海域主体部分位于华北断块区，而在江山—绍兴断裂以南的小部分地区则归属华南断块区（亦称"华夏古陆"）。在地震区带划分上，大体以杭州湾南岸一线为界，其北为华北地震区，其南为华南地震区[4]，研究的海区地跨华北地震区的长江中下游——南黄海地震带和华南地震区的雪峰—武夷地震带（图 2-2）。在新构造分区上，大体以大别山至杭州湾南岸一线为界，其北为华北新构造区，其南为华南新构造区[7]（图 2-4）。

2. 新构造运动的表现

上海附近近海地区，除长江口外的鸡骨礁、佘山岛和舟山群岛北端花鸟山岛等少数岛屿外，余皆为海域。据现有资料分析，该区新构造运动虽不很强烈，但仍有多种表现，如海岸线变迁、水下三角洲、地震活动、断裂活动、块体活动、地壳形变等。

（1）海岸线变迁

南黄海海岸线、长江口岸线和杭州湾海岸线，在新构造期都有变迁，其原因除外动力作用外，亦有新构造运动的影响。如上海地区长江口岸线和古海岸线曾发生过多次变动，上海古海岸线呈 NW-SE 向延伸，与现代海岸线大致平行。历史上古海岸线有规律地从 WS 向 EN 方向迁移，距今 6000 年前的古海岸线（贝壳堤）位于上海县和松江县之间，在松江、青浦东约 8 km 处，向 WN 方向可延伸到江苏的常熟、太仓一带（图 2-8）。以后逐步东移，距今 3000 年前的古海岸线则前进到嘉定、奉贤一带。距今 1300 年前的古海岸线分布在川沙、南汇一带。距今 1000 年前的古海岸线在南汇东约 2.6 km 处。在全新世，上海地区海岸线东移速率约为 4.7 m/a。

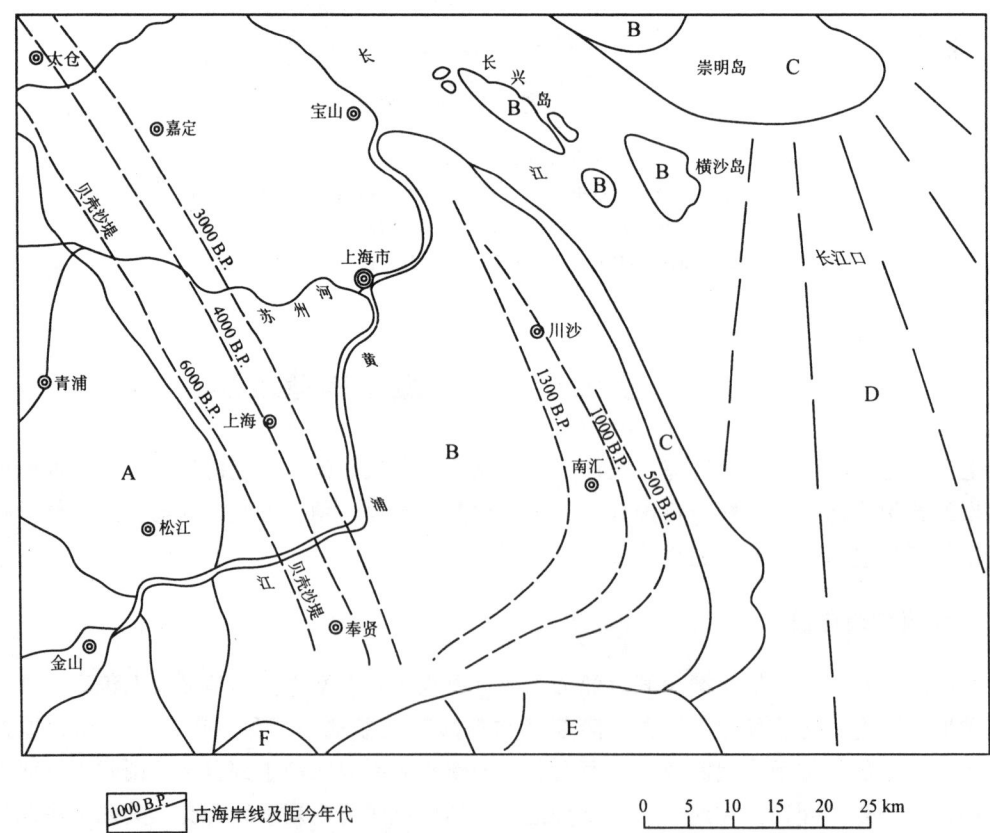

图 2-8 上海附近近海地区地貌及海岸线变迁图
A—湖积平原；B—三角洲平原；C—潮滩；
D—现代河口水下三角洲；E—河口湾海底平原；F—海积—冲积平原

(2) 水下三角洲

在现代长江三角洲近海区,还发育了典型的水下三角洲。在长江口有一个全新世水下三角洲,东端大致在123°E线附近,南端约在30°N线附近,北端约在32°N线附近。在其外围是晚更新世晚期三角洲,再外围则是晚更新世早期三角洲。水下三角洲的形成与发展,反映了长江口、南黄海及东海近海海区的近代沉降作用,这是海洋新构造运动的一种表现形式。

在水下三角洲西南方的杭州湾,发育了河口湾堆积平原。在水下三角洲西北方的南黄海发育了潮流辐射砂洲,这些都是该区地壳现代沉降运动的结果。

(3) 地震活动

长江口、南黄海近海地区有中强地震活动,如1984年5月21日发生了南黄海6.2级地震,1996年11月9日发生了长江口6.1级地震(亦称南黄海6.1级地震)[8]。在长江口以东海域,历史上还可能发生过1505年10月9日长江口6¾级地震[9];上海市地震局(1999)[10]对这次地震给出了一个可能范围,即32°~32.8°N、122.7°~123°E。在江苏近海南黄海地区,中强地震更是频繁多发,最高震级可达7级,如1846年8月4日南黄海7级地震。杭州湾及周边地区地震活动水平稍低,近代曾发生过1847年和1855年两次长江口5级地震。上海市区,1624年9月1日曾发生过一次5级地震(后被修正为4¾级)。

(4) 活动断裂

活动断裂按其活动时间,可分为新构造期曾有活动的活动断裂和第四纪有活动的活动断裂,与地震活动有关的断裂是指晚更新世以来仍在活动的活动断裂[11,12]。据石油地质调查资料分析,在南黄海盆地南侧可能存在错断盐城组(Ny)沉积的活动断裂,产状为N50°~60°E/NW∠75°。据焦荣昌等[11]研究,在杭州湾—东海可能存在一条重要的NWW向断裂,即舟山—国头断裂带,推测向陆区可能延伸到大别山,向海区可能延伸到日本琉球群岛的国头。该断裂现今还控制了陆架区水下三角洲的南界,改造了海槽的地形地貌,表明该断裂在第四纪还在活动。

另据人工地震勘查结果,陆区奉贤—南汇断裂在张堰附近错断了Q_1地层,是一条第四纪活动断裂。叶洪等(1990)据航磁图像处理资料分析,推测该断裂延伸到长江口附近时,可能被NW向构造所截而消失。

此外,通过上海地区的NW向太仓—奉贤断裂和南通—上海断裂(亦称罗店—新场断裂)(图2-9)、NE向嘉兴—松江断裂亦是第四纪活动断裂,它们一直延伸到上海附近近海海域。

(5) 块体活动

本区有的构造块体新构造运动表现为隆升,如东海陆架盆地西侧的浙闽隆起区(舟山群岛是其组成部分)。又如苏南勿南沙隆起区,其上虽也披覆了(Q+N)沉积,但其厚度比盆地区要薄。有的构造块体新构造运动表现为沉降,如苏北南黄海盆地,其上(Q+N)沉积巨厚,最大可达2200 m。

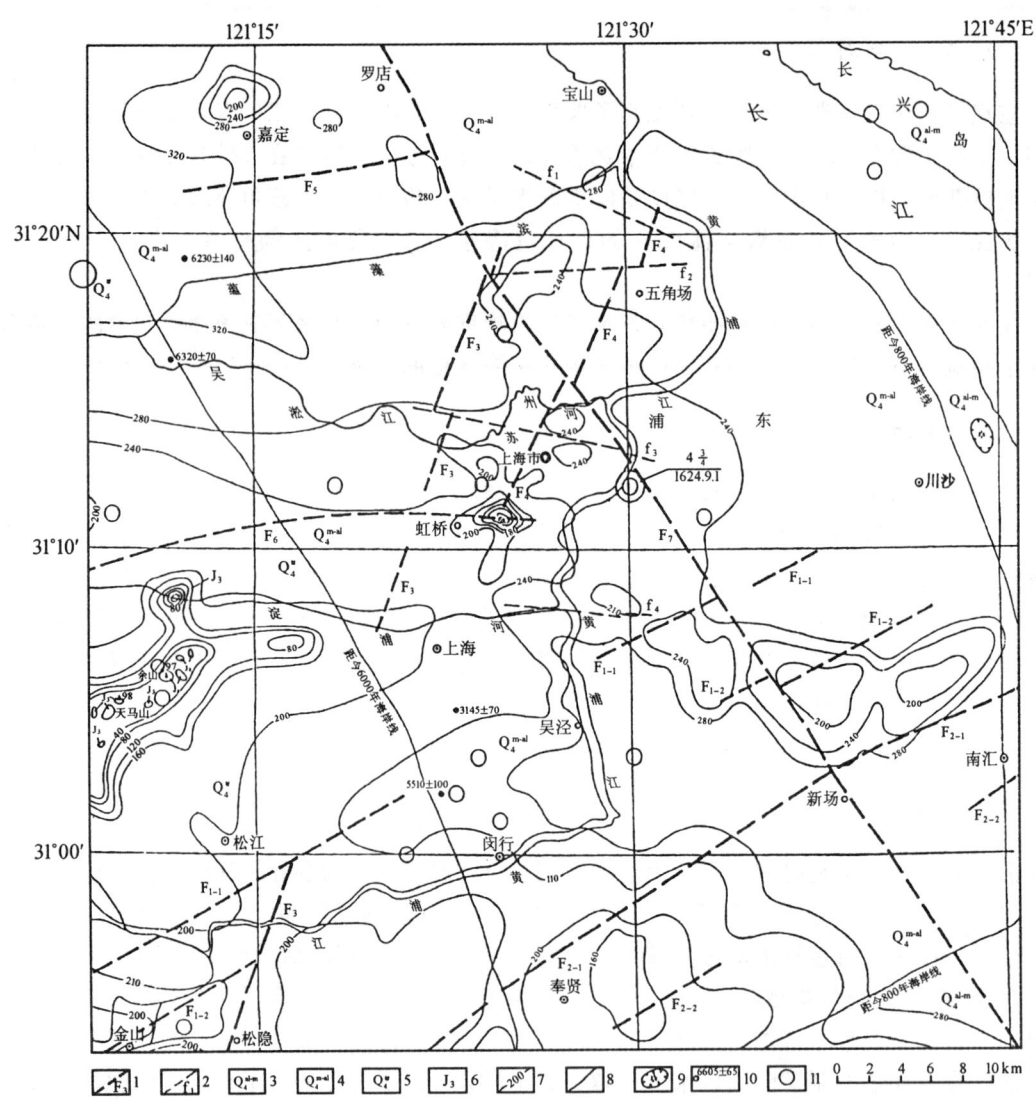

图 2-9 上海市部分地区地震构造图

1—主要隐伏断裂及代号；2———般隐伏断裂及代号；3—全新断冲积层-海积层；4—全新世海积-冲积层；5—全新世湖沼积层；6—侏罗系上统；7—第四系底板等深线（m）；8—岩相界线；9—晚第三纪火山口及陡崖；10—^{14}C样点及年龄（a）；11—地震：○M_S4.7～4.9 ○M_L3～3.9 ○M_L1～2.9；主要断裂及代号：F_1—枫泾—川沙断裂带（含F_{1-1}和F_{1-2}断裂）；F_2—张堰—南汇断裂带（含F_{2-1}和F_{2-2}断裂）；F_3—廊下—大场断裂；F_4—虹桥—五角场断裂；F_5—昆山—嘉定断裂；F_6—青浦—龙华断裂；F_7—罗店—新场断裂

此外，在盆地区发育有次级隆起和凸起，在隆起上又发育有次级凹陷。如在苏北南黄海南部盆地中发育了金子沙等隆起，又如长江口近海区的崇明东凹陷就发育在勿南沙隆起上。这反映了海区块体活动的多样性和差异升降的复杂性。

（6）地壳形变

据叶叔华等研究，由于受印度次大陆向北延伸的影响，上海地壳每年向东移动 8 mm。

这是一项由中国科学院上海天文台与美国宇航局共同组织实施的跨国联合观测,这项国际联测采用国际先进的甚长基线射电干涉测量技术、卫星激光测距和全球定位系统等现代空间技术,在中国的上海、乌鲁木齐,美国的阿拉斯加和夏威夷,日本的鹿儿岛和澳大利亚的塔斯玛尼亚6个测量站之间,进行了多次联合观测。结果发现,相对于欧亚板块稳定区域,上海每年要向东运动8 mm,而乌鲁木齐每年要向北运动14 mm。此外,地壳形变监测结果还发现,上海地区存在每年平均下沉1 mm的运动趋势。

这一精确到毫米的观测结果,与早期的地球物理学家根据地质等资料推测的地壳板块运动理论相一致[13]。此项观测成果,为研究欧亚板块、尤其是中国大陆的现代地壳运动及全球背景提供了重要的科学依据。印度板块向北的碰撞挤压作用,不仅造成了我国青藏高原的强烈隆升,还影响到我国天山南北地区及东部地区的现代地壳运动。

关于近海区火山活动,因海区工作程度低,资料少,目前尚无法评论和推断。关于东海陆架盆地区,据陈颐亨等[14]研究,该区自上新世以来处于广泛沉降背景下,火成活动表现微弱。

3. 新构造分区

前已提及[4],大致以大别山北麓至杭州湾南岸一线为界,其北为华北新构造区,其南为华南新构造区。所以,上海附近近海地区亦可作这样的划分,即舟山—国头断裂(F_{17})以北海域(含杭州湾海域)属华北新构造区,而该线以南(含东海近海区)则属华南新构造区。

根据新构造运动特点和差异,该区还可进一步划分出次一级的新构造区。如南黄海盆地坳陷区、勿南沙隆起区、长江口水下三角洲区、杭州湾河口湾堆积平原区等。

另据沈永盛等[10]研究,上海附近近海地区在新构造分区上还可作如下划分:①苏北南黄海强烈下沉区,此区又可进一步划分为南黄海持续强烈下沉区和勿南沙东部海域强烈持续沉降区等。②苏锡沪缓慢下沉区,其中亦可细分出勿南沙缓慢沉降区、长江三角洲间歇性缓慢沉降区等,它们都归属大面积下沉凹陷区。此外,还有东海持续沉降区。

4. 新构造运动的特点

上海附近近海地区位于华北新构造区东南缘,该区既有华北新构造区某些共同特点,同时更有其自身的某些特点。归纳起来,该区新构造运动有以下4个特点。

(1)持续沉降特点

该区新构造运动表现出大范围持续沉降特点。自新第三纪晚期以来,所研究海区不但盆地区(如苏北南黄海盆地)在作沉降运动,而且隆起区(如苏南勿南沙隆起)也在沉降。据地壳形变监测研究,上海地区年平均沉降速率约为1 mm/a。当然,不同的构造区其差异沉降幅度和速率是不一样的。这种沉降差异运动,在海底地貌上也得到了反映。如弶港近海发育了辐射沙脊,与陆上"江淮分水岭"可能有成因上的联系,它们皆反映了坳陷背景下的局部隆起作用。

(2)中强地震多发特点

该区中强地震活动表现出多发特点。地震活动是新构造运动的一种重要表现形式,在该海区不但有中强地震活动（历史地震最高 7 级），而且还表现出多发性特点。如最近十余年在南黄海、长江口接连发生了两次 6 级强地震，一次是 1984 年南黄海 6.2 级地震，另一次是 1996 年长江口以东海域 6.1 级地震。另据不完全统计，1846~1852 年间，在南黄海盆地海域接连发生了三次 6 级以上地震，最高震级达 7 级。这充分说明该区确是中强地震多发区。

（3）地壳东向挤出蠕散特点

该区现代地壳运动表现出东向挤出蠕散特点。据上海甚长基线射电干涉测量、卫星激光测距、全球定位系统（GPS）等观测研究，发现以上海为代表的地壳块体，相对于欧亚板块稳定部分，存在东向水平移动，速率约为 7~8 mm/a。其运动机制系印度板块与欧亚板块的碰撞挤压作用所致，这种作用使大陆地壳物质产生了东向挤出蠕散活动，其方向为东略偏南。

（4）断阶状坳陷特点

该区新构造运动表现出断阶状坳陷特点。从大别山北麓至杭州湾南岸，其南为华南山地隆升区，其北为华北平原沉降区，两者表现为断阶带接触[15]。向北至长江沿岸附近，苏南、上海地区、杭州湾（含舟山群岛）及近海海域形成一个断阶状坳陷区，方向 NWW。再向北至苏北平原、南黄海地区，坳陷更深，形成第二个大的断阶状坳陷区。

5. 新构造运动与地震活动的关系

上海附近海域的中强地震活动，有时还表现出多发性，历史上最高震级达 7 级。上海长江口海域历史上虽有中强地震发生，但震级不高，最大震级仅 5 级。但 1996 年 11 月 9 日出现了例外，在一般认为不可能发生 6 级地震的地区发生了长江口以东海域的 6.1 级地震。

对上海及其近海地区的潜在地震危险，早有人提出过质疑和警告。其中一个颇具争议的问题，就是 1505 年 11 月 9 日原定黄海的 6¾ 级地震其震中究竟何在？李起彤曾做过专题考证研究[9]，明确提出 1505 年 6¾ 地震震中应南移到长江口附近，并建议更名为 1505 年长江口 6¾ 级地震。董瑞树等[16] 1997 年对此又做了再考证，得出了相似的结论。1996 年 11 月 9 日在长江口以东海域发生的 6.1 级地震，表明上述分析与推断初步得到了有力验证。

上海附近海域的地震活动，是该区新构造运动一种最直观的表现形式，它与新构造运动有密切的关系。据对该区新构造运动表现形式和特点分析，上海附近近海地区的新构造运动与地震活动的可能关系主要表现在以下 4 个方面。

（1）断陷陡深带

在新生代断陷盆地断陷陡深地带，往往是新构造运动最强烈地带[15]。所以在构造盆地坳陷最深的一侧附近，发生破坏性地震（$M_S \geq 4¾$）的可能性最大。这一现象在南黄海盆地（南盆）反映得很明显。此外，在隆起区上发育的小型断陷地带，亦易发生破坏性地震。

（2）地貌断阶带

在地貌断阶带及附近地区易发生地震。这样的震例可举出许多，如 1990 年常熟-太仓

5.1级地震，1971年长江口4.9级地震等，均发生在苏南—上海和苏北—南黄海地貌断阶带附近。再如1994年9月7日宁波皎口4.2级地震亦发生在地貌断阶带上。

因为地貌断阶带新构造差异运动较强，伴随有较强的断裂活动，故易于形成地壳应力集中，进而孕育和发生地震。

（3）构造分水岭

构造分水岭地带可能易发生地震。因现代地壳运动而隆起的分水岭，称为构造分水岭[15]。如江淮分水岭（亦称"扬泰分水岭"），它发育在江都隆起、泰州凸起等新生代构造隆起上，新构造时期仍在活动，这种现代地壳形变运动常控制水系发育。江淮分水岭往东可能延伸到南黄海南部海域，与弶港近海辐射状砂脊相接。可以推测，1984年南黄海6.2级地震的发生，不排除与江淮分水岭有某种内在联系。此外，1624年扬州6级地震的震中亦在江淮分水岭上。

（4）活动断裂带

活动断裂带及附近地区易发生地震。据陆区研究，破坏性地震的发生与活动断裂关系密切。特别是那些在晚更新世以来，尤其全新世仍在活动的活动断裂，更是破坏性地震发生的潜在危险地段[12]。典型震例如1668年郯城8.5级地震，就发生在郯庐活动断裂带上。又如1979年溧阳6级地震，发生在茅山活动断裂带东测附近。

活动断裂带是不同活动块体的结合地带，这里地壳应力容易集中，它们是破坏性地震孕育与发生的重要场所。

上海附近海域活动断裂是存在的[17]。但由于该区新地层（Q+N）覆盖厚，加之海区断裂勘查研究程度低，所以评价其活动性难度很大。以上仅仅将陆区的一些研究成果和识别标志推断类比到海区，旨在供研究海区地震成因时多一种思考途径。

上海附近及其海域地处长江三角洲与南黄海、杭州湾、东海交接地区，该区跨越了苏北南黄海盆地、苏南勿南沙隆起、浙闽隆起区、东海陆架盆地等新生代构造单元，同时也是华北地震区与华南地震区、华北地震构造应力场与华南地震构造应力场交接过渡地带，这里是我国东部著名的中强地震多发区，地震构造条件比较复杂，该区新构造运动有其自身诸多特点。但由于地震构造问题的复杂性，加之长江口近海地区调查研究程度低或刚刚起步①，目前对该区的地震地质特征只能给出一个概略性的初步分析。很多认识尚待深化，很多问题有待进一步调查和研究。

第三节 苏北滨海断裂查证与评价

在苏北海岸带外侧，推测存在一条NW向区域性隐伏断裂，一般称为苏北滨海断裂或苏北沿岸断裂，有时又被称为苏北滨海大断裂，或沿岸NW向断裂（F89），简称沿岸断裂。还有人称该断裂为"南黄海5号断裂"或"苏东沿海断裂"。

早期人们曾从海岸线形态分析，长江口以南为NE向岩岸，而长江口以北变成了NW

---

① 上海市地震局，长江口海域断层人工地震探测及其研究，待出版。

向泥岸，推测苏北海岸线可能受 NW 向断裂控制。在 1∶100 万南通幅地质图、基岩地质图说明书[18]中，正式提出了沿岸断裂，其代号为 F89。提出沿岸断裂可能产生于南象运动或更早时期，对海陆区岩相、构造有明显的分隔作用，海区重力、磁场强度普遍升高。在"九五"期间，江苏省地震工程研究院开展了南黄海地震区划工作，高中和与吴少武等同志对苏北滨海大断裂曾进行专门研究，并发表了有关学术论文[19]。下面主要根据上述文献资料，并参考南黄海地震区划研究报告等①资料，对苏北滨海断裂存在依据及其活动性进行评价。

1. 苏北滨海断裂存在依据

苏北滨海断裂虽是南黄海海域一条推测性隐伏断裂，但因海洋油气调查等需要，还是对该断裂开展过不同程度的勘查工作，其中包括航空磁测、重力测量、人工地震勘查等。如原地质矿产部航空物探遥感中心，在平行海岸、滨海 45 km、面积 4500 km² 的窄长地带，进行了 1∶5 万高精度航空磁测，初步明确了海陆构造单元，首次发现该窄长区域内有近 EW 向及 NNW 向两组断裂共 27 处，其中 NNW 向断裂编号为 f_1、f_5、f_6、f_{12}、f_{15}、f_{23}、f_{25}、f_{27} 共 8 条，f_{25} 断裂在航磁图上有很好反映（图 2-10）。它们对凹陷分布的总格局有控制作用，亦划分了不同磁性基底，有的还截断或错移磁异常，限制了火成岩发育。该断裂形成时代不晚于白垩纪。以南二凸起为界，上述 NNW 向断裂使海域中缺失晚侏罗世—白垩纪地层及火山碎屑岩沉积。

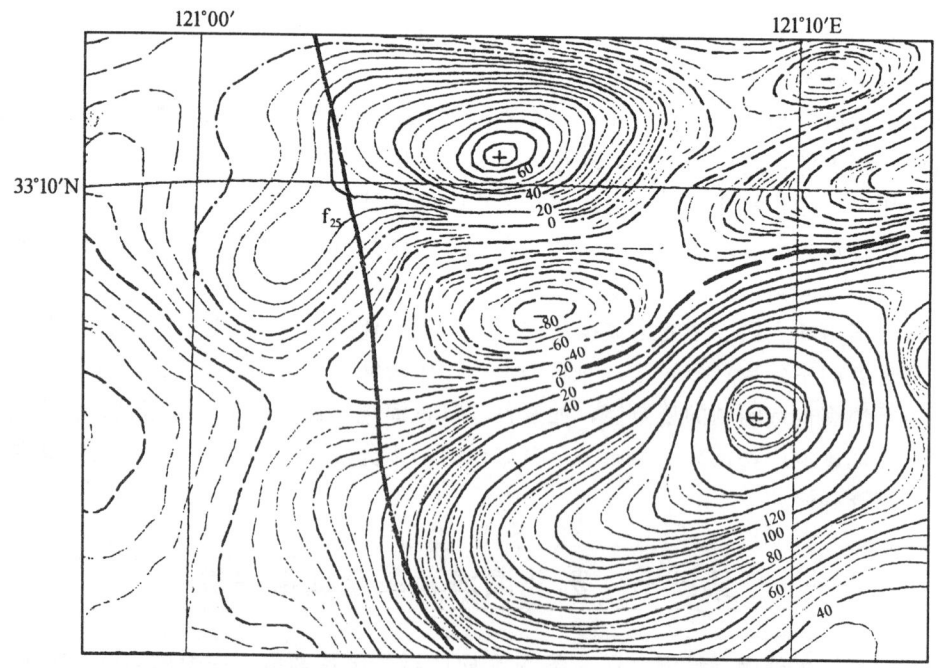

图 2-10　南黄海海域 f_{25} 断裂在航磁图上的反映［据原地质矿产部航空物探遥感中心"南黄海 24/16 合同区航空物探（磁）勘查成果报告"图 6-2-5，1990］

---

①　江苏省地震工程研究院，2001，南黄海地震区划研究报告。

原江苏省地质矿产局区域地质调查大队在1990年出版的1∶100万南通幅《前晚第三纪基岩地质图》上[18]，在距海岸15～30 km处清楚地标注了苏北滨海断裂的位置。图上该断裂断续分为3段，北段位于废黄河口外至新淮河口外约15 km海域，长约55 km，沿断裂有3处喜山期玄武岩分布。中段位于海丰农场海岸外30～40 km的暗沙—庄家沙一带，长约64 km。南段位于吕泗镇东约19 km海域，长约17 km。中、南段之间也有玄武岩分布，各段之间空缺。该断裂总长大于136 km。

苏北滨海断裂（或沿岸断裂）为隐伏断裂，代号F89，其南延部分代号为F110，总长达200多千米。在重力场上为海区重力高与陆区重力低的分界线，磁场上断裂西南侧以负磁异常为主，东北侧为正磁异常，局部磁异常方向发生了改变。沿断裂有玄武岩分布，在区域上断裂分隔了自中三叠世以来的隆起和坳陷沉积岩相。该断裂在第四纪时期仍有较明显的活动，它控制了220 m、260 m第四系（Q）等厚线在沿岸附近的延伸方向，对现代海岸线的形成与发展有明显影响，中强地震也常沿该断裂发生。

在南黄海地震区划研究中，高中和、吴少武[19]等选取石油部门在斗龙港外所做的NE向CL8714地震反射剖面，对剖面上部1 s以内的资料进行了计算机再处理，结果表明苏北滨海断裂确实存在，且错断了第四纪地层。地震剖面和海底旁侧声纳探测表明，它是由数条相互平行的断层组成的断裂带，断裂带的宽度可达1.1 km，现代海底地貌表现为潮沟。由于江苏及其东部海域一带的区域主压应力场方向为NEE向，滨海大断裂的活动方式以右旋逆走滑运动为主。

综上所述，对苏北滨海断裂存在依据可归纳为以下几点：

①通过布格重力异常进行反演计算莫霍面起伏形态，发现苏北近岸地带莫霍面等深度线是NW向延伸，使苏北陆区与海域呈现出不协调，推测在苏北近岸可能存在NW向隐伏断裂。

②从南黄海石油勘探24/16合同区重力异常展布来看（图2-10），海区的局部重力异常各个方向都有，这种格局明显不同于苏北陆区。此外，高精度航空磁测结果亦发现苏北滨海存在NNW向断裂组，这些断裂在航磁图上有清晰反映。

③在苏北坳陷与南黄海南部坳陷之间，以苏北滨海断裂为界，中、新生代沉积相有明显差异。该断裂控制了喜山期玄武岩（N_2）的断续分布。

④地貌上长江口以南海岸线总体呈NE向，且岩岸发育；长江口以北至废黄河口海岸线呈NNW向，岸线平直且泥质海岸发育。至连云港以北，海岸线总体又呈NE向。这种地貌转折可能受苏北滨海断裂控制。在海底地形图上，苏北沿海存在与岸线平行的凹槽，宽100～200 m。在卫星像片上亦有清晰线性特征显示。

⑤1987～1992年间，MONUMENT公司CL8714地震勘探反射剖面线穿过苏北滨海断裂，经对1 s以上浅部资料重新处理后，清楚地显示该断裂为一组由数条相互平行的断裂构成的断裂带，并错断TP反射波组。另在阜宁23-1-1井井位工程地质调查中，高频地震勘探发现浅部沉积物层间错位发育（图2-11）；旁侧声纳资料上亦发现4条基本平行的NNW走向的线性异常，长度分别为1900 m、1900 m、620 m、240 m，分析认为是呈断续分布的滨海断裂带的一部分。

为了能在更大范围内反映苏北滨海断裂所处的构造位置及环境，我们编绘了黄海及邻区地震构造图（图2-12）。在南黄海坳陷盆地区主要活动断裂有6条，其中F_6即为苏北滨海断裂。

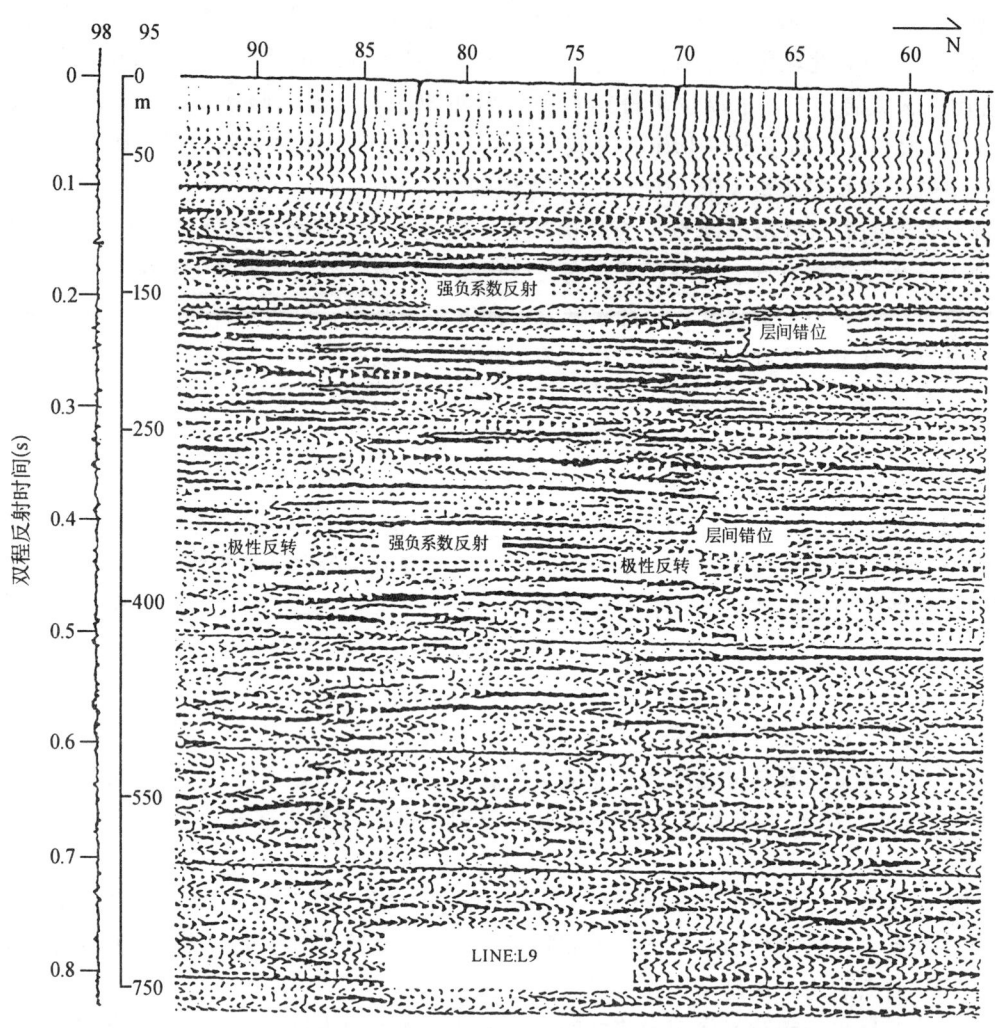

图 2-11 阜宁 23-1-1 井位高频地震勘探剖面显示的层间断错位（据原上海海洋地质调查局第一海洋地质调查大队"南黄海阜宁 23-1-1 井井位工程地质调查报告"，1993）

这里需要补充说明的是，对 NNW 向苏北滨海断裂是否存在，历来就有争议。探其原因，主要是苏北陆地与南黄海海区交接地带为石油勘探空缺区或薄弱区，这里缺少实际勘察的海洋地质、钻探、地球物理等资料。所以，很多分析研究带有较大的推断性。为了更客观地认识苏北滨海断裂的存在、性质及活动性等问题，今后仍有大量实际调查工作要做。

2. 苏北滨海断裂活动性评价

资料分析[19]显示，苏北滨海断裂是一条控制苏北海岸线发育的 NW 向地壳断裂，全长达 200 km 以上。它是苏北与南黄海新构造运动和现代构造运动的重要分界线，不仅控制了苏北海岸线的发育形态，断裂两侧构造线方向和地球物理场特征也有明显差异。苏北滨海断裂是一条现今仍有中强地震活动的活动断裂带，是苏北与南黄海地震活动的重要分界线，海

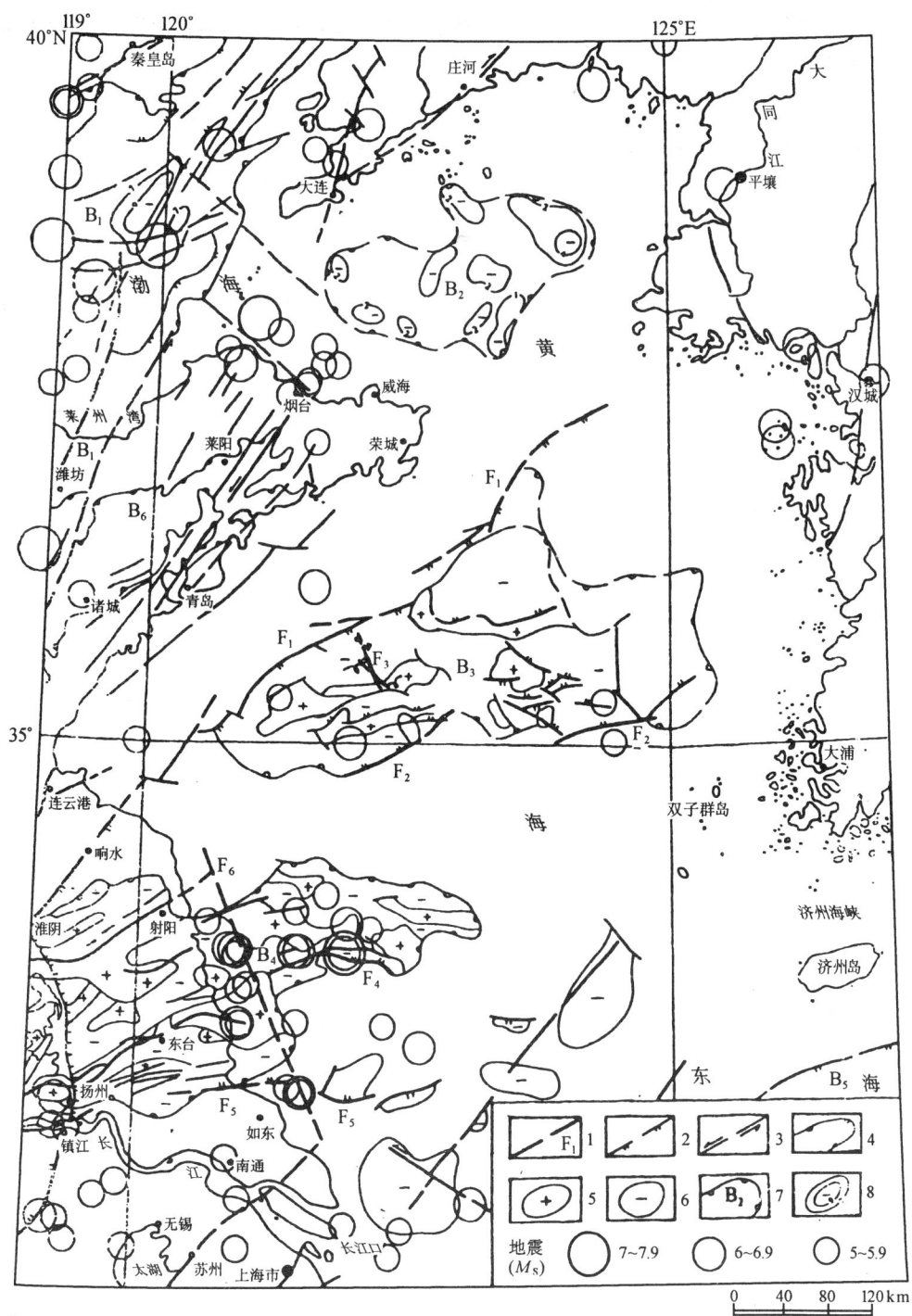

图 2-12 黄海及邻区地震构造图

1—主要断层及代号；2—正断层；3—走滑断层；4—盆地（含坳陷）边界；5—凸起（含隆起）；6—凹陷；7—主要盆地及代号；8—部分盆地变质基底埋深（km）；B_1—渤海盆地；B_2—北黄海盆地；B_3—苏江—南黄海北部盆地；B_4—苏北—南黄海南部盆地；B_5—东海陆架盆地；B_6—胶莱盆地；F_1—北部盆地北缘断裂；F_2—北部盆地南缘断裂；F_3—北部盆地NNW向断裂；F_4—南部盆地南缘断裂；F_5—拼荣河断裂；F_6—苏北滨海断裂

域地震活动的强度和频度均高出陆地一个量级，俗称"海强陆弱"。据统计，自 1764 年以来，在断裂带或其附近共发生 6 次 5 级以上地震，有 5 次发生在 1972 年以后。沿苏北滨海断裂共发生 6 级以上地震 3 次，最大地震为 1927 年 2 月 3 日 6½ 级地震，最近一次为 1984 年 5 月 21 日南黄海 6.2 级地震（图 2-12）。

综上所述，基本上可以判定苏北滨海断裂是一条第四纪活动断裂。

3. 苏北滨海断裂构造意义

由于苏北滨海断裂所处的构造位置及环境，在新构造运动和现代构造运动方面，该断裂具有重要的构造意义，它对南黄海活动构造研究、潜在震源区划分、工程场地地震安全性评价等工作影响重大。苏北滨海断裂的构造意义是多方面的[19]，重要的有以下两点：

①苏北滨海断裂是苏北与南黄海新构造运动和现代构造运动的重要分界线。它不仅控制了苏北海岸线的发育形态，断裂两侧构造线方向也有明显差异，靠陆地一侧以 NE 向为主，靠海域一侧以 NW 和 NWW 向构造线为主，且往往错断前者。断裂两侧晚新生代发展史有明显差异，断裂东侧海域早第三纪盆地发育晚于断裂西侧的陆地，但沉积厚度却比陆地大出 600 m，沉积颗粒比陆地细，且含煤。尤其在第四纪，由于断裂的继续活动，海陆分异明显，海域第四系厚度比苏北要薄约 100 m。

②苏北滨海断裂是苏北与南黄海地震活动的重要分界线。海域地震活动的强度和频度均高出陆地一个量级，俗称"海强陆弱"。海域中强地震的序列特点不同于陆地，与陆地相比往往不够完整；海域中强震常有"双震型"地震，陆地上几乎没有；海域地震活动的周期也不同于陆地。另据董颂声等研究，海域内 6 级以上地震活动具有丛集性，丛间间隔 57 年的现象自 1846 年以来已出现两次；地震迁移规律比陆地明显，等等。这些差异的存在说明苏北滨海断裂两侧的地震活动可能有着各自不同的规律。

参 考 文 献

[1] 许薇龄，苏北南黄海地质构造特征，上海地质，1987，3（总第 23 期）：54～64
[2] 李全兴主编，海洋地质地球物理图集，北京：海洋出版社，1990，77～81
[3] 马杏垣主编，中国岩石圈动力学地图集，北京：中国地图出版社，1988
[4] 李起彤、苏顺昌、南金生、李勇，华北地震区南部边界研究，华北地震科学，1988，6（1）：1～9
[5] 汪素云、许忠淮等，黄海、东海及邻区的地震构造应力场，中国地震，1987，3（3）：18～25
[6] 冯锐、周海南、姚政生、马桂明、李全林，东海与黄海的三维速度结构及其构造意义，地质学报，1993，67（1）：19～36
[7] 丁国瑜主编，中国岩石圈动力学概论，北京：地震出版社，1991
[8] 李起彤、王玲玲，1996 年长江口以东海域 6.1 级地震构造背景初步分析——兼论与 1505 年南黄海 6¾ 级地震的可能关系，见：上海市地震局，上海市的地震与应急——1996 年 11 月 9 日长江口以东海域地震研究文集，北京：地震出版社，1999，50～52
[9] 李起彤，1505 年 10 月 9 日长江口 6¾ 级地震震中考证，中国地震，1990，6（4）：17～25
[10] 上海市地震局编，上海市的地震与应急——1996 年 11 月 9 日长江口以东海域地震研究文集，北京：地震出版社，1999
[11] 焦荣昌，论舟山—国头断裂带的性质及其向陆区的延伸，物探与化探，1988，12（4）：249～255

[12] 李起彤编著，活断层及其工程评价，北京：地震出版社，1991
[13] 刘光鼎主编，中国海区及邻域地质-地球物理系列图（1∶500万）及说明书，北京：地质出版社，1992
[14] 陈颐亨，东海新生代构造运动对比，上海地质，1988，2（总第26期）：15～20
[15] 李起彤、南金生、苏顺昌、李勇，华东地区中强地震构造背景和地质标志研究，华南地震，1990，10（1）：1～14
[16] 董瑞树、向宏发等，1505年10月9日6¾级地震震中再考证，中国地震，1997，13（2）：172～178
[17] 刘昌森、章振铨等，1996年11月9日长江口以东海域6.1级地震影响场与震中区地震地质概述，见：上海市地震局编，上海市的地震与应急——1996年11月9日长江口以东海域地震研究文集，北京：地震出版社，1999，43～49
[18] 江苏省地质矿产局区域地质调查大队、海洋地质调查局海洋地质调查大队，1∶100万南通幅地质图、基岩地质图说明书，1990
[19] 高中和、吴少武，南黄海海域第四纪活动构造与地震活动，见：卢演俦等，新构造与环境，北京：地震出版社，2001，293～297

第三章 上海附近海域的地震活动

第一节 上海附近海域地震资料评估和1505年地震的再定位与命名

1. 上海附近海域地震资料评估

1) 上海及其附近海域地震资料的可靠性分析

（1）地震资料的保存概率分析

众所周知，时间越早，历史地震的记载遗漏情况越严重。文献［1］指出，上海及其附近海域地区相对西北、西南而言属少震弱震区，但经济、文化较为发达，尤其是宋代以来已相当繁荣，人口稠密，是国家财富的主要来源地之一，地位重要，人物荟萃，方志普及，记载远比其他地区丰富。本区地震又少，一有动静，竞相记述，图3-1是清代以来本区方志密度分布的示意图。据历史资料判定，一般来说，16世纪以来陆地部分4.7级以上地震遗漏的

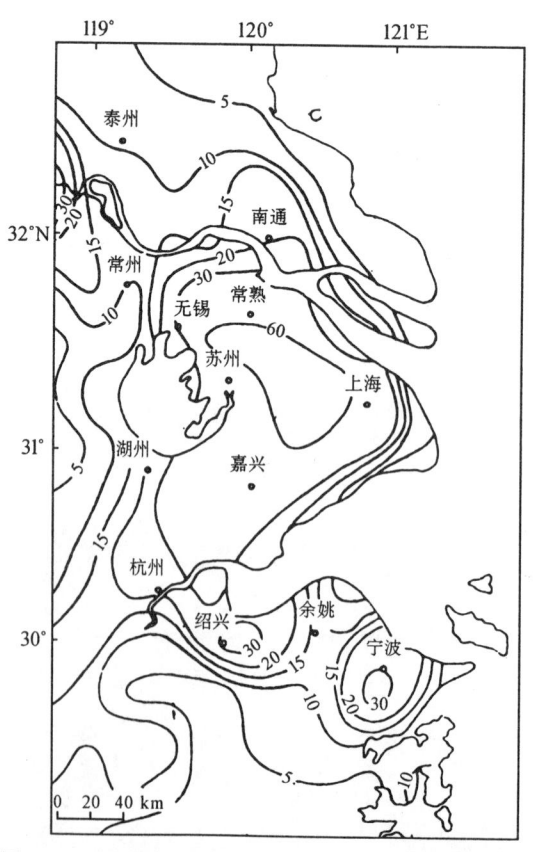

图 3-1 上海及邻近地区清代以来方志密度等值线[1]

可能性不大,海上部分则估计 18 世纪以来 6 级以上地震遗漏的可能性较小。表 3-1a 给出了上海及附近海域区内 1904 年以后,在上海和南京相继开始仪器记录后,不至遗漏且能正确定位的最低震级地震。表 3-1b 则给出了 1904 年以后,上海市行政区及长江口地区不至遗漏且能正确定位的最低震级地震。

总的说来,陆地部分可靠性较大,海洋部分可靠性差;震级越大可靠性越大,震级越小可靠性越差。文献[2]则引入了进一步的工作结果:为了对资料的保存概率进行分析,W. H. K. Lee(1981)应用历史资料的完整性研究了中国东部地区地震资料的保存概率,得到了中国东部不同地区地震资料的保存概率,如表 3-2 所示。

表 3-1a 上海及附近海域区内仪器记录不至遗漏且能正确定位的最低震级地震[1]

时 间	仪 器	放大倍数	震级	精度	备 注
1904.1.22～1909.4.18	大森式	10	6.5		
1909.4.18～1915.3.15	SW	150	5.5		
1915.3.15～1932.1.7	伽利津	900～1000	4.5		

表 3-1b 上海市行政区及长江口地区不至遗漏且能正确定位的最低震级地震[1]

时 段	上海市	长江口	时 段	上海市	长江口
1904～1908	5.0	5.0	1954～1967	3.0	4.0
1909～1914	4.0	5.0	1968～1974	2.0	3.0
1915～1931	3.0	4.0	1975	1.5	2.5
1932～1935	3.0	4.0	1976～1979	1.0	2.0
1936～1946	3.0	4.0	1980～1982	0.6	1.5
1947～1950	3.0	4.0	1983～	0.6	1.5
1951～1953	4.0	5.0			

表 3-2 中国东部地震历史资料保存概率[2]

世纪	1	2	3	4	5	6	7	8	9	10
保存概率	0.05	0.06	0.05	0.05	0.06	0.07	0.08	0.08	0.07	0.08
世纪	11	12	13	14	15	16	17	18	19	20
保存概率	0.18	0.37	0.55	0.73	0.91	1.00	0.87	0.96	1.00	1.00

可以看出,从 15 世纪之后中国东部地区地震历史资料保存概率为 87% 以上,而 14 世纪的概率为 73%,13 世纪之前小于 55%。图 3-2 给出了中国东部地区地震历史资料保存概率的变化。

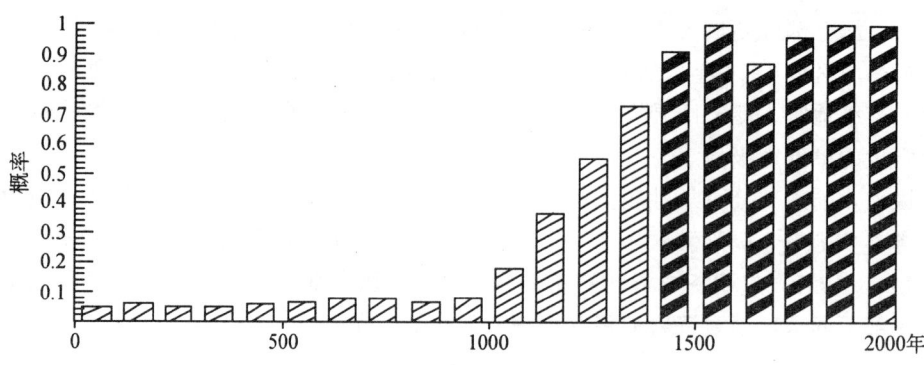

图 3-2 中国东部地区不同世纪历史地震资料保存概率的示意图[2]

据图 3-2 可见，上海及邻区记载的地震活动主要在 1400 年之后才逐渐增多，且频度也逐渐增加。就历史地震而言，1900 年以来上海及邻区海域的 4.7 级以上地震基本完整。对于 1970 年以来仪器记录的资料，研究表明，陆地的 $M_L 2$ 以上地震记录较完整，而海域地区的 $M_L 2.5$ 以上地震记录较完整。

表 3-3 上海及邻区海域地震频度统计表[2]

时 期	3.0～3.9	4.0～4.9	5.0～5.9	6.0～6.9	7.0～7.9	最大震级	总频度
公元 1499 年前				1		6.0	1
1500～1599 年	2	1		1		6.8	4
1600～1699 年	2	2				4.8	4
1700～1799 年	5		2	1		6.0	8
1800～1899 年	4		9	7	1	7.0	21
1900～1999 年	130	20	15	6		6.5	171

(2) 地震记录的精度

文献 [1] 曾对 1987 年前上海及其邻近海域地震资料的精度做过深入研究，结果表明，在时间精度方面，1860 年以前为 ±1 天，1860～1904 年为 ±1 小时，在仪器记录出现后则精确到分秒量级。在震中位置的精度方面，对历史地震，根据 1987 年全国历史地震工作会议的暂行规定，历史地震震中位置精度分为五类：Ⅰ 类精度误差为 10 km 以内，Ⅱ 类精度误差为 10～25 km，Ⅲ 类精度误差为 25～50 km，Ⅳ 类精度误差为 50～100 km，Ⅴ 类精度误差为 100 km 以上。就上海及其邻近海域的地震资料而言，历史时期，特别是明代以前的历史地震，一般为 Ⅳ 类或 Ⅴ 类精度，16 世纪以前 Ⅳ 类、Ⅴ 类居多。16～19 世纪 Ⅲ 类居多；仪器记录出现后则为 Ⅰ～Ⅱ 类。在震级精度方面，约为 ±1/4 级，最大可达 ±1/2 级。这是因为上海及其邻近地区拥有我国最古老的地震台——上海徐家汇观象台和南京地震台。徐家汇观象台于 1904 年开展了地震观测，1952 年 10 月该台从徐家汇迁至上海市郊的佘山山顶。南京台建成于 1931 年 3 月，1932 年 7 月出版正式报告。上海及其附近地区，自 1970 年以来先后建立了一批区域地震观测站，这些台站均装有短周期、高放大倍数的地震仪，1982 年 12

月上海电信传输台网又通过正式验收,到 1990 年上海台网有子台 13 个,这使该区地震观测条件日趋完善。

2000 年以前上海台网的定位精度:1 类,震中误差<5 km;2 类,震中误差<15 km;3 类,震中误差<30 km;4 类,震中误差>30 km。震级精度:±0.3。时间精度,可不计误差。

2000 年以后,上海地震局在"九五"期间,历经近 4 年时间实施了"上海地震台阵(网)建设项目",在上海西部的佘山地区建立了上海地震台阵。2001 年正式投入使用。该台阵为小尺度台阵,孔径约为 3 km,由 16 个子台组成,子台分布呈 NNE 向。各子台的间距约为 600 m。大部分子台均建在地面以下 2 m 处,基本上处于同一海拔高度。每个子台安装有最新型宽频带(50 Hz—100 s)地震计和高精度 24 位数据采集仪,从 $256×10^3$ 采样点/秒,通过二次滤波抽取到 200 采样点/秒,通过专用基带(MODEM)由电缆将地震数字信号分别实时传输到上海地震台阵佘山数据中心。再从 200 采样点/秒抽取 100 采样点/秒,采用复接复分技术,在上海地震台阵佘山数据中心将 16 组地震数字信号数据进行汇集。而后再经由 DDN 专线将此 16 组地震数据实时传输到上海市地震局内的地震台阵信息中心进行数据分析处理。应用地震台阵可在较远处监测微震级事件,因而有利于对那些不宜于在当地架设台站的地区进行地震监测,特别是对近海海域地区进行的地震监测。上海地震台网与华东地震台网联网后,包含了 32 个台站(含台阵 16 个子台)96 个分向的地震信号数据,这些数据使上海及邻区地震的定位能力大大提高(图 3-3)。

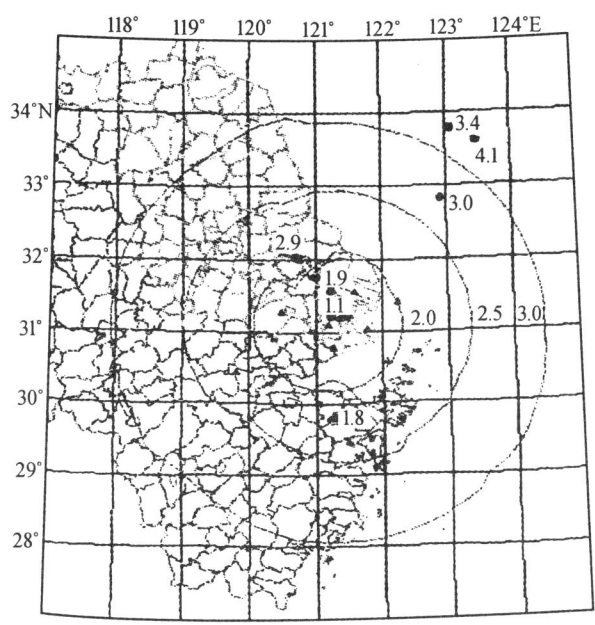

图 3-3 2001 年以来上海地震台网的地震定位能力[2]

以上通过对资料的保存概率、缺失、精度、定位能力等多方面的分析表明:①上海及邻区 15 世纪之后的 4.7 级以上地震资料保存相对较好。②上海及邻区陆地与海域地震资料的缺失具有不均匀性。其中陆地上 1500 年之后的 3 级以上地震缺失不严重;海域地区的地震 1840 年以来的 5 级以上地震较完整,1900 年以来的 4.7 级以上地震完整。③1970 年以来仪器记录的地震，在陆地上 $M_L 2.0$ 以上地震与海域 $M_L 2.5$ 以上地震记录较完整。

2) 上海及其附近海域地震活动特征评估

文献［1］曾据 1987 年以前的资料对上海及其附近海域地震活动的特征做过较为深入的论证，并以专论的形式专门讨论了南黄海地区和长江口地区的地震活动特征。文献［2］在此基础上增加了 1987～2000 年前后的资料以作补充，但没有实质性的改动。为本书的完备性起见，对于这些特征明显且在学术上较为公认的观点，以下在本节的（1）、（2）两段以摘录的形式转引了文献［2］的某些内容，在（3）、（4）段以摘录的形式转引了文献［1］并汇总了文献［3］、［4］的某些内容，以备查考。

(1) 地震活动概况

①历史地震活动。

上海位于大华北地震块体的南缘。据史料记载，历史上（288～2000 年）上海及邻近地区（29°～34°N，118°～124°E）曾发生 5～5.9 级地震 44 次，6～6.9 级地震 18 次，7 级以上地震 1 次。上海市行政区内发生的最大一次地震是 1624 年 9 月 1 日的 5 级地震。20 世纪 70 年代以来，上海及邻近地区先后发生了 1970 年长江口 4.9 级地震，1974 年江苏省溧阳 5.5 级地震，1979 年溧阳 6.0 级地震，1984 年南黄海 6.2 级地震，1990 年常熟 5.1 级地震，1996 年长江口以东 6.1 级地震和 1997 年南黄海 5.1 级地震。可见，上海邻近地区地震比较活跃。1994 年国家将上海列为未来十年或更长一段时期的地震重点监视防御区和率先实现我国防震减灾十年目标的地区。

②现今地震活动。

上海及其附近地区自 237～2001 年共发生 3 级以上地震 1141 次，其中，3.0～3.9 级地震 952 次，4.0～4.9 级地震 120 次，5.0～5.9 级地震 48 次，6.0～6.9 级地震 19 次，7.0 以上地震 1 次，最大地震为 1846 年 8 月 4 日南黄海 7 级地震。而 1970～2001 年仪器记录到的 3 级以上地震共 176 次，其中，3.0～3.9 级地震 148 次，4.0～4.9 级地震 21 次，5.0～5.9 级地震 3 次，6.0～6.9 级地震 4 次，最大地震为 1984 年 5 月 21 日南黄海 6.2 级地震。上海及其附近地区 6 级以上地震主要集中在南黄海、长江口以东和江苏西南地区。近几年来小震频度有增加的趋势，有的年份还出现南强北弱、陆强海弱的迹象。上海及邻区（29°～34°N，118°～124°E）内的地震活动性具有明显的差异性。该区中的南黄海区域活动性最强，沿长江破碎带分布的 NE 向条带次之，苏南、浙北及东海北部地区的地震活动较弱。

该区陆地历史上的最高震级为 6 级。东部南黄海地区地震强度和频度均高于陆区，历史上曾多次发生 6 级以上强震，最大地震为 1846 年南黄海 7 级地震。该区最早记录的历史地震为 237 年 6 月 24 日南京 4 级地震，自 237～2001 年共发生 3 级以上地震 1141 次，其中 3.0～3.9 级地震 952 次，4.0～4.9 级地震 120 次，5.0～5.9 级地震 48 次，6.0～6.9 级地震 19 次，7.0 级以上地震 1 次。而 1970～2001 年仪器记录到的 3 级以上地震共 176 次，其中 3.0～3.9 级地震 148 次，4.0～4.9 级地震 21 次，5.0～5.9 级地震 3 次，6.0～6.9 级地震 4 次，最大地震为 1984 年 5 月 21 日南黄海 6.2 级地震。该研究区 6 级以上地震 20 次，具体参数见表 3-4。

显见上海及邻区范围内的6级以上地震主要集中在黄海、长江口以东、江苏西南地区。

(2) 上海及其附近海域地震活动特征评估

上海及其附近海域地震活动的最大特征是时空分布的不均匀性。在地震活动的时间分布方面,考虑到上海及邻区5级以上历史地震主要是在1491年之后有记录,故可根据5级以上地震将该区的地震活动分为两个幕。考虑地震记载的遗失与震级低估因素,第一幕主要以5级以上地震为标记,即从1615年3月1日江苏南通狼山5级至1764年6月27日南黄海6级地震,共149年。期间发生5级以上地震7次,其中最大地震为2次6级地震;第二幕主要以6级以上地震为标记,即1846年8月4日黄海7级地震至1996年11月9日南黄海6.1级地震,间隔150年,期间发生5级以上地震34次,其中5.0～5.9级21次,6.0～6.9级12次,7级以上地震1次。第一幕的地震活动主要分布在江苏陆地上,7次地震中5次在江苏境内(即1615年南通5级地震;1624年扬州6级地震;1679年溧阳5.3级地震;两次地震位于陆地边缘,即1752年上海长江口5级和1764年南黄海6级地震)。但第二幕的6级以上地震除1979年7月9日江苏溧阳6.0级外,12次地震均发生在南黄海(图3-4)。这些地震在空间分布上又具有如下特点,即第一幕主要集中在陆地,第二幕集中在南黄海。应用最大熵谱方法,通过对南黄海及其附近地区1400年以来5级以上地震活动度、最大震级、能量活动周期分析表明,该区地震活动具有125年、77年、60年的三个主要周期成分。

表3-4 上海及邻区的6级以上地震参数[2]

序号	时间	北纬(°N)	东经(°E)	震级	地 名
1	376年6月18日	31.2	118.8	6	南京
2	701年8月16日	33.0	121.0	6	南黄海
3	1505年10月9日	32.0	123.0	6¾	南黄海
4	1624年2月10日	32.3	119.4	6	扬州
5	1764年6月27日	33.0	121.5	6	黄海
6	1846年8月4日	33.5	122.0	7	南黄海
7	1847年11月12日	33.0	122.0	6	南黄海
8	1852年12月16日	33.5	121.5	6¾	南黄海
9	1852年12月21日	33.5	121.5	6	南黄海
10	1853年4月14日	33.5	121.5	6¾	黄海
11	1853年4月15日	33.5	121.5	6	黄海
12	1853年4月23日	33.5	121.5	6	黄海
13	1866年10月23日	33.5	121.5	6	南黄海
14	1921年12月11日18时49分	33.7	122.0	6½	南黄海
15	1927年2月3日11时53分	33.5	121.0	6½	黄海

续表

序号	时间	北纬（°）	东经（°）	震级	地 名
16	1927年2月3日12时52分	33.5	121.0	6½	黄海
17	1979年7月9日18时57分	31.5	119.3	6	溧阳
18	1984年5月21日23时37分	32.5	121.7	6.1	南黄海
19	1984年5月21日23时39分	32.5	121.6	6.2	南黄海
20	1996年11月9日21时56分	31.9	123.3	6.1	长江口东

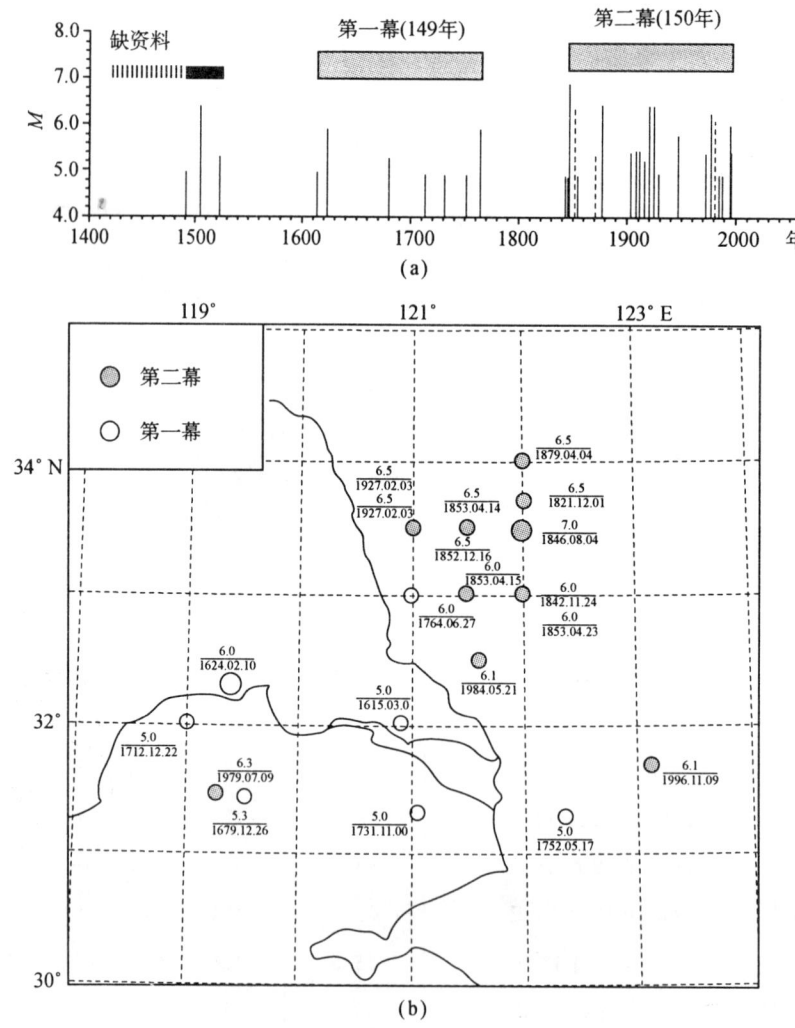

图 3-4 上海及邻区的 M-t 图及地震活动幕（a）和
两地震活动幕中 5 级以上地震空间分布（b）[2]

在地震活动的空间分布方面，上海及邻区在不同时间段内发生的地震，在空间分布上有所差异。1500年以前，缺海洋记载，只有陆地上的地震有所记载，主要集中在南京至上海一带，说明这段时间该地区较发达。到16世纪，地震记载地域增大，江苏、浙江、上海地区均有记载，海洋地区也记载有6级地震。在17世纪，上海周围地区的地震活动较集中，而江苏、安徽地震呈离散状态。在18世纪，整个研究地区的地震活动主要集中在上海、江苏、浙江两省一市交界地区，其他地区地震分布较稀疏。在19世纪，强震主要发生在黄海及长江口地区，中小地震集中在上海至江苏中部一带。20世纪以来，地震活动与19世纪又存在明显差异，上海周围地区中小地震的活动减弱，地震除集中在黄海地区外，在江苏西部至安徽东部地区发生的地震呈均匀状态。

总之，从该地区5级以上地震的分布可见，5级以上地震主要集中在3个地区。其一，南黄海海域，该区地震活动水平较高，不仅频度高，而且强度也大，5级以上地震集中明显；其二，江苏南部地区，特别是南京—溧阳一带，地震活动水平较高，形成NW向的5级以上地震集中区；其三，长江口以东地区，该区发生了6次5级以上地震。20世纪的5级以上地震主要集中在南黄海地区。

在震中的垂直分布上，对1970年以来仪器记录的有深度的368次两级以上地震的分析表明，上海及邻区所发生的地震，其深度主要分布在5~25 km的范围内（图3-5）。

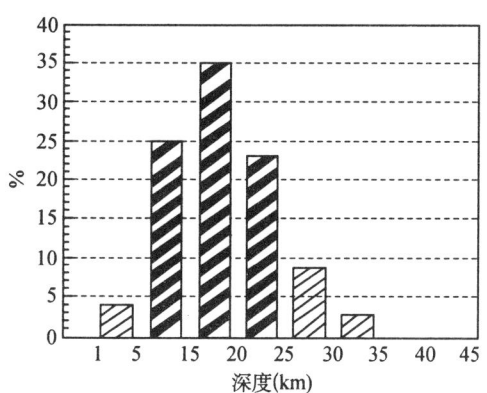

图3-5 上海及邻区不同震源深度的统计分布[2]

（3）南黄海地区地震活动特性评估

南黄海地区的地震活动有下列五个特征：

①时间分布的成丛性。

南黄海地区的地震活动在时间上有明显的成丛特点，可划分为3个时段。1846~1910年为第一活动时段，历时30~40年，共发生25次$M_S \geq 5.0$地震，平静了20余年；第二活动时段为1910~1975年，共活跃了30~40年，发生了17次$M_S \geq 5.0$地震，平静了30年；从1975年开始进入第三个活动时段，目前仍处在该时段末期。如果遵循前两个活动时段，则这种活动状态还会持续20~30年。

②空间分布的集中性。

在空间上，上述两个活动时段 $M_S \geq 5.0$ 地震的活动范围都大致为 $32°30'N \sim 34°N$、$121°E \sim 122°30'E$，第二活动时段发生的地震无论是经度还是纬度均未超越第一活动时段的范围。

③较强地震有较明显的迁移规律。

此区 $M_S \geq 6$ 的地震有一定的迁移特点。文献［4］指出，南黄海 6 级以上地震有规律迁移的现象不是偶然情况或假象，而是具有特定的地质背景。南黄海地区近 200 年来所发生的 10 余次 6 级以上地震，均呈逆时针向旋转迁移（朱书俊等，1986），参见图 3-6。这种迁移

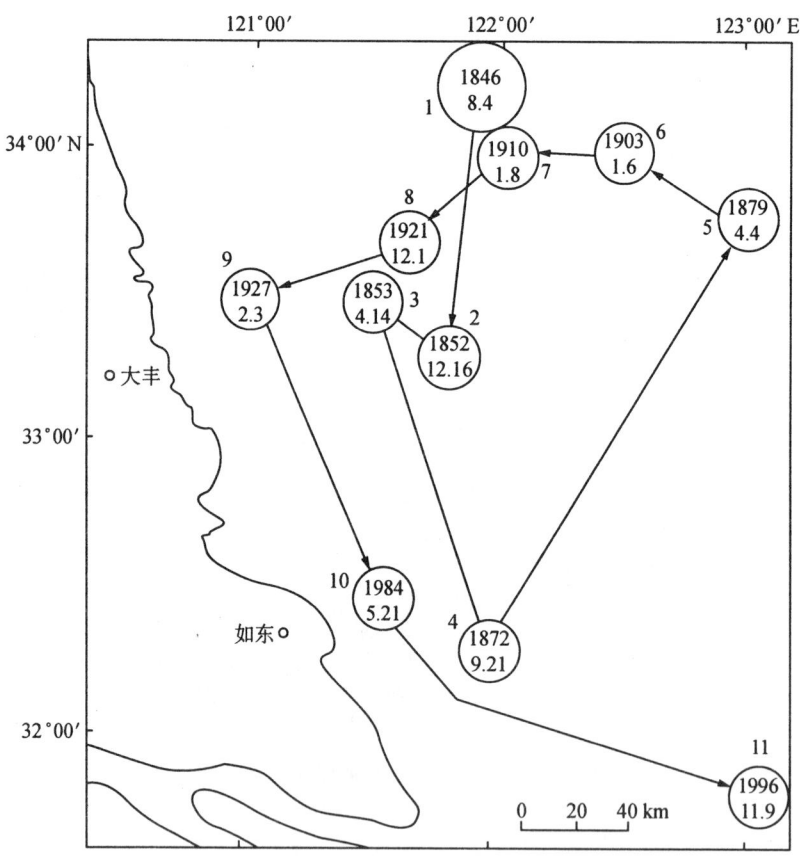

图 3-6　南黄海 6 级以上地震的逆时针向迁移（朱书俊等，1986 年改编）[4]

图像可能与其所处的地质构造密切相关。南黄海地区位于太平洋边缘海地带，新构造期（0.7Ma）以来，欧亚大陆板块东部边缘受到菲律宾海板块 NW 向以及太平洋板块 NWW 向的挤压（万天丰等，1993）；汪素云等（1987）曾根据这一边界条件，运用弹性力学有限元法模拟计算了黄海、东海及邻区的构造应力场（图 3-7）；金性春等（1990）也做过类似计算，并考虑了在边界北部的北美板块 SWW 向的挤压（图 3-8）。两个模拟计算的结果基本上是一致的，反映出了在上述板块的挤压作用下，中国东部地区的主压应力轴方位由南至北从 NW 向变为近 EW 向，尤其是在黄海—东海交界一带，这两组主压应力轴的交角清晰，表

明这里应存在着较强的旋扭状构造应力场（逆时针向），南黄海区逆时针向的地震迁移现象很可能就是由这种旋扭状构造应力场所控制而形成的。另有其他研究人员也已认识到太平洋板块和菲律宾海板块的挤压作用可以使我国东部陆架海域中的一些地块发生旋扭（汪龙文，1990）。南黄海区迄今为止所记录、观测到的最高震级为 7 级（1 次）。如果把南黄海区 6 级以上地震的发震条件视为直接对应着由板块作用所造成的大尺度的构造应力场，而把 6 级以下的地震视为是区内较小构造尺度上的应力调整和适应的产物，就可以理解为什么在南黄海地区只是 6 级以上的地震序列才表现出有逆时针向迁移的现象。另外，从图 3-7 和图 3-8 可

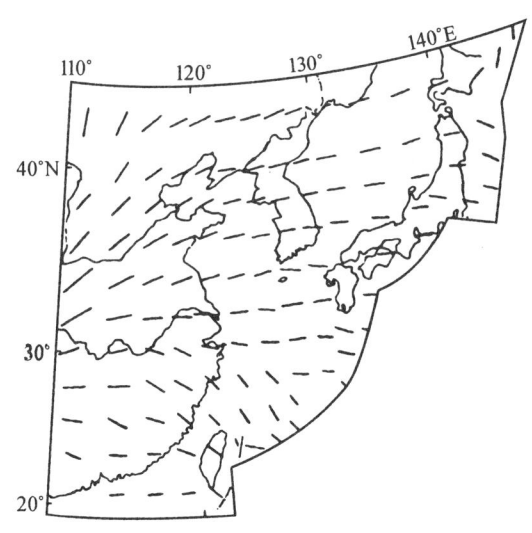

图 3-7　黄海、东海及邻区的模拟构造应力场示意图（汪素云等，1987）[4]

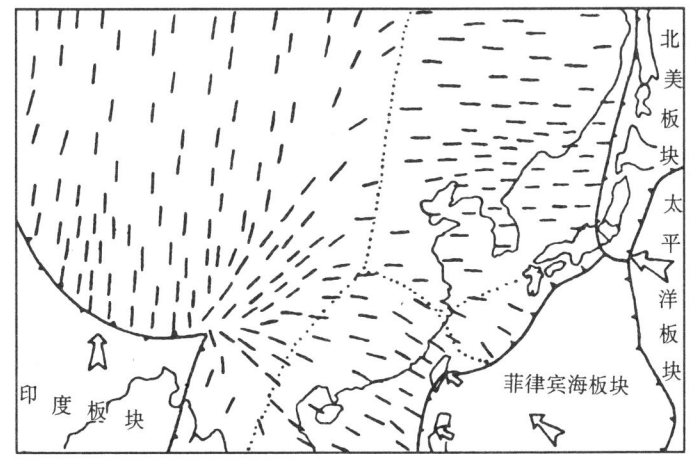

图 3-8　中国及邻区的模拟主压应力轴方位与分区示意图（金性春等，1987，文献 [4]）

以看出，由海至陆，两组主压力轴的交角逐渐减小，说明旋扭状构造应力场向陆地方向减弱；再如模拟区域的实际地质情况肯定比模拟计算的要复杂，比如区域内不同地块在力学性质方面的差异以及障碍体（断裂、隆起-凹陷等构造带）的存在，所有这些

都会是造成黄海、东海交界一带的陆上邻区（苏、皖、浙等）没有表现出类似的逆时针向地震迁性的可能原因。南黄海逆时针向的地震迁移图像（图3-6）类似于以极坐标表示的螺线方程形式：

$$\rho = a e^{m\theta}$$

式中，ρ 为极径；θ 为极角；a、m 为常数。

考虑到图3-12中地震迁移曲线的不规则性，可以采用下式来拟合：

$$\rho = e^{a+b\theta+c\theta^2}$$

式中，a、b、c 为常数；ρ 为极径，θ 为极角。

根据最小二乘原理，可得如下正规方程组：

$$an + b\sum\theta_i + c\sum\theta_i^2 = \sum\ln\rho_i$$
$$a\sum\theta_i + b\sum\theta_i^2 + c\sum\theta_i^3 = \sum\theta_i\ln\rho_i$$
$$a\sum\theta_i^2 + b\sum\theta_i^3 + c\sum\theta_i^4 \sum\theta_i^2\ln\rho_i$$

式中 $\sum$ 为 $\sum_{i=1}^{n}$ 的简写；n 为观测点的数目。图3-9、3-10、3-11是数学模拟和实况的比较。

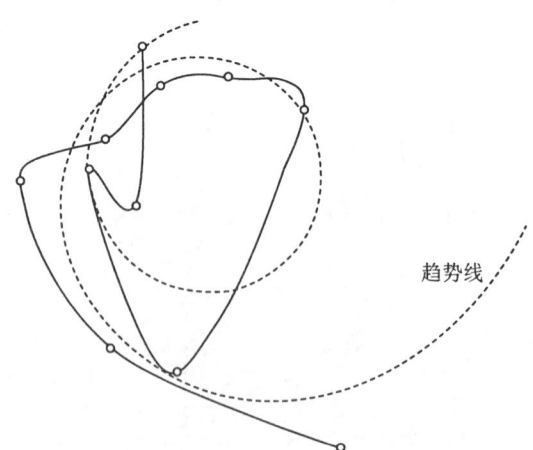

图3-9 1984年及其之前6级以上地震序列的迁移轨迹（据文献[4]）

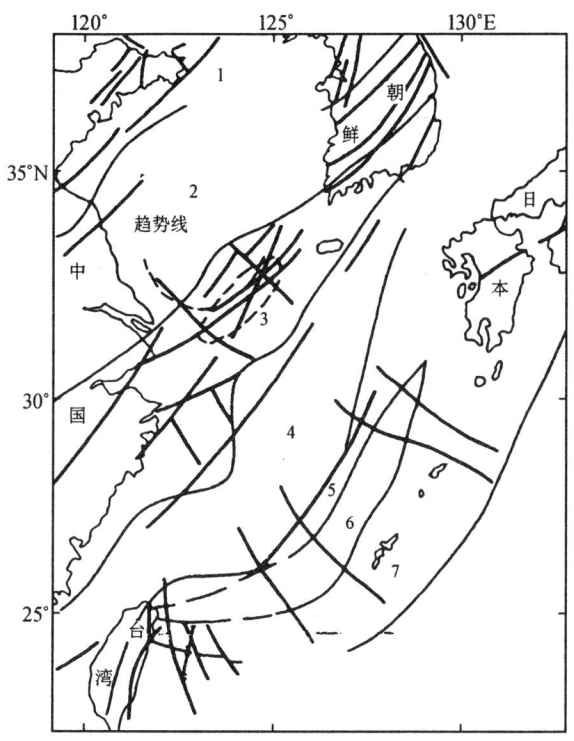

图 3-10 迁移轨迹与断裂体系相交示意图（据金翔龙，1982年改编，文献 [4]）

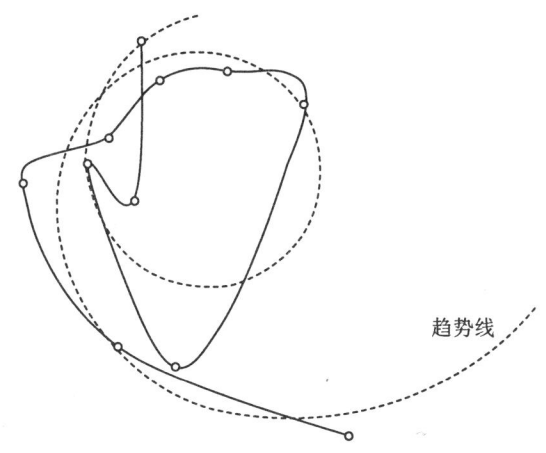

图 3-11 1996年及其之前6级以上地震序列的迁移轨迹（据文献 [4]）

④南黄海地区的地震中，较大地震常呈双震型。

南黄海地区的地震中，较大地震的序列常呈非典型的主震余震型，这种类型的序列介于震群型和典型的主震余震型之间，南黄海地区曾多次出现双震型震例。如 1984 年 5 月 21 日南黄海地震的主震前 70 s，有一震级稍小的地震，即为双震型的典型例子。

⑤南黄海地区的地震常具有相似的震源过程。

南黄海地区无论是历史记载或近代发生的地震，对陆上的影响场均较为相似。图 3-12 和图 3-13 为两次强震在陆上的影响场分布，这对地震危险性分析颇有参考价值。地震影响场的相似性反映了地震震源过程的相似性。表 3-5 是南黄海地区几次地震的震源机制解。1984 年 5 月 21 日南黄海 6.2 级地震的前震和主震相隔太近，无法用初动方向求解主震的机制解，因此利用世界加速度台网（IDA）的甚长周期瑞利波研究反演震源参数（王凌南，1989）。从这次地震的余震震源过程来看，余震的破裂方式以圆盘型破裂与双侧破裂居多（赵志光，1985），结合余震的机制解来看，似乎有来回错动的特点，P 轴和 T 轴所在象限交替反复，显示出共轭破裂的特征。

总之，南黄海地区是上海邻近地区地震活动最频繁、强度最大的地区，地震具有较明显的重复性和迁移特征，$M_S 5.5$ 以上地震的复发周期约为 10～30 年，常含有逆断层分量。

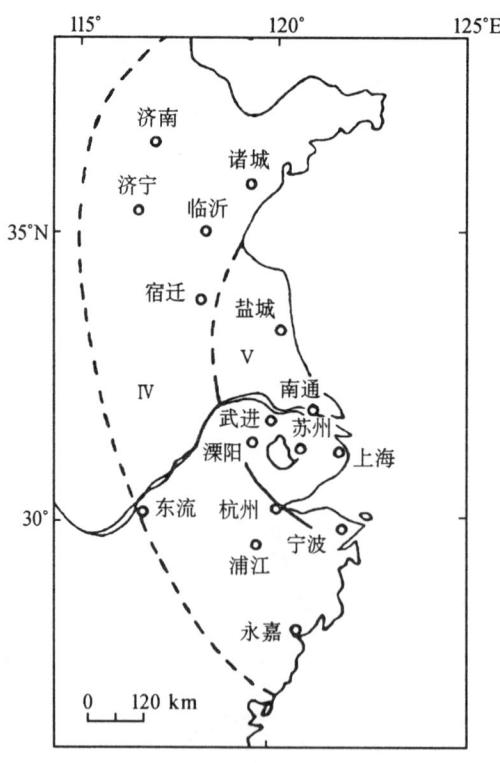

图 3-12　1953 年 4 月 14 日南黄海 5 级地震等震线图[3]

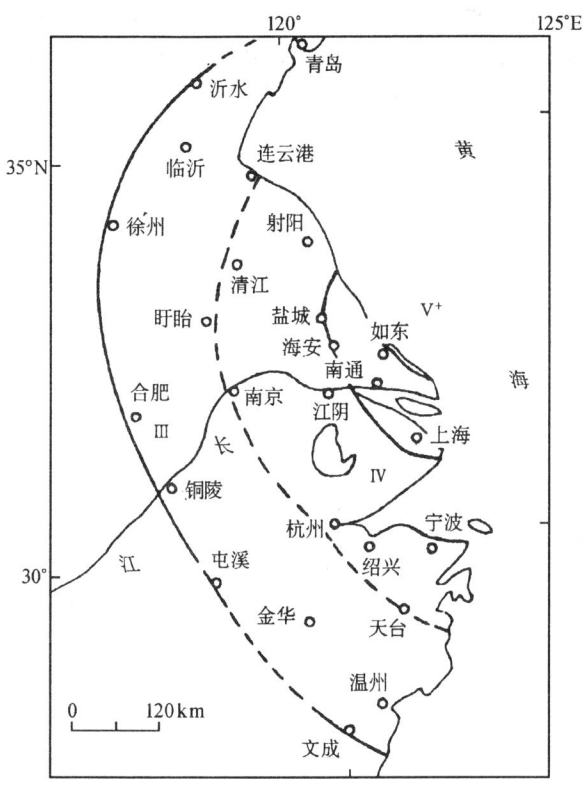

图 3-13　1984 年 5 月 21 日南黄海 6.2 级地震等震线图[3]

表 3-5　南黄海地区地震震源机制解[3]

发震时间 (年.月.日)	震级	节面 A		倾角 (°)	节面 B		倾角 (°)	P 轴		T 轴		X 轴		Y 轴	
		走向 (°)	倾向		走向 (°)	倾向		走向 (°)	仰角 (°)	走向 (°)	仰角 (°)	走向 (°)	仰角 (°)	走向 (°)	仰角 (°)
1975.9.2	5.3	102	SW	81	14	NW	77	237	16	329	3			348	30
1984.5.21	5.7	350	NE	85	77	NW	60	37	25	299	18	80	5	348	30
1984.5.21	6.2	145	NE	52	10	NW	50	74.4	1.1	347.2	63	54		128	
1984.5.22	3.8	0	E	75	96	SW	70	137	25	228	4	90	15	185	20
1984.5.30	3.7	12	SE	75	115	SW	50	248	17	144	40	101	15	204	40
1984.6.8	3.7	350	NE	81	75	NW	55	37	29	298	18	80	9	344	35
1984.7.14	3.9	316	SW	87	45	SE	55	85	21	186	27	135	35	226	3
1984.7.24	4.9	41	SE	80	135	SW	67	91	9	176	23	131	10	225	23

(4) 上海市行政区及长江口地区地震活动特征简述

上海市行政区的范围大致位于 30°30′～31°50′N，120°20′～124°E 之内。该范围不是多震区，有时一年也记录不到几次小震，如 1985 年、1986 年，每年仅有两次 $M=0.5～2.5$ 的小震。据历史文献考证，上海市行政区范围内确切的地震资料始于 1475 年 5 月松江西北 4 级地震。288～1969 年间，发生在现今上海市行政区范围内的 4.5 级以上地震只有 1 次，即 1624 年 9 月 1 日发生在当时的上海县，后定在上海市南市（现属黄浦区）的 4.75 级地震（震中位于 31.2°N，121.5°E，震中烈度Ⅵ度，精度 3 类）。到 1988 年 6 月底止，共记载（或记录）大小地震 126 次。震级分布范围 $M=0.1\sim 5.0$。本范围内小地震的空间分布显然是随机的，只有几处地震分布较为集中，其中长江口的 31.5°N、122°E 附近地区，似乎正处于断裂交叉点或断裂带上，全部 $M\geqslant 4.5$ 的地震除一次发生在陆上外，其余的都发生在该处附近。图 3-14 是上海市行政区及长江口地区地震活动的 M-T 关系。据图可见，较大地震似有 100~120 年左右的复发周期。上海市行政区及长江口地区范围内发生的地震基本上属孤立型，较大地震后基本上没有什么余震。

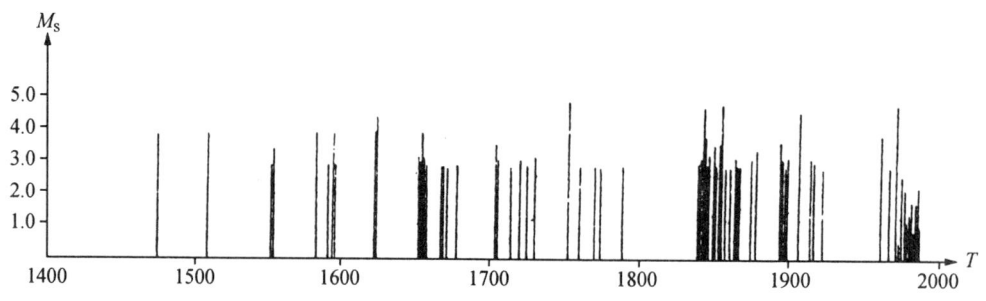

图 3-14　上海市行政区及长江口地区地震活动的 M-T 关系[1]

2. 1505 年地震的再定位与命名[5~11]

1) 地震概况

1505 年 10 月 9 日，即明弘治十八年九月初三，上海附近海域发生了一次大地震，江、浙、沪等地强烈有感，尤以上海和杭州湾周边地区影响最大。据与江、浙、沪近海其他破坏性地震相比，1505 年地震是该区历史上发生的震感最强的一次海域地震。

这次地震的史料记载虽很丰富，但对其震中位置却颇有争议。有人将 1505 年 6¾ 级地震震中定在黄海，有人定在长江口甚至杭州湾，南北相差近 2°，约 200 km（表 3-6，图 3-15）。因地震工程等工作需要，曾对 1505 年地震震中进行过多次考证研究，主要研究成果参见文献[10]、[12]。

表 3-6　1505 年 10 月 9 日 6¾ 级地震震中的不同定位和有关参数一览表

序号	震中位置			震级	作者
	北纬	东经	参考地名		
1			震中可能在海中		李善邦（1960）[5]
2	32.8°	122.7°	黄海（不确）	6¾	国家地震局（1977）[6]
3			疑震中在黄海	6¾	顾功叙（1983）[7]
4	30.9°	121.9°	上海南汇嘴海边	6½	马杏垣（1986）[8]
5	31.0°	122.3°	上海松江东海里	6¾	朱书俊（1987）[9]
6	32.8°	122.7°	黄海	6¾	《中国地震简目》汇编组（1988）[27]

续表

序号	震中位置			震级	作者
	北纬	东经	参考地名		
7	30.9°	122.0°	杭州湾口	6½	江苏省地震局（1983）
8	32.8°	122.7°	黄海	6¾	江苏省地震局（1984）
9	32°~32.8°	122.7°~123°	黄海	6¾	上海市地震局（1988）
10	32.8°	122.7°	黄海	6.8	浙江省地震局（1988）
11	30.9°	122.7°	长江口	6¾	李起彤（1990）[10]
12	30.9°	120.5°	湖州		庆松光雄[11]
13	32.5°	123°	黄海	6½	国家地震局震害防御司（1995）
14	31.9°	122.6°	崇明东凹陷	6¾	董瑞树等（1997）[14]

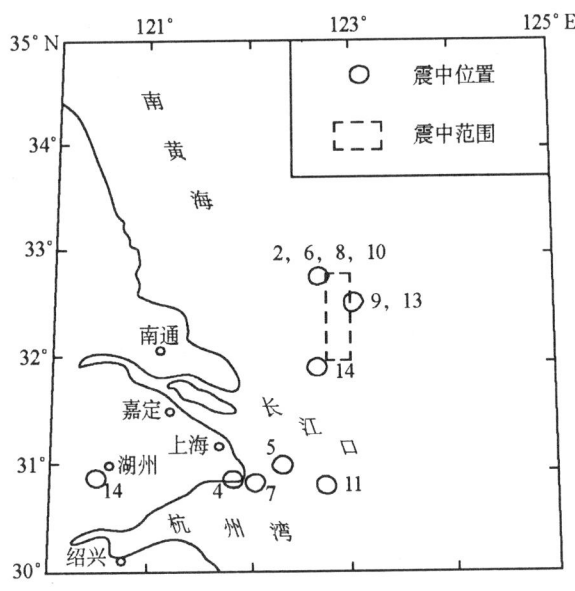

图 3-15　1505 年 6¾ 级地震震中可能位置分布图
图中地震序号同表 3-6 的序号

2) 震害概况

1505 年的 6¾ 级地震使江、浙、沪几十县均震[13]；有感范围北到淮安，南到丽水，西到抚州。如海盐"半夜地震，栋瓦皆鸣"，并使油灯、壁瓮翻倒。又如松江、青浦出现"有风如火，从东南来，再之益厉，已而地大震，声如万雷"。就连较远的南京城中也能听到"地震有声"；抚州、临川"居民庐舍有声"；桐庐"居民如在波荡中，凡三震而止"；黄岩、临海夜半"地震有声，屋庐动摇，江舟击撞，民在骇"。从上述点滴记述中可以看出，1505 年地震对江、浙、沪影响是巨大的，可以说这次地震是江、浙近海地区发生的震感最强的一次历史地震，其有感范围和烈度分布参见图 3-16。

董瑞树等[14]对 1505 年地震震中亦做过考证研究，他们系统收集了有关地震史料，经整理列于表 3-7。为分析 1505 年地震影响场，按地震、地震有声、地大震或屋尽摇 3 种影响类型，将其结果分别标绘在图 3-16 中。

表 3-7　1505 年地震影响及烈度简表[14]

地名	地震影响情况	烈度	地名	地震影响情况	烈度
南京	地震有声	Ⅳ	德清	夜震,地生白毛,民居皆摇	Ⅴ
苏州	地震梁瓦皆鸣、地生白毛	Ⅴ	奉化	地震	Ⅳ
扬州	地震	Ⅳ	鄞县	地震	Ⅳ
如皋	地震	Ⅳ	象山	地震	Ⅳ
镇江	夜子时,地震,屋尽摇	Ⅴ	会稽县	地震,地生白毛	Ⅳ
丹阳	地震,屋尽摇	Ⅴ	肖山县	地大震	Ⅴ
金坛	地震,屋尽摇	Ⅴ	临海县	地震有声,室庐摇动,江舟相击撞,居民惊骇	Ⅴ
溧阳	地震	Ⅳ			
武进	地震	Ⅳ	临山卫	地震,鸡雉皆鸣	Ⅳ
苏州府	地震,有声,产白毛	Ⅳ	黄岩县	夜中地震有声,屋庐动摇,江舟击撞,民大骇	Ⅴ
吴县	地震,有声,产白毛	Ⅳ			
松江府(华亭、娄县)	有风如火,从东南来……地大震,声如万雷	Ⅴ	傈居县	地震有声	Ⅳ
			太平县	地震有声	Ⅳ
青浦(沿青龙镇)	有风如火,从东南来……地大震,声如万雷	Ⅴ	金华	地震	Ⅳ
			兰溪	地震	Ⅳ
上海	有风如火,从东南来……地大震,声如万雷	Ⅴ	义乌	地震	Ⅳ
			永康县	地震	Ⅳ
南汇(南汇守御所)	有风如火,已而大地震,声如万雷	Ⅴ	浦江县	地震	Ⅳ
			汤溪县	地震	Ⅳ
川沙堡(川沙)	有风如火,从东南来,地大震	Ⅴ	衢州	地震	Ⅳ
奉贤(青村御所)	有风如火,已而大地震	Ⅴ	常山	地震	Ⅳ
杭州	地震有声	Ⅳ	桐庐县	地震,居民如在波荡中	Ⅴ
嘉兴	地震有声,地大震,屋瓦尽鸣	Ⅴ	和州	地震	Ⅳ
湖州	地震有声	Ⅳ	淮安	地震	Ⅳ
绍兴	地震有声	Ⅳ	广德州	地震	Ⅳ
宁波	地震有声	Ⅳ	环宁	地震	Ⅳ
海宁	地震	Ⅳ	广信府	地震,居民房屋皆有声	Ⅳ
嘉善	地震久之隙地	Ⅴ	贵溪	地震,居民房屋皆有声	Ⅳ
海盐	地震梁瓦皆鸣	Ⅴ	上饶	地震,居民房屋皆有声	Ⅳ
溦水	夜地动	Ⅳ	抚州	地震,居民庐舍有声	Ⅳ
崇德	地大震,居民房屋撼动	Ⅴ	金溪临川	地震,居民房屋皆有声	Ⅳ

3) 震中定位历史

1505 年地震史料记载虽很丰富,其地震影响及烈度分布也较清楚,但对该地震震中位置一直颇有争议(表 3-6,图 3-15)。

1984 年开展秦山核电一期工程地震工作时,1505 年地震震中被定在南黄海。1989 年开展秦山核电二、三期工程地震工作,为了确保核电站的安全,需要更客观地评价秦山核电站的潜在地震危险性，所以有必要对 1505 年 6¾ 级地震的震中位置重新加以考证研究。

最早对 1505 年 10 月 9 日地震震中位置进行厘定的是李善邦先生，1960 年由他主编出版了《中国地震目录》，在第一卷附录Ⅰ"未编目的地震"中简要写到："1505 年 10 月 9 日地震，江、浙几十县均震，震中可能在海中"。

为编制第二代全国地震烈度区划图，国家地震局 1977 年编辑出版了《中国地震简目》，首次把 1505 年 10 月 9 日地震定在黄海（32.8°N，122.7°E），震级为 6¾ 级，但在位置精度栏中写了"不确"二字。

顾功叙 1983 年主编出版了《中国地震目录》（公元前 1831～公元 1969 年），在第三部分"附录"中提到 1505 年地震，说这次地震波及江、浙 53 个府、州、县，有感范围大，无破坏现象，疑震中在黄海中，但未给出确切的震中参数。

马杏垣 1986 年主编出版的《中国及邻近海域岩石圈动力学图》[8]，把 1505 年地震震中定在上海市东南、杭州湾北岸的南汇嘴（30.9°N，121.9°E），震级为 6½ 级。

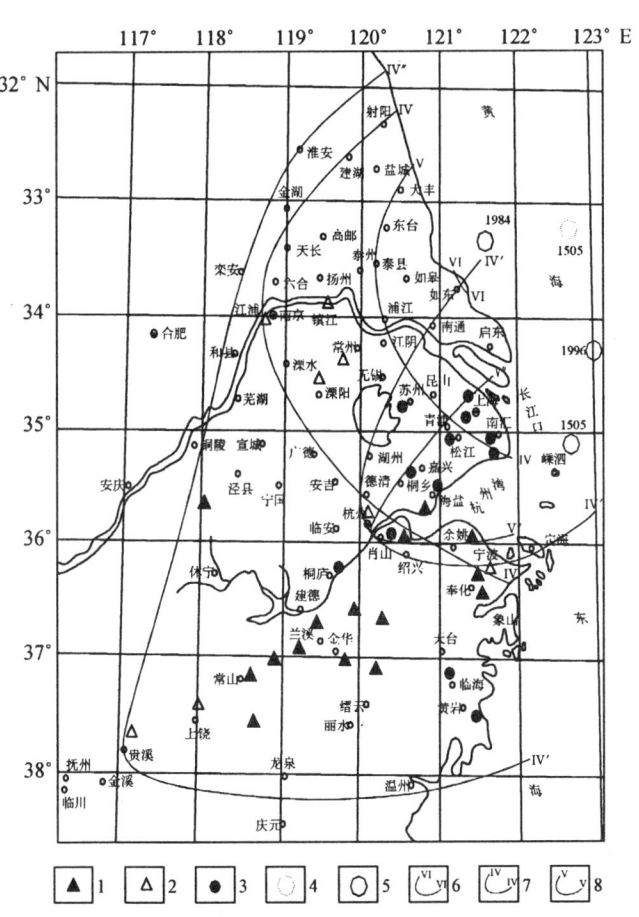

图 3-16　1505 年 6.8 级地震与 1984 年 6.2 级地震、
1996 年 6.1 级地震等烈度线对比图

1—记"地震"；2—记"地震有声"；3—1505 年地震中记"地大震"（或屋尽摇）；
4—1984 年南黄海 6.2 级地震等烈度线；5—1996 年南黄海 6.1 级地震等烈度线；
6—1505 年南黄海 6.8 级地震等烈度线；7—原定震中；8—新定震中

江苏省地震局1987年编写出版了《江苏省地震志》[9]，朱书俊把1505年6¾级地震震中定在上海松江东南海里（31.0°N，122.3°E）。

《中国地震简目》编写组1988年汇编出版了《中国地震简目》（公元前780年～1986年），供编制第三代或新的地震区划图使用。在"简目"中，把1505年6¾级地震震中仍定在黄海。

李起彤[10,12]对1505年10月9日6¾级地震首次做了较系统的震中考证，主要根据地震史料，同时也考虑同期历史地震分布、现代微小地震条带、构造地貌、活动构造和深部构造，推断1505年地震震中应南移到长江口，其坐标为30.9°N、122.7°E，并建议称为1505年长江口6¾级地震。

董瑞树等[14]对1505年10月9日6¾级地震震中做了再考证研究，他们通过收集大量地震影响场的历史资料，参考了国内Ⅸ度地震等震线资料，采用与地球物理场和构造条件相结合的方法，重新考证了该地震震中位置，推测1505年地震最可能的震中位置在崇明东凹陷内NW和NE向构造交汇处，其坐标为31.9°N、122.6°E，震级6¾级，震中烈度I_0=Ⅸ度。

日本学者庆松光雄对中国明清地震史料做了很多研究①。在东京天文台1981年编纂出版的日本《理科年表》[11]上，将1505年10月9日地震定在浙江湖州北（30.9°N，120.5°E）。

自1983年以来，在长江下游和杭州湾地区开展了很多重大工程地震项目，如苏南核电站（1983）、秦山核电站（1984）、上海基本烈度复核（1988）和宁波地震小区划（1988）等。对1505年6¾级地震的震中位置，不同单位和个人常有不同考虑和处理。为便于比较和醒目起见，我们已将1505年6¾级地震不同定位意见及有关参数汇列于表3-6和图3-15。

4) 震中定位依据

判定历史地震震中主要应根据地震史料，但仅根据地震史料确定海域历史地震震中是比较困难的，因不同作者对同一地震史料常有不同的理解和处理，所以同一地震就可能定出多个震中。由此在有条件的地方，如能再充分考虑其他方面的因素，则所定震中依据就更充分、更可信了。根据这个思路，为判定1505年6¾级地震的震中，我们考虑了以下6个方面的因素，即等烈度线长轴方向、同期历史地震分布、现代微小地震条带、构造地貌、活动构造、深部构造。

(1) 等烈度线长轴方向

从1505年地震等烈度线图（图3-16），可清楚看出等烈度线长轴方向为NE，它通过上饶、杭州和嵊泗北。烈度向WS方向衰减缓慢，直到江西抚州、临川、金溪都有明显震感，这可能与强大的NE向基底构造有关。按烈度衰减的一般规律，震中应在等烈度线长轴方向上。

此外，运用将今论古的方法，还可旁证1505年地震震中不在黄海而在长江口。1984年发生在南黄海6.2级地震（32°29′N，121°35′E），强烈有感区（Ⅴ度）和轻微破坏区（Ⅵ度）在黄海海边和长江沿江地区，较南的杭州湾地区仅有一般震感（Ⅳ度）（图3-22）。而1505年6¾级地震强烈有感区（Ⅴ度）在杭州湾—长江口及周边地区。这有力地说明，1505年地震不在黄海，震中应在长江口地区。此外，1996年长江口6.1级地震影响场及等烈度

---

①庆松光雄，以明清地震史料对中国地震活动性的研究——着重7级以上地震。

线特征，也同样佐证了 1505 年地震震中应在长江口海域。

(2) 同期历史地震分布

继 1505 年 6¾ 级地震后不久，浙东还相继发生了两次中强地震，一次是 1523 年镇海 5½ 级地震（后修定为 4¾ 级），另一次是 1574 年庆元 5½ 级地震（图 3-17）。我们推测 1505 年地震很可能发生在庆元—镇海中强地震条带 NE 延长线上。1505 年 6¾ 级地震先从该带东北端的嵊泗北海域（长江口）发生，以后地震向西南方向顺次迁移，相继发生了镇海、庆元中强地震。

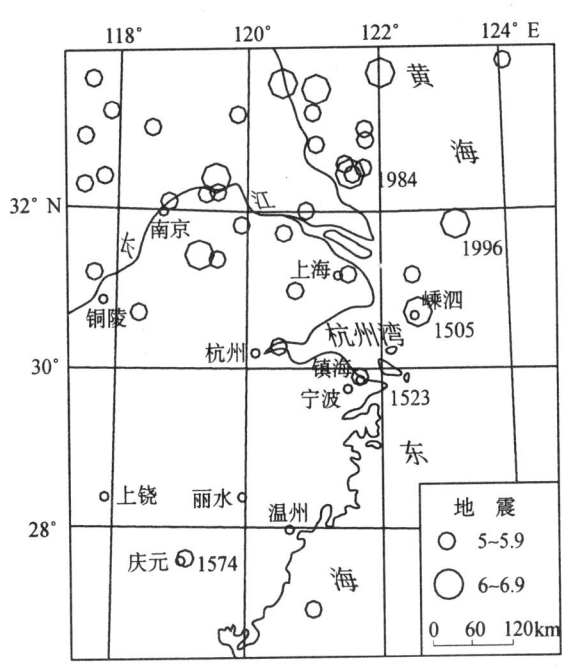

图 3-17 长江口、杭州湾及附近地区中强震的震中分布图

(3) 现代微小地震条带

据现代地震台网测定，在浙江东部明显存在一条现代微小地震活动条带（图 3-18）。从庆元到镇海，自 1970～1989 年共发生 2～2.9 级小地震 11 次，它们几乎排成一条直线。形成鲜明对照的是，在浙江东部其他地区，几乎很少、甚至没有小震活动，这里是我国东部典型的少震、无震区之一。

中强地震与微小地震活动是密切相关的，故可推断 1505 年 6¾ 级地震震中有可能在庆元—镇海现代微小地震活动条带 NE 延长线上。

(4) 构造地貌

呈串珠状的舟山群岛像一道天然屏障，横卧在杭州湾口。嵊泗列岛地处长江口、东海和黄海交接地带。这里是中国海岸线的转折点，南部为 NE 向石质海岸线，北部为 NW 向泥质海岸线，海岸地貌差异十分引人注目。

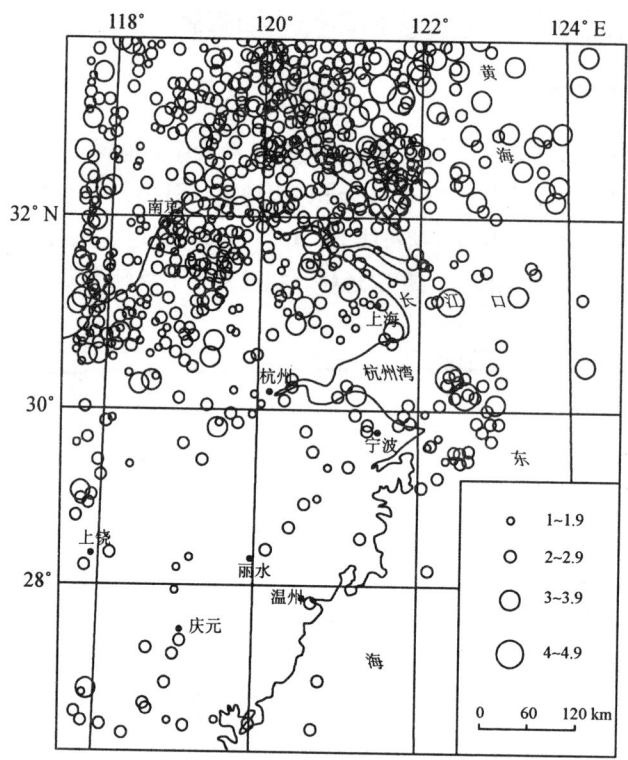

图 3-18 长江口、杭州湾及附近地区微小地震
($0 \leqslant M_S \leqslant 4.9$)的震中分布图（1970~1989）

在构造地貌上，嵊泗列岛和舟山群岛其他岛屿一样，是天台山脉延伸入海形成的岛屿群。越向东北方向，岛屿沉陷越深，到嵊泗诸岛其面积已甚小。往南，天台山脉又是大盘山、括苍山和洞宫山脉的自然延伸。庆元百山祖海拔高达 1856 m，是浙江第二高峰。从地震条带与山脉走向关系看，庆元—镇海地震条带与洞宫山脉—天台山脉—舟山群岛位置相同，方向一致，处于同一条构造地貌带上。

(5) 活动构造

随着调查和研究的深入，在杭州湾及邻近地区不断发现一些新构造活动迹象。在杭州湾南岸，多处发现被埋藏的古树林[15]。如在绍兴越城区，距今（2755±80）a 前的古树林已被埋入地下 4.3 m。又如在普陀山飞砂岙，距今（6235±120）a 前的炭化古树林出露在海滨潮间带。这说明，在杭州湾南岸滨海地带，在第四纪、特别是全新世以来，地壳一直处在沉降阶段[16]。

温州的镇海断裂是浙东一条重要的活动断裂，南从黄岩市长潭水库起，向北经临海、宁海和镇海，呈 NNE 向断续延伸到杭州湾海域。越向北临近杭州湾海域，其断裂活动性越强，最新活动年代越新。从阿育王寺至杨公山一带，山体线性地貌显著，断层明显控制了泉水和洪积扇的线性排列。在杨公山断层带中的方解石，经国家地震局地质研究所取样测定，断层泥热释光年龄为距今 $(21.66 \pm 1.55) \times 10^4$ a，说明该断层在中更新世时曾有过活动。

在浙东活动构造方面，特别要强调的是鹤溪—奉化断裂[17,18]（或宁波—龙泉断层）。该断裂从丽水碧湖向北，经缙云大盘、仙居抱弄、天台白鹤殿、奉化尚桥头至宁波东钱湖，呈

NE 向断续延伸到杭州湾。

鹤溪—奉化断裂新活动迹象十分清楚,如在丽水碧湖地区,因断层的差异升降运动,在大溪东岸至少发育了三级阶地,上覆河流砾石层的一级阶地已抬升十几米。在天台盆地西北缘,断层使上新世玄武岩(N_{2sh})变形,岩层倾角达 26°。断层通过处,沟谷深切。在奉化尚桥头,宁波盆地东缘发育了三期叠置的洪积扇,最新一级洪积扇已抬升几米。

现代小地震沿鹤溪—奉化断裂带呈条带状分布更是十分醒目(图 3-18)。上述种种活动构造形迹,清楚地说明该断层在浙东具有较强的新活动性。我们推测,该断裂很可能沿舟山群岛西缘,继续向北延伸到嵊泗列岛西侧附近海域。这就解释了为什么杭州湾口会出现 NE 向断续延伸的舟山群岛岛屿链。

推测鹤溪—奉化断裂的最新活动,还可能控制了 1505 年长江口 6¾ 级地震、1523 年镇海 5½ 级地震和 1574 年庆和 5½ 级地震的顺次相继发生。

(6) 深部构造

在嵊泗列岛北端,是区域布格重力异常转折带。如 20×10^{-5} m/s² 等值线,在 31°N 线附近,发生急剧弯转,形成一条异常尖端(图 3-19a)。此外,在嵊泗列岛附近,存在一条 NE 向地壳厚度变异带,在 40 km 水平距离内,地壳厚度由 27 km 增厚到 30 km(图 3-19b)。这些重力异常转折带和地壳厚度变异带,通常被认为是有利于中强地震发生的地球物理场标志和深部构造条件[19]。

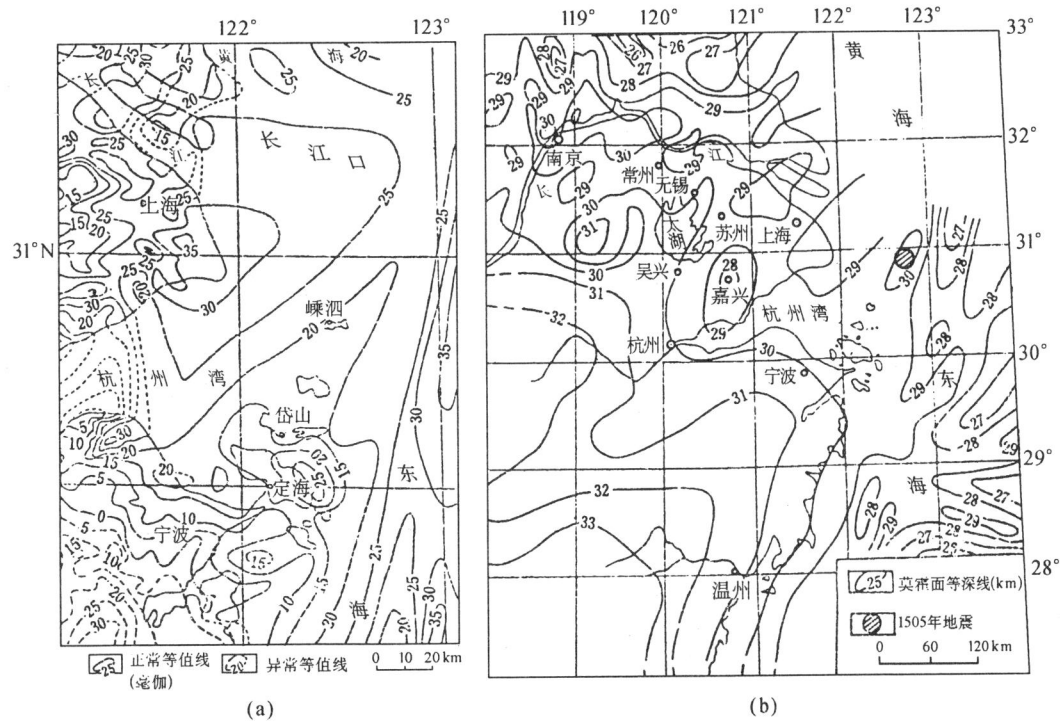

图 3-19 杭州湾及附近地区布格重力异常平面图(a)和
杭州湾及附近地区莫霍面埋深等值线图(b)

综上所述，不论是根据地震史料分析，还是参考地震活动条带、构造地貌、活动构造和**深部构造研究**，原定的 1505 年 6¾ 级地震震中均需重新定位，尽管我们认为震中坐标应为 30.9°N、122.7°E，但由于历史上江南和苏北地区的经济、文化发达程度存在着很大的差异，往往江南地区对地震的记载详细，而苏北地区的记载却十分简单。这就容易对历史地震震中的确定存在着一定的误差，尤其对发生在海域中的地震更是如此。对于 6¾ 这样的历史地震，定位精度达到 0.5°左右是十分正常的。

考虑到讨论 1505 年地震震中位置的众多文献提出的各种观点各有其合理之处，可以认为 1505 年的这次地震可能发生在一个 1.1°×0.4° 的区域范围内，即 32.0°～30.9°N，122.6°～123.0°E 的海域。因此该次地震应命名为"1505 年长江口以东海域 6¾ 地震"。

第二节　日本海沟（含部分千岛海沟）、琉球与台湾等地区的地震与上海附近海域地震的关系

长期从事地震预报的研究人员从预报经验中发现，日本海沟地区发生的强震与中国华东地区，尤其是和上海附近海域发生的中强震有一定关系，为此，在阐述这一研究成果之前先从论述日本地震研究的有关文献中直接引入和集成了一些有关的原始资料（未作改写）以作铺垫。

1. 日本地震概况

1) 日本的地震分布

文献 [20] 指出，日本位于环太平洋地震带上，世界上的地震大约有 10% 发生在日本及其周边地区。据统计，日本年有感地震 1000 次以上，每月有感地震 50～100 次。根据日本地震研究结果，发生在日本的地震主要有 3 种类型：

（1）板块边缘（接触带）地震

它又可分为两种类型，一种是海沟型地震，即太平洋板块向菲律宾板块俯冲，在日本的千岛海沟附近，因大陆板块的向上隆起而形成海沟型地震。另一类型是在大洋板块和陆地板块的接触面上产生的直下型地震。

（2）板块内部地震

由于板块内部大规模断层运动而引起的地震。

（3）内陆内部活断层地震

指由存在于内陆内部的活断层的活动引起的地震。这类地震由于震源离地表比较浅，震级很小也可能会造成很大的地震灾害。1995 年发生的阪神大地震，就是内陆内部活断层的活动而引起的。

文献 [21] 指出，日本的大地震一般都沿千岛海沟、日本海沟和西南日本海沟发生。图 3-20 是表示日本海沟地理位置的示意图。

2) 日本的地震带

文献 [22] 指出，日本列岛是个典型的岛弧，东侧有很深的日本海沟，南侧有南海沟、相模海沟；列岛西侧有边缘海（日本海、中国东海）。它受太平洋板块、菲律宾海板块、欧亚板块三大板块包围，并处在三板块的接触处，太平洋板块和菲律宾海板块正在向日本列岛下面俯冲。日本列岛及其周围存在两条长的构造线，即大地沟带和中央构造线。大地沟带自日本海（138°E 处）以 SN 方向横穿本州岛至太平洋。大地沟带以东地区称东北日本，以西地区称西南日本。中央构造线（33°～35°N），以 SWW—NEE 方向通过西南日本。所以，日本列岛及其周围构造复杂，并且构造活动发育。日本岛弧与太平洋侧接邻的地区和日本海侧相接邻的地区是个多震带，一般指前者即太平洋侧叫日本的外侧地震带，这个带内常发生大地震，地震数目也多；日本海侧地震带则叫内侧地震带，发生地震的震级小，数目也少。

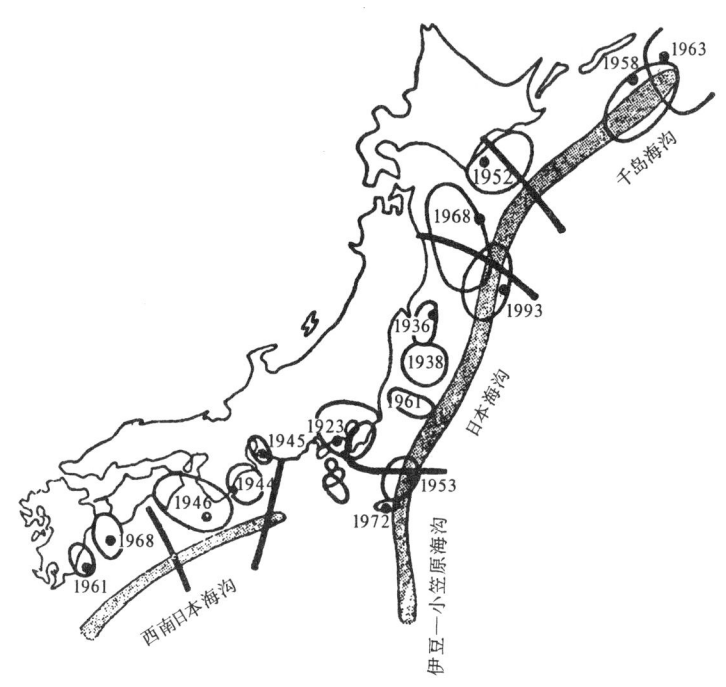

图 3-20　日本海沟地理位置示意图[21]

日本地震活动的区域性分布有以下特点：①在千岛群岛和北海道的太平洋中，发生许多大地震；②东北日本的太平洋侧，大地震的震中分布大致呈正南北方向排列；③东北日本的日本海侧，大地震的震中分布呈正南北向；④西南日本的太平洋侧，大地震震中分布在靠近海岸线的海域中；⑤西南日本的日本海侧，地震震中沿海岸线分布，几乎呈直线；⑥在西南日本的东部地区，地震震中分布沿着一条直线，并非常密集；⑦在日本列岛的其他地区，几乎没有发生大地震。⑧从日本地震的震源深度来看，在日本东部震源深度为 20～70 km，往西部震源深度逐渐增大。其倾斜度在北部地区较陡，而南部地区较平缓。在该倾斜地震带的西侧，浅源地震在地表下 15 km 以内。

日本有破坏性地震记录的历史是很早的，大约从 400 年开始。日本一年间有感地震数目约有

1000～3000次。根据历史史料，8级以上地震每15年发生一次，M7～8每年1～2次，M6～7每年15次左右。从近几十年破坏性地震的情况可知，每3～4年日本发生1次严重破坏性地震。

3）日本海沿岸的地震和区域构造

图3-21及图3-22表示由涉及更广泛的亚洲东北部的地震机制得到的主压力（P轴）和主张力（T轴）的分布。

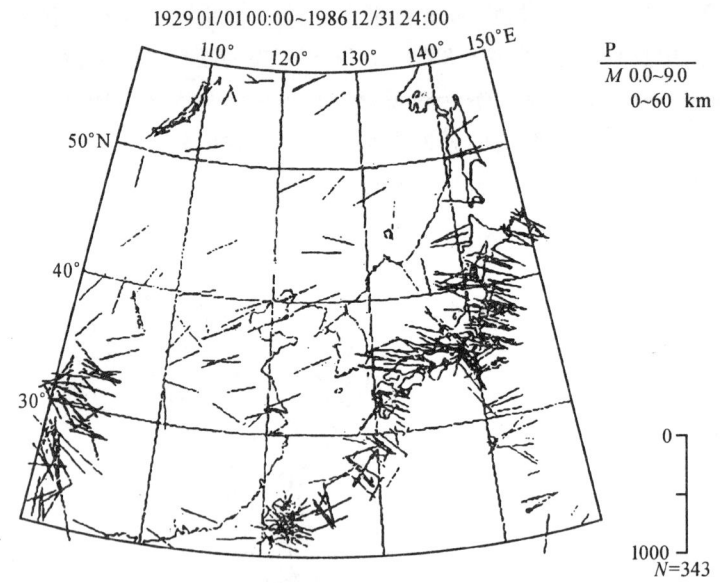

3-21　由亚洲东北部地区地震机制解给出的最大主应力P轴走向[23]
日本海沿岸由东到南最大主应力P轴走向由近EW转为SEE—NWW

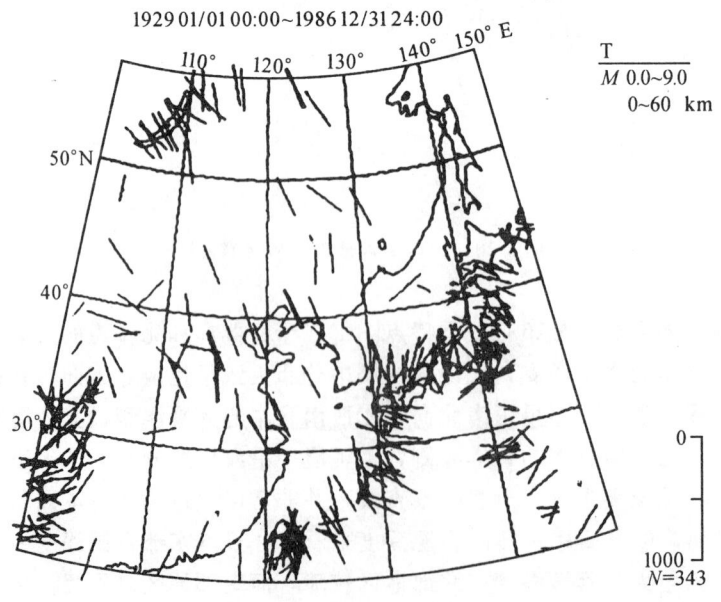

3-22　由亚洲东北部地区地震机制解给出的最大主应力T轴走向[23]
在贝加尔湖地区构造应力方向为正东

由此而清楚的事实是：①从库页岛—北海道西部—东北日本和西南日本—对马的日本海沿岸的应力场，除能登半岛北部和朝鲜半岛东南部等一部分之外，从 ESE-WNW 乃至 E-W 方向的压应力场最为明显。这些主压力方向在日本海沿岸广大区域差不多都是连续的，这一事实正表明了这个区域发生的地震是由同一个原动力作用而引起的。但是，如图 3-23 所示，这些地震的机制，在能登半岛以北以逆断层型为主，由此以西以走滑型为主。②中国华北地区的地震以走滑型为主，但主应力是 ENE-WSW 方向，与在西南日本的方向稍有变化。③贝加尔湖周围和琉球列岛周围以 NW-SE 方向的张应力为主，乍一看这些似乎是经中国华北而连续着的。

其次，图 3-24 表示了亚洲东北地区的地震活动。这些地震活动，在 N—NE 侧是经过贝加尔湖—斯坦诺夫山脉—库页岛连接到日本海东缘；在 W—SW 侧，连接着蒙古南部—中国阴山山脉，鄂尔多斯北侧—华北、辽东半岛—朝鲜半岛中部—对马—西南日本和日本海一侧。这一事实意味着以这里的地震活动作为边界的一个大地构造性大陆断块体存在于中国东北部和日本海。

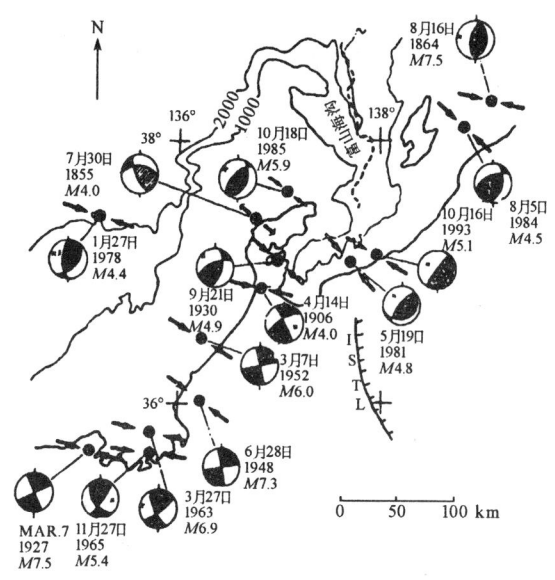

图 3-23　日本海中部海岸区中等强度（$M \geqslant 4.0$）、较大地震震源机制解和最大主应力轴走向[23]
冲断机制在能登半岛南部变成走滑机制

Zonenshain 和 Sasvostin 认为除这些地震活动之外，根据活动断层、山脉的存在和地震机制基础，在这个区域存在着阿穆尔板块。并认为这是印度洋、欧亚两个板块相碰撞，而从后者分离生成的一个小板块，它和北部的欧亚板块之间的边界是贝加尔湖—斯坦诺夫山脉—库页岛北部。另外，Tamaki 和 Honza、木村等推定，阿穆尔板块东部边界在库页岛—东北日本和日本海侧的日本海东缘区域—系鱼川和静冈结构线，南部边界在中央构造线，并指出日本海东缘的汇聚运动可能是因为阿穆尔板块的东进而发生的。木村等认为它的南侧边界在中央构造线—九州北部—山西地堑，西南日本内带应属于阿穆尔的东南部。此外，石桥根据菲律宾海板块的南关东及西南日本的汇聚方向的差异以及南部日本大地沟带—中央构造线的地史等，指出西南日本在东移，在系静线与东北日本相冲撞的事实，这说明在西南日本产生了 EW 向压应力场。

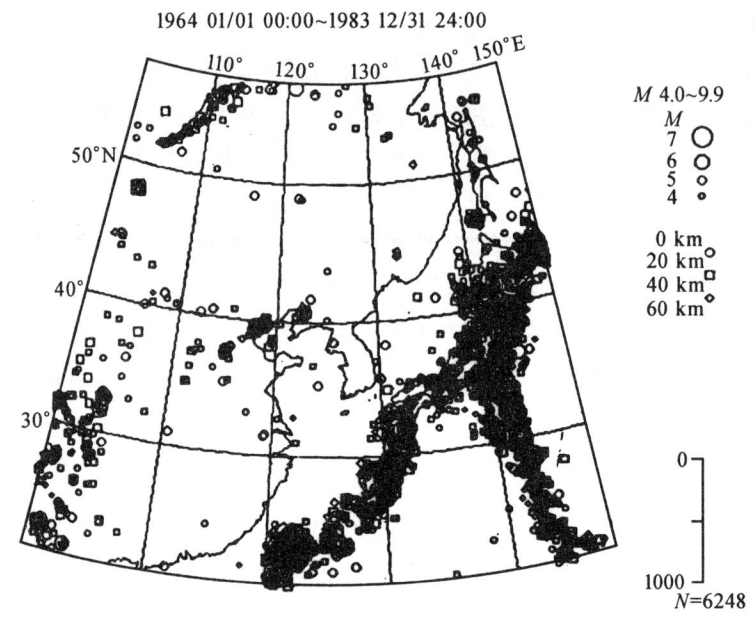

图 3-24 亚洲东北部地区中强和较大地震震中分布图[23]

阿穆尔板块的东移很有可能促使日本海沿岸地区发生大地震。在这一点上，基本上同上面的假说相同。①斯坦诺夫山脉的地震机制正是左旋滑动型，这个事实表明其南侧的阿穆尔板块向东移动。其原动力恐怕是来自贝加尔断裂带的张开作用，可能起因于向印度板块运动的欧亚板块相冲撞造成的。②阿穆尔板块在日本海东缘与作为小板块的东北日本相冲撞。③在板块的南侧特别是中国华北地区分布着许多活断层，由于南端涉及延伸到上海附近的广大区域，地震活动也没有明确的边界。

关于日本大地沟带西部的中央地区及包括日本海沿岸的西南日本内带的应力场，有下面两种看法。

①太平洋板块西移产生的压力，会使小板块的东北日本压向西方，该应力通过北部日本大地沟带向西南日本传递。该应力向能登半岛、中部—京畿、山阴海岸、内部的京畿、中国地方内陆部呈放射状发散。②剪切带内部北侧的西南日本和日本海沿岸伴随阿穆尔板块的东移，会产生 E-W 或 ESE-WNW 方向的主压应力，从而使右旋走滑型断层或与此共轭方向的左旋型断层引起地震。这些事实说明，由于阿穆尔板块东移，作为其东端正面的日本海东缘地区受强大的压缩应力作用而发生逆断层型地震，在其南端侧剪切带的西南日本和日本海一侧有可能发生走滑型地震，在这种情况下，一般认为来自通过东北日本的太平洋板块一侧的压力会作为二次性应力附加在日本海沿岸上。这似乎可认为是由隔着日本列岛发生的应力传递所引起的。

上述这些结果对下面的叙述有重要作用。

2. 日本海沟（含部分千岛海沟）地震与上海附近海域地震的关系研究

多年来，上海的地震工作者通过对上海周围地区和日本海沟（含部分千岛海沟）地区的地震活动性研究，得出这样一个结论：日本海沟（含部分千岛海沟）地区（35°～45°N，140°～150°E，该区域的地理位置如图3-20所示）发生的 $M_S 6.8$（模糊7.0级）以上地震和上海及其附近海域地区（29°～34°N，119°～124°E）发生的 $M_S 4.8$（模糊5.0级）以上地震有某种关系[24]。

这一情况最原始的思想来自于经验的积累，浙江地震局姚立珣、虞雪君曾指出：日本海沟附近的地震和华东地区地震有较好的对应关系[25]。在这种观测事实的启发下，作者进行了进一步更深入的研究，用模糊数学方法[26]做了一些资料上的模糊处理。通过对日本海沟、贝尼奥夫带俯冲和模糊数学中模糊界带的计算进行研究，结果表明，日本海沟（含部分千岛海沟）地区（35°～45°N，140°～150°E）和上海及其附近海域地区（29°～34°N，119°～124°E）有较好的相关对应。这里由模糊数学研究的模糊界带为 0.83σ，σ 为测定误差，在这样的模糊界带下，模糊7.0级的清晰震级下限为6.8，此时从属于模糊7.0级的从属函数值 $\mu=0.5$，同样，模糊5.0级的清晰震级下限为4.8，此时从属于模糊5.0级的从属函数值 μ 也等于0.5。1992年以来，上海的地震工作者一直对这一现象进行着跟踪研究，并应用于每年的年度震情会商。

1996年11月9日长江口以东海域发生6.1级地震以前，上海的地震工作者曾用模糊技术，通过灰色模糊模型和研究日本海沟（含部分千岛海沟）地区大震和上海及其附近海域地区地震的关系，对上述地震做出过一年尺度的较准确的预报。这里，笔者准备在该情况的基础上，在对地震资料作 $\mu=0.5$ 的模糊化处理后，对日本海沟（含部分千岛海沟）地区（35°～45°N，140°～150°E）发生的大震和上海及其附近海域地区（29°～34°N，119°～124°E）发生的中强震之间的关系作出较详细的介绍，这项技术或许对中国华东地区，尤其是上海近海地区未来以一年尺度为期限的中强地震的中、短期预测有所裨益。

1) 方法与资料的选取

为了统计日本海沟（含部分千岛海沟）地区（以下简称 A 地区）发生 $M \geqslant M_{A0}$ 强震后，对中国华东地区，尤其是上海及其附近海域地区（以下简称 B 地区）发生 $M \geqslant M_{B0}$ 中等地震的影响，分析 A 地区强震与 B 地区中等地震的相关性。利用下列公式计算其发生概率：

$$P_i = \frac{n_i}{N} \qquad i=1, 2, 3, \cdots, n$$

式中，P_i 为第 i 月内 B 地区发生中等地震的概率；i 为时间段，本计算以月为单位分别取3，6，9，12，15，18，21个月；N 为 A 地区发生 $M \geqslant M_{A0}$ 强震的次数；n_i 为 A 地区发生 $M \geqslant M_{A0}$ 强震后，在第 i 个月内 B 地区发生 $M \geqslant M_{B0}$ 中等地震的次数。

基本操作步骤：①建立 A 地区 $M \geqslant M_{A0}$ 强震与 B 地区 $M \geqslant M_{B0}$ 中等地震的地震目录；②计算每一时间段 A 地区发生 $M \geqslant M_{A0}$ 强震后，B 地区发生 $M \geqslant M_{B0}$ 中等地震的概率；③分析两个地区发生地震的相关性。

一般 $M_{A0} \geqslant M_{B0}$，以日本海沟（含部分千岛海沟）地区（35°～45°N，140°～150°E）$M_{A0} \geqslant 6.8$ 地震与中国华东地区，尤其是上海及其附近海域地区（29°～34°N，119°～124°E）$M_{B0} \geqslant 4.8$ 地震为研究对象，分别计算当日本海沟（含部分千岛海沟）地区发生 6.8 级强震后，中国华东地区，尤其是上海及其附近海域地区发生 4.8 级地震的各时间段发生概率。

最初，我们考虑选用 1900～1998 年的资料，将 1900～1998 年中国华东地区，尤其是上海及其附近海域地区发生的 $M_S 4.8$ 以上地震作 M-t 图，如图 3-25；将 1900～1998 年日本海沟（含部分千岛海沟）地区发生的 $M_S 6.8$ 以上地震作 M-t 图，如图 3-26。从上述两幅图中可以看出，1970 年以前的地震资料不够理想，特别是中国华东地区，尤其是上海及其附近海域地区的地震目录不够完整，其中 1950～1970 年几乎没有 $M_S 5.0$ 以上的地震资料，前面的资料也起伏较大，可见如果把资料扩展到 1900 年未必有利，反而扰乱了原有的情况。

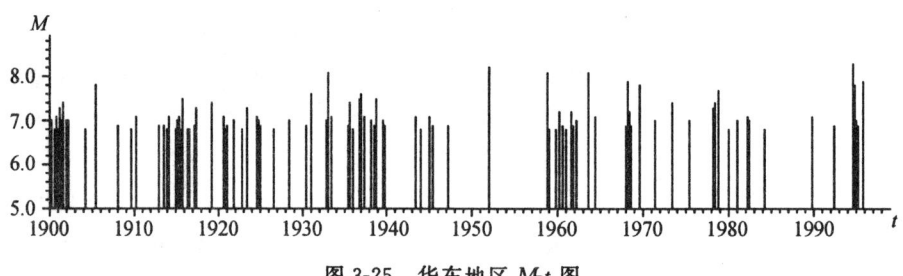

图 3-25　华东地区 M-t 图

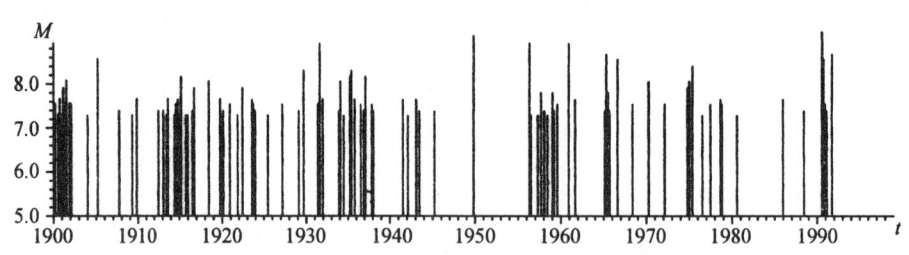

图 3-26　日本海沟（含部分千岛海沟）地区 M-t 图

为了突现某些现象，最后笔者决定日本海沟（含部分千岛海沟）和中国华东地区，尤其是上海及其附近海域地区均选用 1970～1998 年的地震资料；中国华东地区，尤其是上海及其附近海域地区的研究范围为 29°～34°N、119°～124°E，震级取 $M_S 4.8$（即模糊震级 5.0 级）以上，深度取 100 km 以下，中国华东地区，尤其是上海及其附近海域地区的地震分布见图 3-27。图 3-28 为日本海沟（含部分千岛海沟）地区的地震分布情况。日本海沟附近地区的地震大部分分布在 35°～45°N、140°～150°E 地区，因此取日本海沟（含部分千岛海沟）地区的研究范围为：35°～45°N、140°～150°E，震级取 $M_S 6.8$（即模糊震级 7.0 级）以上，深度取 100 km 以下。

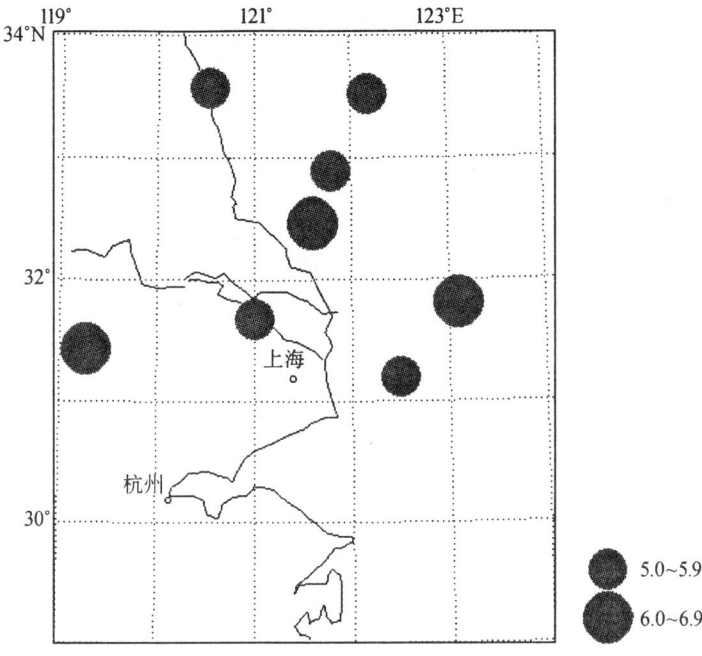

图 3-27 华东地区地震分布情况

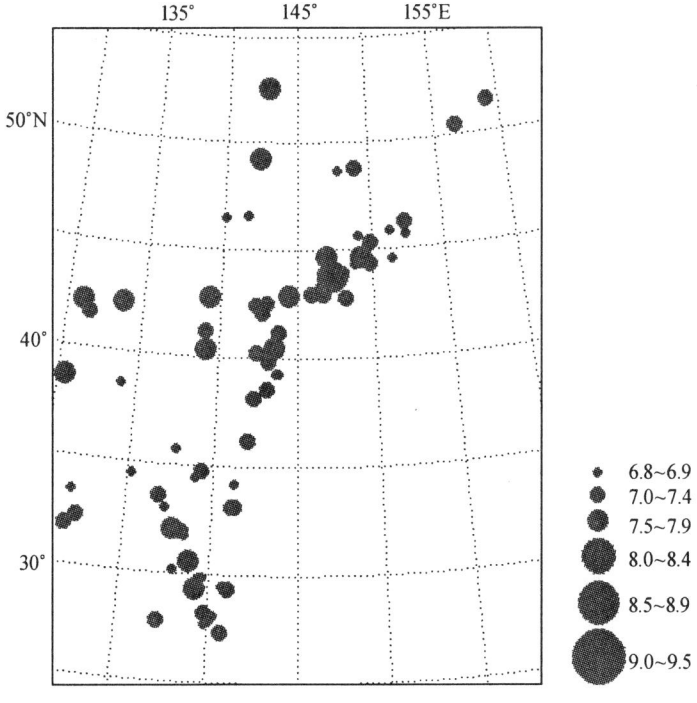

图 3-28 日本海沟（含部分千岛海沟）地区地震的分布情况

对于日本海沟（含部分千岛海沟）地区，根据经纬度划分成三个不同的区域：区域一（35°～45°N，140°～150°E），即全区——日本海沟和部分千岛海沟地区；区域二（35°～45°N，140°～145°E），即西区——日本海沟两侧地区；区域三（40°～45°N，145°～150°E），即东区——千岛海沟西南段。将上述三个区域分别与中国华东地区，尤其是上海及其附近海域地区做关系分析。

2）计算结果

分别寻找区域一、区域二和区域三与中国华东地区，尤其是上海及其附近海域地区发生的地震之间的关系，看一看当日本海沟和部分千岛海沟地区发生强震后，中国华东地区，尤其是上海及其附近海域地区分别在3个月、6个月、9个月后发生中强地震的概率，等等。结果表明，当日本海沟和部分千岛海沟地区发生强震后，随着时间的推移，中国华东地区，尤其是上海及其附近海域地区发生中强地震的概率在逐月增加。

（1）区域一

计算表明，区域一（35°～45°N，140°～150°E）发生 M_S6.8 以上地震3个月后，中国华东地区，尤其是上海及其附近海域地区（29°～34°N，119°～124°E）发生 M_S4.8 以上地震的概率是4.55%，6个月后发生 M_S4.8 以上地震的概率是18.18%……48个月后发生 M_S4.8 以上地震的概率是95.45%，等等，如表3-8所示。图3-29是相应的示意图。

表3-8 区域一与中国华东地区，尤其是上海及其附近海域地区地震相关概率表

时间（月）	概率（%）	时间（月）	概率（%）	时间（月）	概率（%）
3	4.55	21	68.18	39	77.27
6	18.18	24	68.18	42	81.82
9	18.18	27	72.73	45	81.82
12	36.36	30	72.73	48	95.45
15	45.45	33	77.27	51	100.00
18	54.55	36	77.27		

据表3-8及图3-29可见，当区域一发生 M_S6.8 以上地震后，12个月后中国华东地区，尤其是上海及其附近海域地区发生 M_S4.8 以上地震的可能性为36.36%，21个月后发生 M_S4.8 以上地震的可能性为68.18%，24～36个月（2～3年）后发生 M_S4.8 以上地震的可能性为68.18%～77.27%。48～51个月（4～4.3年）后发生 M_S4.8 以上地震的可能性为95.45%～100%。似乎区域一发生 M_S6.8 以上地震4年后，中国华东地区，尤其是上海及其附近海域地区肯定要发生 M_S4.8 以上地震。这一结果对中国华东地区，尤其是上海及其附近海域地区来说，足以引人注目。

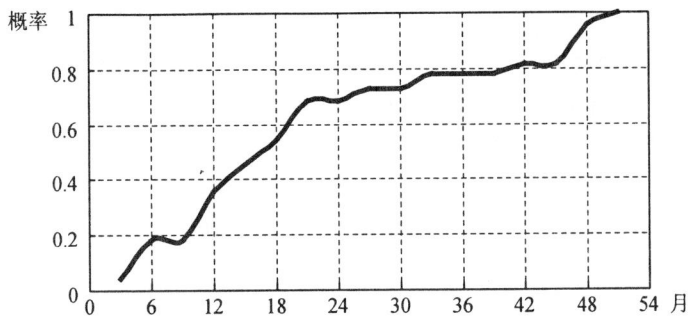

图 3-29 区域一与中国华东地区，尤其是上海及其附近海域地区地震相关概率图

(2) 区域二

和 (1) 一样，计算表明，当区域二 (35°~45°N, 140°~145°E) 发生 $M_S6.8$ 以上地震后 6 个月，中国华东地区，尤其是上海及其附近海域地区 (29°~34°N, 119°~124°E) 发生 $M_S4.8$ 以上地震的概率是 10.00%，12 个月后发生 $M_S4.8$ 以上地震的概率是 20.00% 等等，表 3-9 和图 3-30 是相应计算结果的列表和示意图。

表 3-9 区域二与中国华东地区，尤其是上海及其附近海域地区地震的相关概率表

时间（月）	概率（%）	时间（月）	概率（%）	时间（月）	概率（%）
3	0.00	21	50.00	39	70.00
6	10.00	24	50.00	42	80.00
9	10.00	27	60.00	45	80.00
12	20.00	30	60.00	48	100.00
15	20.00	33	70.00		
18	40.00	36	70.00		

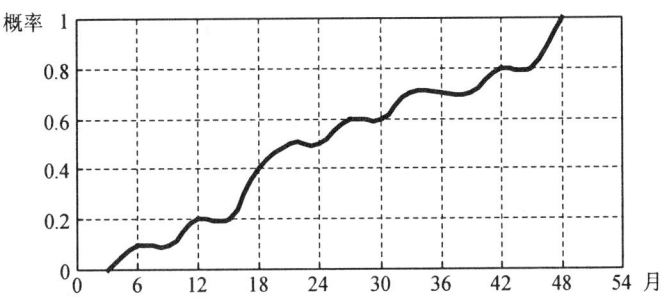

图 3-30 区域二与中国华东地区，尤其是上海及其附近海域地区地震的相关概率图

同样，据表 3-9 及图 3-30 可见，当区域二发生 M_S6.8 以上地震后的 18 个月，中国华东地区，尤其是上海及其附近海域地区发生 M_S4.8 以上地震的可能性为 40.00%，24 个月（2 年）后发生 M_S4.8 以上地震的可能性为 50.00%，27 个月后发生 M_S4.8 以上地震的可能性为 60.00%，36 个月（3 年）后发生 M_S4.8 以上地震的可能性为 70.00%。而 48 个月（4 年）后发生 M_S4.8 以上地震的可能性为 100%。似乎区域二发生 M_S6.8 以上地震 4 年后，中国华东地区，尤其是上海及其附近海域地区肯定要发生 M_S4.8 以上地震。这一结果和上一结果一样，对中国华东地区，尤其是上海及其附近海域地区来说，同样引人关注。

(3) 区域三

和（1）、（2）一样，计算表明，当区域三（40°～45°N，145°～150°E）发生 M_S6.8 以上地震，3 个月后中国华东地区，尤其是上海及其附近海域地区（29°～34°N，119°～124°E）发生 M_S4.8 以上地震的概率是 8.33%，6 个月后发生 M_S4.8 以上地震的概率是 25.00%……48 个月（4 年）后发生 M_S4.8 以上地震的概率是 91.67%，等等，表 3-10 和图 3-31 是相应计算结果的列表和示意图。

表 3-10　区域三与中国华东地区，尤其是上海及其附近海域地区地震的相关概率表

时间（月）	概率（%）	时间（月）	概率（%）	时间（月）	概率（%）
3	8.33	21	83.33	39	83.33
6	25.00	24	83.33	42	83.33
9	25.00	27	83.33	45	83.33
12	50.00	30	83.33	48	91.67
15	66.67	33	83.33	51	100.00
18	66.67	36	83.33		

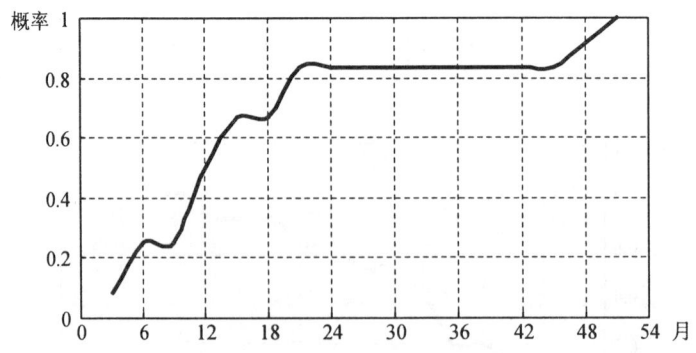

图 3-31　区域三与中国华东地区，尤其是上海及其附近海域地区地震的相关概率图

同样，据表 3-10 及图 3-31 可见，当区域三发生 M_S6.8 以上地震的 12 个月（1 年）后，中国华东地区，尤其是上海及其附近海域地区发生 M_S4.8 以上地震的可能性为 50.00%，

15～18个月后，发生 M_S4.8 以上地震的可能性为 66.67%，24 个月（2 年）～45 个月（约 3.8 年）后发生 M_S4.8 以上地震的可能性为 83.33%，51 个月（约 4.3 年）后发生 M_S4.8 以上地震的可能性为 100%。似乎区域三发生 M_S6.8 以上地震 4 年后，中国华东地区，尤其是上海及其附近海域地区肯定要发生 M_S4.8 以上地震。和（1）、（2）一样，这一结果对中国华东地区，尤其是上海及其附近海域地区来说，引人注目。

然而稍一比较上述三个区域的计算结果，人们就会发现某种矛盾，即区域一由区域二和区域三组合而成，凡是在区域二（或区域三）内发生的 M_S6.8 以上地震必然也是区域一内发生的，但由（2）或（3）对应的中国华东地区，尤其是上海及其附近海域地区在一段时间后可能发生的 M_S4.8 以上地震的可能性，和（1）对应的可能性数值不同。这是因为这三项统计计算是各自独立的，发生在区域二内的 M_S6.8 以上地震必不发生在区域三内，而必定在区域一内，这样对应的中国华东地区，尤其是上海及其附近海域地区在一段时间后发生的 M_S4.8 以上地震样本只在（2）和（1）中计及，而不计入（3）；同样，发生在区域三内的 M_S6.8 以上地震必不发生在区域二内，而必定在区域一内，这样对应的中国华东地区，尤其是上海及其附近海域地区在一段时间后发生的 M_S4.8 以上地震样本只在（3）和（1）中计及，而不计入（2）；而 M_S6.8 以上地震样本也是全计入（1），在（2）和（3）中被计及的只有其一，这样三项样本的计算值当然互不相同。因此这三项计算值不能视为数学上的绝对，而只是给出了样本统计上的相对意义。于是（1）、（2）、（3）分别统计的结果可给出下述用自然语言描述的相对结论：当日本海沟和部分千岛海沟地区（35°～45°N，140°～150°E）发生 M_S6.8 以上强震后 3 个月，中国华东地区，尤其是上海及其附近海域地区发生 M_S4.8 以上中强地震的概率较小，随着时间的推迟，中国华东地区，尤其是上海及其附近海域地区发生 M_S4.8 以上中强地震的概率逐渐增加；1 年半（18 个月）以后，发生 M_S4.8 以上中强地震的可能性约为 0.5；4 年（48～51 个月）以后，中国华东地区，尤其是上海及其附近海域地区几乎肯定要发生 M_S4.8 以上的地震。

3. 日本海沟和部分千岛海沟地区与中国大华北地区地震活动的关系

由于中国华东地区是中国大华北地区的一部分，这里有必要再来比较一下日本海沟和部分千岛海沟地区地震与中国大华北地区地震的关系，资料仍然取 1970～1998 年时间段，日本海沟和部分千岛海沟地区的震级范围和地理范围也不变，研究范围仍取 35°～45°N、140°～150°E，震级取 M_S6.8（即模糊震级 7.0 级）以上，深度取 100 km 以下。中国大华北地区研究范围取 29°～43°N、108°～125°E，震级取 M_S4.8 级（即模糊震级 5.0 级）以上，深度取 100 km 以下。采取与第二节一样的方法进行研究，结果如表 3-11 和图 3-32 所示。

从表 3-11 及图 3-32 可以看出，当日本海沟和部分千岛海沟地区发生 M_S6.8 以上地震后 6 个月，中国大华北地区发生 M_S4.8 以上地震的可能性为 45.45%；9 个月后发生 M_S4.8 以上地震的可能性为 63.64%；12 个月后发生 M_S4.8 以上地震的可能性为 90.91%。说明日本海沟和部分千岛海沟地区与中国大华北地区地震的相关性非常好。

表 3-11　日本海沟和部分千岛海沟地区与中国大华北地区地震相关概率表

时间（月）	概率（%）	时间（月）	概率（%）
3	22.73	15	90.91
6	45.45	18	90.91
9	63.64	21	90.91
12	90.91	24	100.00

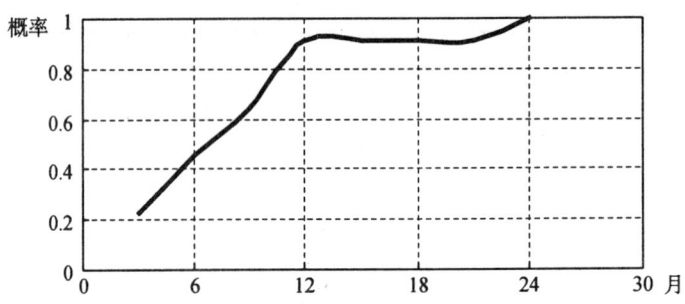

图 3-32　日本海沟和部分千岛海沟地区与中国大华北地区地震相关概率图

和"2（1）、(2)、(3)"的结果讨论一样，本部分和"2"存在同样的情况，可以做同样解释——都是取不同区域做不同统计而引起的。不过既然中国大华北地区包含了中国华东地区，统计范围扩大了，发生地震的可能性也增大了，这和经验完全相符。因此，把"2"和"3"两部分结合起来看，从定性上可以发现，当日本海沟和部分千岛海沟地区发生 $M_S6.8$ 以上地震后的数年内，在中国大华北地区发生 $M_S4.8$ 以上地震的可能性非常大。事实上 2003 年 9 月 26 日，日本北海道地区（41.8°N、144.0°E，属笔者定义的日本海沟和部分千岛海沟地区）发生 8.0 级地震，26 个月（2 年零 2 个月）后在中国大华北边缘地区的九江—瑞昌之间（29.7°N，115.7°E）于 2005 年 11 月 26 日发生了 $M_S5.7$ 地震，这次地震可谓是中国大华北地区自 1996 年 11 月 9 日上海长江口以东海域 $M_S6.1$ 地震后的最大一次，期间并无 5～6 级地震发生。因此，第"2"和"3"部分所研究的关系对中国大华北地区、华东地区乃至上海及其附近海域地区的中、短期地震预测甚有裨益，是一项值得关注的观测事实。

4. 日本琉球地区与中国华东地区地震关系的研究结果

琉球地区的研究范围取 25°～30°N、125°～132°E，研究时段同上，在该研究时段内琉球地区大震相对较少，$M_S6.8$ 以上地震只有 2 个，并且都发生在 1995 年，故将 1980 年琉球地区发生的一个 $M_S6.7$ 地震也归入其内，这样琉球地区的研究对象为 3 个地震，震级为 $M_S6.7$ 以上，深度 100 km 以下；中国华东地区的研究范围和资料取值时段也同前，震级取 $M_S4.8$（即模糊震级 5.0 级）以上，深度取 100 km 以下。结果如表 3-12 和图 3-33 所示。

表 3-12　日本琉球地区与中国华东地区地震相关概率表

时间（月）	概率（%）	时间（月）	概率（%）	时间（月）	概率（%）
3	00.00	21	66.67	39	66.67
6	00.00	24	66.67	42	66.67
9	66.67	27	66.67	45	66.67
12	66.67	30	66.67	48	66.67
15	66.67	33	66.67	51	100
18	66.67	36	66.67		

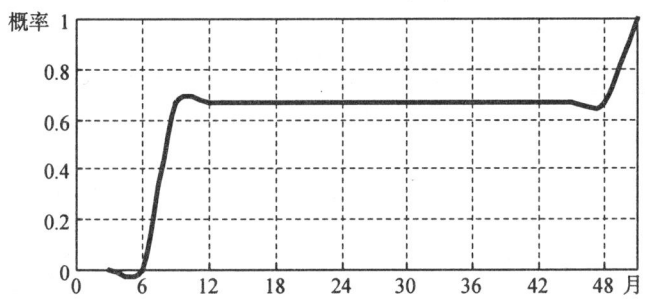

图 3-33　日本琉球地区与中国华东地区地震间计算数据的示意图

据表 3-12 及图 3-33 可见，当琉球地区发生 M_S6.7 以上地震 3 个月及 6 个月后，中国华东地区发生 M_S4.8 以上地震的可能性为 0.00%，而 9 个月后发生 M_S4.8 以上地震的可能性一下升到 66.67%，并且一直保持下去，这样的结果显然和经验不符，这说明日本琉球地区与中国华东地区地震的相关程度不好，或者说不存在明显的规律性关系，因此也就无法为某类预测提供可供借鉴的经验。

5. 日本海沟（含部分千岛海沟）地震与上海附近海域地震关系研究的其他结果

为了寻找上海附近海域地区的地震发生规律，在深思了"2"和"3"部分的结果后，笔者意识到日本海沟（含部分千岛海沟）地震可能是影响中国东部地区地震活动的主要力源之一，为此做了以相关性检验，逐步回归分析建立回归分析方程的工作，这样可以定量地计算出未来 10 年内上海附近及海域地区的危险水平。情况如下：

1）回归分析

分别选取 35°～45°N、140°～150°E 为日本 E 区，计作 jpe.txt，35°～45°N、145°～155°E 为日本 W 区，计作 jpw.txt。其地震目录分别从世界地震交换光盘和世界地震网站获得。1900 年 1 月至 1989 年 12 月从光盘目录 epic 中由日本提供的目录中选取 35°～45°N、140°～155°E，M_S≥6.0 的地震目录；1990 年 1 月至 1999 年 3 月从世界地震网站上下载与上面同样范围和同样震级的地震。先合并为一个称之为 jp.txt 的地震目录，再分成 jpe.txt 和 jpw.txt，地震的分布情况如表 3-13 所示（由于纬度相同，表中只列出经度）。

同上，上海及其附近海域地区（有时也有人称之为上海附近地区或江苏南黄海地区），其范围取 29°～34°N、119°～124°E，含江苏大部、浙江东北部、黄海南部、东海北部、上海周围陆地及海域。

表 3-13　日本海沟（含部分千岛海沟）地震分布表

目录名称	时间	来源	范围	地震个数	总计
jp.txt	1900.1～1989.12	光盘	140°～155°E	765	845
	1990.1～1999.3	网站	140°～155°E	80	
jpe.txt	1900.1～1989.12	光盘	140°～150°E	740	813
	1990.1～1999.3	网站	140°～150°E	73	
jpw.txt	1900.1～1989.12	光盘	145°～155°E	206	254
	1990.1～1999.3	网站	145°～155°E	43	

该范围的地震目录，1900年1月至1986年12月取自1988年版《中国地震简目》[27]，1987年1月至1999年3月取自中国地震局分析预报中心提供的软盘，震级由 M_L 转化为 M_S。"简目"中震级 $M_S \geqslant 4.75$。该范围的地震目录计作 NHA.1。具体操作如下：

(1) 定量描述

为了比较不同年份地震活动水平，需要找出一个既能反映地震强度又能反映地震频度的量，过去人们习惯采用最大地震的震级和地震频度，只是这些量忽视了地震序列的总体效应，积累能量起伏太大。为了克服这些缺点，笔者采用了文献[28]提出的地震活动指标 $A(b)$ 值作为衡量给定地区地震活动水平的标准，其表达式为：

$$A(b) = \frac{1}{b} \lg \sum_{i=1}^{N} 10^{bM_i}$$

式中，b 值为震级－频度关系式 $\lg N = a - bM$ 中的 b；N 为研究区年地震总数；M_i 为第 i 次地震的震级。在不需考虑研究区大小地震比例关系随时间变化的情况下，取 b 为常值，不失一般性可取 $b=1.0$。这样，只要有了研究区的地震目录，就能得到以年为单位的地震活动指数。

(2) 相关检验和逐步回归

在分别得到 jpe.txt，jpw.txt 和 NHA.1 的值以后，可以计算 jpe.txt 与 NHA.1 的相关性检验。为了能提前知道 NHA.1 的地震活动情况，分别计算 jpe.txt 与 jpw.txt 提前 NHA.1 对应活动12年，11年，10年，……，1年的相关情况，然后进行检验，仅得到 jpe.txt 提前 NHA.1 的10年、7年和2年的相关系数通过了检验，它们分别是：

γE10＝－0.3185745

γE7＝－0.3098898

γE2＝－0.2508245

以这3个年份作为自变量，分别结合 NHA.1 建立回归方程：以 NHA.1，1910～1990年的

81年时间回归结果同时作评分，评分采用顾氏评分（用 S 表示）和许绍燮提出的 R 评分（用 R 表示）进行，评分公式为：

$$R=\frac{n_1^1}{N_1}-\frac{n_0^1}{N_0}=\frac{n_1^1}{n_1^1+n_1^0}-\frac{n_0^1}{n_0^1+n_0^0}$$

$$S=\frac{n_1^1}{N^1}-\frac{n_0^1}{N^0}=\frac{n_1^1}{n_1^1+n_0^1}-\frac{n_0^1}{n_0^0+n_1^0}$$

式中：N_1 为实际有震年；N_0 为实际无震年；N^1 为预报有震年；N^0 为预报无震年；n_1^1 为报有震且实际发生地震年；n_1^0 为报有震而实际无震年（虚报）；n_0^0 为报无震且实际也没有地震年；n_0^1 为报无震而实际发生地震年。

以下分别是经研究得到的各种回归公式和对该公式进行的评分结果：

（ⅰ）$y=5.373456-0.371623$

$R=0.24$，$S=0.10$.

（ⅱ）$y=5.524724-0.3934054x_7$

$R=0.48$，$S=0.27$.

（ⅲ）$y=5.102198-0.331444x_2$

$R=0.33$，$S=0.11$.

两个变量两两组合回归方程：

（ⅰ）$y=7.023408-0.332523x_{10}-0.2695471x_2$

$R=0.48$，$S=0.25$.

（ⅱ）$y=7.594071-0.3770034x_7-0.3056016x_2$

$R=0.32$，$S=0.24$.

（ⅲ）$y=8.301573-0.3813572x_{10}-0.402672x_7$

$R=0.31$，$S=0.25$.

作为上述情况的组合，考虑三个变量综合在一起进行多元回归得：

$y=9.672781-0.3461592x_{10}-0.3889125x_7-0.24035x_2$

$R=0.54$，$S=0.30$.

上面几个关系式中，y 变量为回归后的因变量，即上海及其附近海域地区的回归值，x_{10} 是提前上海及其附近海域地区 10 年日本海沟（含部分千岛海沟）（也就是 jpe.txt 中）的 $A(b)$ 值，x_7 是提前上海及其附近海域地区 7 年日本海沟（含部分千岛海沟）jpe.txt 中的 $A(b)$ 值，x_2 是提前上海及其附近海域地区 2 年日本海沟（含部分千岛海沟）jpe.txt 中的 $A(b)$ 值。例如，要计算上海 1990 年的回归值，x_{10} 取 1980 年日本海沟（含部分千岛海沟）的 $A(b)$ 值，x_7 取 1983 年日本海沟（含部分千岛海沟）的 $A(b)$ 值，x_2 取 1988 年日本海沟（含部分千岛海沟）的 $A(b)$ 值，以此类推。

需要对上述结果加以说明的是：

根据回归的本意，应该以原计算值作为判定，但由于回归值与总体值大小有关，也就是与有震年、无震年总体 $A(b)$ 值的大小有关，而回归结果一般最大值达不到 5.0，4.9 算最大了，因此可考虑取 NHA.1 的均值作为判定的阈值，例如 1910～1990 年 NHA.1 的均值为

2.7315610，如果算得 $y \geqslant 2.73$，则可认为这一年有可能发生 4.7 级以上地震，计算评分时依此进行。比较表明，三个变量综合在一起进行多元回归的关系式，其评分结果较好。

此外，上述研究中涉及日本海沟（含部分千岛海沟）的地震资料中，出现同年、同月、同日、同时、同分有两个或两个以上地震，其震级大小也相差不大，这可能是同一个地震由于震级测定误差而误记为不同地震，此时研究中仅取震级较大的一个，其余的不取，作为一个地震处理。另外，日本海沟（含部分千岛海沟）的目录中，震级表示不统一，有用 M_L、M_S、m_b 的，也有用 M_b 的，也有的地震有多种震级表示方式，如给出 M_L、M_S、m_b、M_b 中的某几种甚至全部。一般情况下只要有 M_S 震级的，就取 M_S，无 M_S 的取 M_L 等，大多仅有一个震级，但后面注明不知道（UK）是哪种震级的，也就只能取这一震级了。总之，日本海沟（含部分千岛海沟）的地震目录中无论是否知道它是哪种震级，一概取来使用，没有进行转换，所取震级 $M \geqslant 6.0$。

最后，使用上述结果时尚需注意，该结果仅是一种统计回归，使用中常常会出现错误，在较长时间不发生地震的情况下，容易出现漏报；多次漏报之后，又会出现虚报；在地震频繁发生时，也容易虚报；尚需使用者在实用中随时校正。

2）经验关系式

早年，笔者曾对日本海沟（含部分千岛海沟）的大地震和中国华东地区，尤其是上海及其附近海域地区中等以上地震的对应关系做过初步研究[29]，找到了如下的对应关系，并给出了五组经验公式：

①每一组日本海沟（含部分千岛海沟）发生的最大地震震级和以该震起算，中国华东地区发震滞后时间的经验拟合关系为：

$$M_S = 6.868 + 0.061 \Delta T, \quad r = 0.9327$$

式中，M_S 为日本海沟（含部分千岛海沟）发生的最大地震震级，ΔT 为滞后时间，r 为相关系数，见图 3-34。

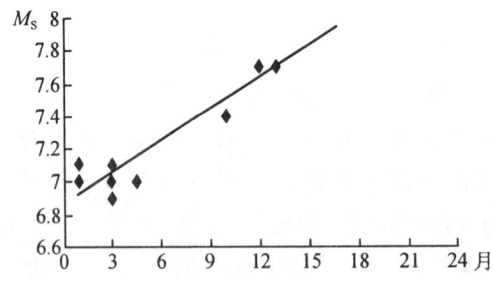

图 3-34　日本海沟（含部分千岛海沟）发生的最大地震震级和滞后时间的关系

②华东地区地震震级和上式中滞后时间的经验拟合关系为：

$$M_S = 4.732 + 0.099 \Delta T, \quad r = 0.9101$$

式中，M_S 为华东地区地震震级；ΔT 为滞后时间；r 为相关系数，见图 3-35。

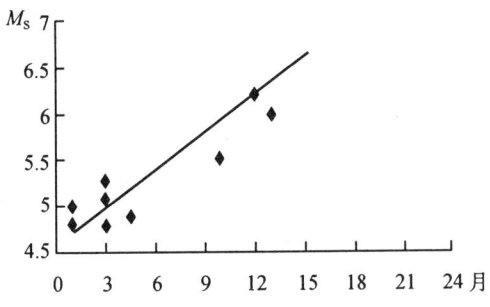

图 3-35 华东地区地震震级和滞后时间的关系

③一组日本海沟（含部分千岛海沟）发生的最大地震震级与以该组第一个地震起算的滞后时间的经验拟合关系为：

$$M_S = 7.005 + 0.209\Delta T, \quad r = 0.6284$$

式中，M_S 为日本海沟（含部分千岛海沟）发生的最大地震震级；ΔT 为第一次日本海沟地震（含部分千岛海沟）起算的滞后时间；r 为相关系数，见图 3-36。

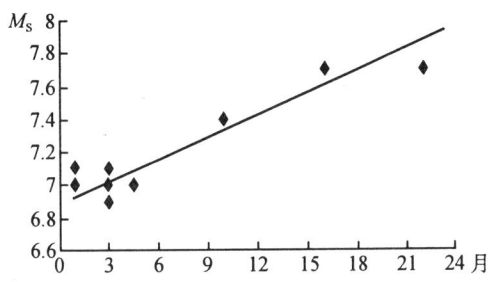

图 3-36 日本海沟（含部分千岛海沟）最大地震震级与同组第一个地震起算的滞后时间关系

④华东地区地震震级与上述滞后时间的经验拟合关系为：

$$M_S = 5.051 + 0.024\Delta T, \quad r = 0.4366$$

式中，M_S 为华东地区地震震级；ΔT 为滞后时间；r 为相关系数，见图 3-37。

⑤日本海沟（含部分千岛海沟）最大地震震级与华东地区相应地震震级的经验拟合关系为：

$$M_S（日本）= 4.227 + 0.564 M_S（华东）$$
$$r = 0.939$$

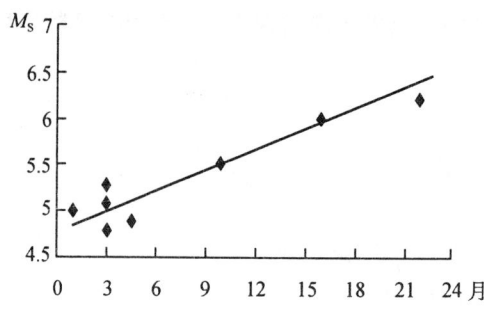

图 3-37 华东地区地震震级与同组第一个地震起算的滞后时间关系

式中，M_S（日本）为日本海沟（含部分千岛海沟）发生的最大地震震级；M_S（华东）为华东地区相应的地震震级；r 为相关系数，见图 3-38。

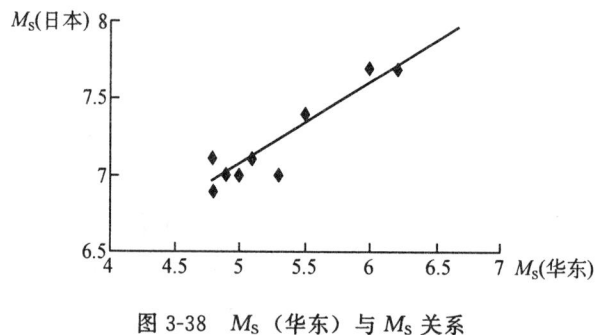

图 3-38 M_S（华东）与 M_S 关系

由此，我们可以得出这样一种"感觉"：日本海沟（含部分千岛海沟）地区（35°~45°N，140°~150°E）发生 M_S6.8 以上地震后两年内，华东地区（29°~34°N，119°~124°E）有可能发生 M_S4.8 以上地震，发震时间、震级可由上面①~⑤求出。但是，两个地区的地震不是一一对应的，而是一组日本海沟（含部分千岛海沟）地震和一次华东地区地震相对应；当日本海沟（含部分千岛海沟）有一次符合要求的地震发生后，在相应时间点前后若在日本海沟（含部分千岛海沟）又发生了一次新的符合要求的地震，则应当随时修改原有的滞后时间。

3）实例

1970~1998 年期间，华东地区（29°~34°N，119°~124°E）所发生的 M_S（M_L5.2）以上地震共有 11 次，可分为 9 组，见表 3-14。而在上述时间段内，日本海沟（含部分千岛海沟）地区（35°~45°N，140°~150°E）所发生的 M_S6.8 以上地震共有 22 次，观测 1969 年以前日本海沟（含部分千岛海沟）的地震目录，发现 1969 年 8 月日本海沟（含部分千岛海沟）有 1 次 7.8 级地震，根据计算需要，日本海沟（含部分千岛海沟）地震目录的起始时间应略提前于华东地区地震目录的起始时间，故将日本海沟（含部分千岛海沟）地区地震目录的起始时间划在 1969 年，见表 3-15。其中 6 号、7 号地震由于发震时间和震中位置均比较接近，应算作一组地震；11 号地震是 8 号地震的余震，也应算作一组地震；同样，10 号地震是 9 号地震的余震，算作一组地震；16 号和 17 号是一组地震；18 号、19 号、22 号是一组地震，经上述划分，23 次地震可分为 17 组。这 17 组地震与华东地区地震的对应情况如表 3-16 所示。

表 3-14　华东地区（1970～1998 年）$M_S \geqslant 4.8$ 地震目录

组号	发震时间（年.月.日）	震中位置			震级 M_S
		纬度	经度	地点	
1	1971.12.30	31°12′	122°30′	长江口	4.9
2	1974.04.22	31°27′	119°19′	溧阳	5.5
3	1975.09.02	32°54′	121°48′	朗家沙	5.3
4	1979.07.09	31°27′	119°15′	溧阳	6.0
	1979.07.11	31°26′	119°16′	溧阳	4.8
5	1984.05.21	32°31′	121°36′	南黄海	5.6
	1984.05.21	32°29′	121°36′	南黄海	6.2
6	1987.02.17	33°35′	120°32′	射阳	5.0
7	1990.02.10	31°41′	121°00′	常熟	5.1
8	1996.11.09	31°50′	123°06′	长江口以东	6.1
9	1997.07.28	33°31′	122°11′	黄海	5.2

表 3-15　日本海沟（含部分千岛海沟）地区（1969～1998 年）$M_S \geqslant 6.8$ 地震目录

序号	发震时间（年.月.日）	震中位置			震级 M_S
		纬度	经度	地点	
1	1969.08.12	42°42′	147°37′	日本表头地区	7.8
2	1971.08.02	41°14′	143°42′	日本表头地区	7.0
3	1973.06.17	42°58′	145°57′	日本表头地区	7.4
4	1973.06.24	42°57′	146°45′	日本表头地区	7.1
5	1975.06.10	42°46′	148°13′	日本表头地区	7.0
6	1978.03.23	44°48′	149°25′	日本表头地区	7.0
7	1978.03.25	44°20′	149°49′	日本表头地区	7.3
8	1978.06.12	38°09′	142°10′	日本表头地区	7.4
9	1978.12.06	44°44′	146°58′	日本表头地区	7.7
10	1980.02.23	43°27′	146°33′	日本表头地区	6.8
11	1981.01.19	38°36′	142°58′	日本表头地区	7.0
12	1982.03.21	42°04′	142°36′	日本表头地区	7.1
13	1982.07.23	36°11′	141°57′	日本表头地区	7.0
14	1984.03.24	44°23′	148°54′	日本表头地区	6.8
15	1989.11.02	39°51′	143°03′	日本表头地区	7.1
16	1992.07.18	39°22′	143°39′	日本表头地区	6.9

续表

序号	发震时间（年.月.日）	震中位置			震级 M_S
		纬度	经度	地点	
17	1992.07.18	39°24′	143°26′	日本表头地区	6.9
18	1994.10.04	43°46′	147°19′	日本表头地区	8.3
19	1994.10.09	43°54′	147°55′	日本表头地区	7.3
20	1994.12.28	40°31′	143°25′	日本表头地区	7.8
21	1995.01.06	40°15′	142°16′	日本表头地区	7.0
22	1995.04.28	44°04′	148°00′	日本表头地区	6.9
23	1995.12.03	44°39′	149°18′	日本表头地区	7.9

表3-16 日本海沟（含部分千岛海沟）地震与华东地区地震的对应

日本海沟（含部分千岛海沟）地震					华东地区地震		
组号	发震时间（年.月.日）	纬度	经度	震级 M_S	组号	地点	滞后时间（月）
1	1969.08.12	42°42′	147°37′	7.8	1	长江口	28
2	1971.08.02	41°14′	143°42′	7.0	2	溧阳	32
3	1973.06.17	42°58′	145°57′	7.4	3	朗家沙	27
4	1973.06.24	42°57′	146°45′	7.1			
5	1975.06.10	42°46′	148°13′	7.0			
6	1978.03.23	44°48′	149°25′	7.0	4	溧阳	16
	1978.03.25	44°20′	149°49′	7.3			
7	1978.06.12	38°09′	142°10′	7.4			
	1981.01.19	38°36′	142°58′	7.0			
8	1978.12.06	44°44′	146°58′	7.7			
	1980.02.23	43°27′	146°33′	6.8			
9	1982.03.21	42°04′	142°36′	7.1	5	南黄海	26
10	1982.07.23	36°11′	141°57′	7.0			
11	1984.03.24	44°23′	148°54′	6.8	6	射阳	35
12	1989.11.02	39°51′	143°03′	7.1	7	常熟	3
13	1992.07.18	39°22′	143°39′	6.9			
	1992.07.18	39°24′	143°26′	6.9			

续表

日本海沟（含部分千岛海沟）地震					华东地区地震		
组号	发震时间 （年.月.日）	纬度	经度	震级 M_S	组号	地点	滞后时间/月
14	1994.10.04	43°46′	147°19′	8.3	8	长江口以东	25
	1994.10.09	43°54′	147°55′	7.3			
	1995.04.28	44°04′	148°00′	6.9			
15	1994.12.28	40°31′	143°25′	7.8			
16	1995.01.06	40°15′	142°16′	7.0			
17	1995.12.03	44°39′	149°18′	7.9	9	黄海	19

从表 3-16 可以看出，日本海沟（含部分千岛海沟）1969 年 8 月 12 日的地震与华东地区 1971 年 12 月 30 日的长江口地震相对应，滞后 28 个月；日本海沟（含部分千岛海沟）1971 年 8 月 2 日的地震与华东地区 1974 年 4 月 22 日的溧阳地震相对应，滞后 32 个月；日本海沟（含部分千岛海沟）1973 年 6 月 17 日的地震与华东地区 1975 年 9 月 2 日的朗家沙地震相对应，滞后 27 个月；日本海沟（含部分千岛海沟）1978 年 3 月 23 日和 1978 年 3 月 25 日的地震与华东地区 1979 年 7 月 9 日的溧阳地震相对应，滞后 16 个月；日本海沟（含部分千岛海沟）1982 年 3 月 21 日的地震与华东地区 1984 年 5 月 21 日的南黄海地震相对应，滞后 26 个月；日本海沟（含部分千岛海沟）1984 年 3 月 24 日的地震与华东地区 1987 年 2 月 17 日的射阳地震相对应，滞后 35 个月；日本海沟（含部分千岛海沟）1989 年 11 月 2 日的地震与华东地区 1990 年 2 月 10 日的常熟地震相对应，滞后 3 个月；日本海沟（含部分千岛海沟）1994 年 10 月 4 日的地震与华东地区 1996 年 11 月 9 日的长江口以东地震相对应，滞后 25 个月；日本海沟（含部分千岛海沟）1995 年 12 月 3 日的地震与华东地区 1997 年 7 月 28 日的黄海地震相对应，滞后 19 个月。日本海沟（含部分千岛海沟）地区的 17 组地震有 9 组可以分别与华东地区的地震相对应，对应率为 53%。

图 3-39 为华东地区地震滞后于日本海沟（含部分千岛海沟）地震的时间分布图［横坐标为华东地区地震的组号，纵坐标为华东地区地震滞后于日本海沟（含部分千岛海沟）地震的时间］。若按 6 个月（6～12 个月，12～18 个月，18～24 个月，24～30 个月，30～36 个月）分组，可得每个时段内发震次数的分布，见图 3-40。据此可见：30 个月左右，发震的比例最高，而大部分发震时间都集中在 18～36 个月时段内。将图 3-40 的纵坐标"次数"改写为中国地震界常用的约定——"断言信度"（"CF 值"），得图 3-41，可以发现，当日本海沟（含部分千岛海沟）发生地震后，华东地区在 18～36 个月后将可能发生一次中等强度地震，其中在 30 个月左右发震的断言信度 CF 值为 44%。

关于这个问题研究者较多，结果大同小异，当然也不乏相反的观点，例如文献 [30] 研究了江苏及其南黄海地区 6 级地震与日本地震的相关性；文献 [31] 研究了华北地震同日本地震的相关性；文献 [32] 研究了大华北浅源地震与日本海西部及中国东北深震的关系；可见这一问题既有研究的科学价值又是迄今未有定论的问题。

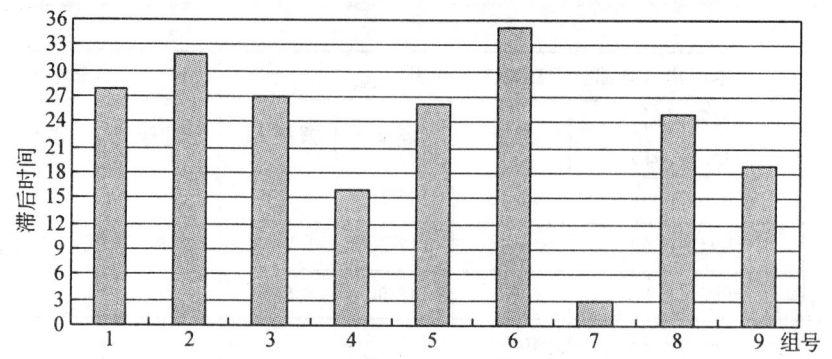

图 3-39　华东地区地震滞后于日本海沟（含部分千岛海沟）地震的时间分布

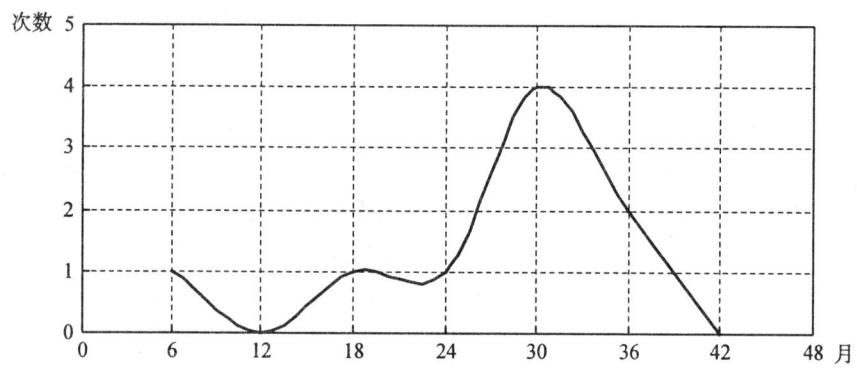

图 3-40　华东地区地震滞后时间与次数

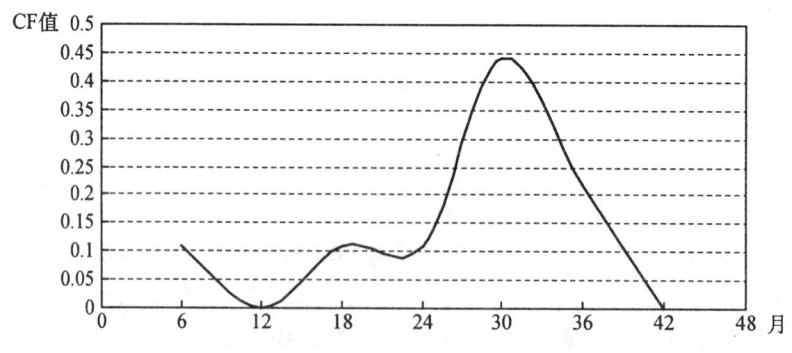

图 3-41　华东地区地震滞后时间与 CF 值关系

6. 台湾地区地震与上海附近海域地震的关系

文献［33］研究了台湾地区地震和上海附近海域地震的关系。应用日本学者 Takahashi 等人的概率增益公式对资料进行检验，后验的效果不甚理想。另外，早在 1993 年，上海市地震局也有人做过台湾地区地震与上海及其邻近地区地震的相关统计，结论是台湾地震与上海及其邻近地区地震的相关性不明显。这说明并不是任何地区都能够得到地震相关的结果，因此日本海沟（含部分千岛海沟）大地震和华东地区地震的相关性有一定的可信度。

7. 不同海域地区地震之间关系的可能解释

文献［34］指出，在实际工作中，发现中国大陆东部地区的地震活动在空间分布上存在着明显的不均匀性，中国东部地区6级以上地震主要分布在华北地震区和东南沿海地震区内，江西、浙江、湖南等中间地带地震活动比较弱。这样的一种不均匀分布状况应当与地球动力学环境有着密切的联系。作者以东部地区的应力图像及最新GPS观测结果作拟合条件，运用数值模拟手段，采用三维黏弹性有限元模型，结合板块构造边界条件和板内构造分布特征，对以中国华东地区为主的包括华北及华南地区的构造应力场进行了数值模拟。研究了中国东部地区受周边板块联合作用的应力场分布特征，分析了板块边界作用力的变化对中国大陆东部地区内部应力场的影响，对比了有限元数值模拟的结果，从而解释了中国大陆东部地区地震活动空间分布的特点。作者在建立了东部地区基本应力场后，对东部地区最大剪应力、应变能密度、体应力和最大剪应变等物理量的分布状况进行了研究，对比有限元数值模拟结果，得出以下结论：①从应力场分布情况来看，板块边界的推挤为板内应力场的形成提供了动力来源。太平洋板块的作用主要影响中国华北及华东沿海地区的应力场；菲律宾海板块的作用主要影响中国华南地区的应力场，菲律宾海板块的作用另有一小部分可传递到华东沿海地区。②模拟计算结果表明，我国东部地区的最大剪应力、应变能密度、体应力和最大剪应变等值线图存在着明显的梯度，与历史地震震中分布对比，可以发现剪应力、应变能密度等较高的地区中强地震活动水平也较高，恰好对应了历史上强震发生的主体地区——华北地震区和东南沿海地震区；而剪应力、应变能密度等较低的地区地震活动水平也较弱，这一区域正好对应了江西、浙江、湖南等地区。其结果解释了中国大陆东部地区地震活动空间分布不均匀的特点。

该文献提供的材料对不同海域地震之间的关系作出了较好的理论解释，值得学界关注。

第三节　上海附近海域地震的震源参数和介质参数

1. 小震震源参数和介质参数

迄今为止的上海邻近地区，不论陆地和海域，相对于中国西部地区而言，中强地震均不多，只有一些小地震，为了了解陆地和邻近海域介质的一些差别，笔者注意到了上海附近的两个中、小地震相对较为集中的地区，一个在上海正西方向的内陆——溧阳及其附近地区，另一个在上海东北方向的滨海——南黄海的勿南沙及其附近地区。通过长期观测，人们从这两个地区获得的相对较多的地震波资料中意识到，尽管这两个地区相距不算太远，但介质特性方面可能存在着某种区别。为此本节采用经典方法从这两个地区中获取了某些小震的破裂尺度、应力降、地震矩、P波Q值等参数，用以讨论在这两个地区中存在的可能差异。

1）上海及邻近地区介质的品质因子Q

Q值是介质非弹性程度的一种量度，是分析地区地震危险性，研究地震预报、地震成因等的一个重要参数。

地震波在地球介质中传播时，能量会发生损耗，固体介质内摩擦损耗的最一般和最常用

的表达方式是 $\Delta E/E$，ΔE 为介质中通过一个应力周期所耗散的能量，E 是应力最大时，介质中贮存的能量。地震波在介质中传播时所发生的衰减现象，是介质的一个重要特性，通常用品质因子 Q 来表征。Q 与 $\Delta E/E$ 有下列关系：

$$1/Q=(1/2\pi)\cdot(\Delta E/E)$$

通常把体波的振幅 A 表示为：

$$A=A_0\cdot C_s\cdot C_f\cdot D\cdot T_r\cdot R_s\cdot R_c\cdot S\cdot \exp(-\omega I)$$

式中，A_0 是震源处的振幅谱；C_s 是地震仪的振幅响应；C_f 是由震源机制引入的因子；D 是波阵面的几何扩散因子，并由下式给出：

$$D=(\rho_f V_f \sin\theta_f d\theta_f/\rho_s V_s r_0^2 \sin\Delta\cos\theta_s d\Delta)^{1/2}$$

式中，ρ 为密度；V 为速度；r_0 为莫霍间断面的半径；θ 为径向矢量与射线切线间的夹角；角标 s、f 对应表面和源处的值；Δ 为震中距；T_r 为在界面处的传播系数；R_s 为地壳成层的影响；R_c 为核幔界面处反射的影响；S 为所有另外的影响；如界面处的扩散、低速带中能量的捕获、地层的滤波，等等。

此外，
$$I=1/2\int cds/Q(r)V(r)$$

式中，ds 为地震射线单元；$V(r)$ 为地震波速度；$Q(r)$ 为介质固有的品质因子；c 为从震源到观测点地震波走过的路径，该式的积分为沿路经 c 的线积分。另外，经地震仪响应校正后，观测到的振幅谱 $A(\omega)$ 可近似地写成：

$$A(\omega)=CA_0(\omega)e^{-\omega I}$$

式中，C 为与频率无关的常数。如果传播路径的平均品质因子用 Q 表示，平均速度用 V 表示，波走过的路径长度为 S，则：

$$I=S/(2VQ)$$

由此得到：

$$\ln A(\omega)=\ln A_0(\omega)-S\omega/(2VQ)+常数$$

此时如果能得到 $A_0(\omega)$，就可通过 $\ln A(\omega)\propto\omega$ 图中的斜率测定 Q 值。

实际上获得 Q 值的方法很多，对模拟记录有时域法与频域法两条途经。前者的最大优点是简便，但它要求有比较清楚的初动，记录器的走速要均匀。后者也叫频谱分析法，适用于近震资料的有下列几种具体操作：频率比法，台站比法和直接法。

当然，除了以上两大类方法外，还有其他一些获取 Q 值的方法。例如，除用现场资料测定 Q 值外，还可用实验室的方法测定不同地区岩石样品的 Q 值。这里不再一一介绍。

下面列出取得的一些结果，先介绍做 P 波 Q 值时对模拟资料的选取。选上海佘山 DD-1 单台模拟记录的 70 多个分布在不同区域里的小地震，资料选取有两条原则：①所选地震位于华东地区，并尽可能多选同一地方的小地震，以增加结果的可靠性；②地震图必须清晰，线条细，振幅不畸变，振幅过小的不予考虑。符合这两条原则的，震级一般在 $M_S 2.5 \sim 4.0$ 之间。

选用直接法求出该区域地壳的平均 Q 值，结果见表 3-17。表 3-17 表明：Q 值与震中距有关，震中距越大，Q 值也越大，震中距小，Q 值也小。在物理意义上这种现象反映了离地表越深，介质的 Q 值越大。Q 值与震中距几乎成线性关系。表 3-17 还隐含着平均 Q 值的方向性分布：若据表中所给的 Q 值，以佘山为原点，Q 值为纵坐标，震中距为横坐标作图，得图 3-42。该图给出了佘山—南黄海方向和佘山—溧阳方向 Q 值随震中距的分布情况。可以看出，在这两个方向上 Q 值随震中距的分布基本上都呈直线分布。因南黄海、溧阳小地震震中很集中，所以在 (Q, Δ) 图上似乎资料点较少，实际上资料点是不少的，如表 3-17 所示。

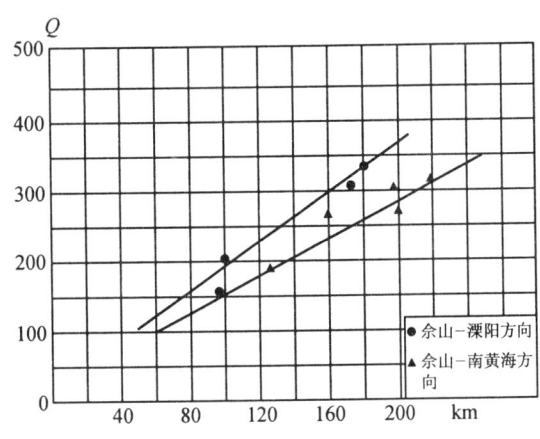

图 3-42 Q 值随震中距分布

上海附近地区地壳的 Q 值分布有方向性，上海以西，Q 值偏高，上海 NE 方向 Q 值比上海以西偏低，这一结果与江苏省地震局程德利、张裕中由尾波得到的 Q 值结果有类似之处[35]。他们用南京地震台单台记录到的地震尾波详细测定了该台邻近地区的 Q 值，发现沿 SN 方向 Q 值偏低，而东侧较高。另外据表 3-17 还可看出，溧阳、南黄海两地震活跃区域的 Q 值比其邻近地震不活跃区域的 Q 值偏高。溧阳方向 Q 值本身比所有邻近区域偏高，而南黄海地震活跃区域的 Q 值虽然比溧阳方向在同等震中距下低，但比它周围地震不活跃区域高。这一结果对探讨地震孕育很有帮助，可能高 Q 值区介质强度高，应力较易集中，最后先达到极限应力而导致破裂。

2）小震震源参数的测定

要测定地震的震源参数，对小震来说可采用圆盘位错震源模型，并设位错面上的破裂同时发生[36]。在这样的模型下，常用小震的远场 P 波位移频谱测定震源参数：地震矩 M_0、破裂长度 r 和应力降 $\Delta\sigma$。

对 70 多个地震进行的计算结果表明，小震震级 M_L 在 2.3～4.1 时，破裂半径一般在 500～1200 m 范围，地震矩在 10^{20} dyn·cm（1dyn·cm＝10^{-7}N·m）量级，应力降在十分之几巴范围内。地震矩随震级增大而增大，基本上呈线性关系，但离散度较大。此结果与 Brune，Wyss[37,38]、Douglas 和 Ryau[39]、Smith[40] 以及陈运泰[36] 得到的结果一致。见图 3-43 和图 3-44。

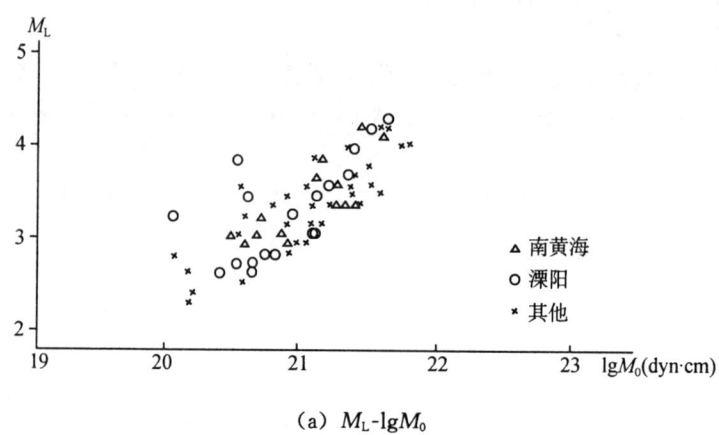

(a) M_L-lgM_0

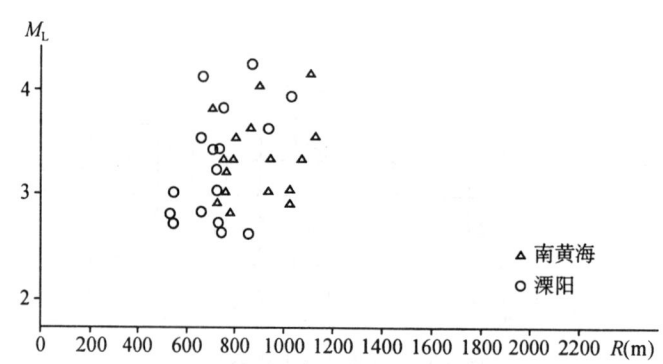

(b) M_L-R

图 3-43　M_L 和 lgM_0 及 R 的关系图

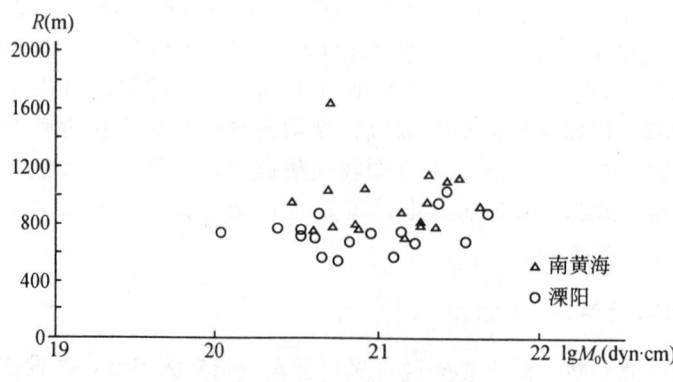

(a) 地震矩的对数和破裂尺度的关系
请注意两者的明显区别

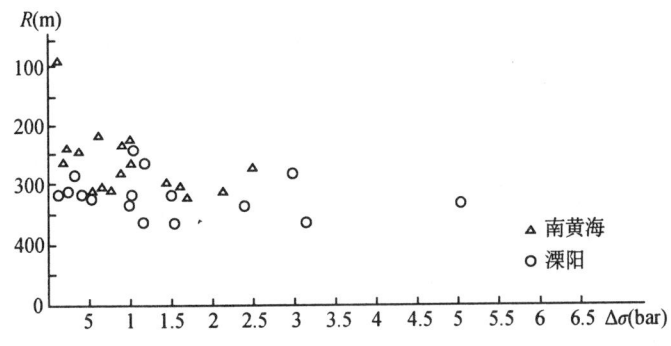

(b) 破裂尺度与应力降的关系

图 3-44 溧阳和南黄海小震的 R-$\lg M_0$ 和 R-$\Delta\sigma$ 关系图

从小震震级和破裂尺度看,在相同震级下,南黄海的震源破裂尺度比溧阳的大;溧阳小震破裂尺度随震级变化不大,大都在 600~800 m 范围内,而南黄海的小震破裂尺度则比较分散。

表 3-17 小震震源参数及 Q 值

年-月-日-时-分	纬度	经度	M_L	Q	R/m	$M_0 \times 10^{20}$ (dyn·cm)	$\Delta\sigma$/bar
1975-04-27-14-04	32.6	122.0	3.0	298	947	2.97	0.15
06-08-11-02	32.3	123.8	3.9	466	733	63.40	7.05
10-07-21-10	30.1	123.1	3.4	297	909	3.98	0.23
12-31-06-35	30.1	121.9	2.4	256	494	1.54	0.56
1976-01-10-05-08	29.9	122.8	3.5	297	947	10.94	0.56
1978-02-12-05-30	33.1	118.6	3.4	518	1033	7.97	0.32
03-05-14-40	31.5	123.6	2.9	307	811	11.07	0.91
06-02-16-51	30.8	120.8	2.3	156	733	1.45	0.16
06-16-03-09	33.9	118.0	3.8	632	745	12.77	1.35
06-25-04-34	31.5	119.3	3.0	349	733	13.16	1.46
07-06-11-44	32.7	120.9	3.7	286	947	32.27	1.66
11-15-12-41	30.3	122.5	2.5	183	947	3.64	0.19
11-27-11-50	32.1	121.7	3.1	206	710	8.04	0.98
1979-01-04-18-28	33.8	120.5	4.3	430	1336	165.89	3.04
02-16-14-57	33.8	122.2	3.5	546	874	33.63	2.21
03-07-05-08	30.7	119.3	3.9	293	949	22.71	1.17
04-16-18-49	32.9	121.7	3.6	293	874	13.19	0.86
04-25-02-43	33.4	122.8	3.5	477	841	3.52	0.26

续表

年-月-日-时-分	纬度	经度	M_L	Q	R/m	$M_0 \times 10^{20}$ (dyn·cm)	$\Delta\sigma$/bar
1979-04-28-09-15	32.9	121.5	3.0	293	1033	4.75	0.19
07-09-22-13	31.4	119.2	4.2	349	874	44.89	2.94
07-10-02-30	31.4	119.3	3.4	349	733	13.25	1.47
07-10-03-14	31.4	119.3	3.0	349	544	12.15	3.12
07-11-03-08	31.4	119.3	3.4	349	710	3.97	0.49
07-15-14-28	31.4	119.3	2.7	349	554	4.42	1.14
07-16-10-41	31.4	119.3	2.7	349	733	3.32	0.37
07-22-03-12	31.4	119.3	3.5	349	668	16.28	2.39
07-23-12-38	31.4	119.3	2.6	349	874	4.32	0.28
07-26-07-33	31.4	119.3	3.2	349	733	1.09	0.12
07-27-07-11	31.4	119.3	3.2	349	733	8.78	0.98
07-29-10-21	31.4	119.3	2.8	349	541	5.48	1.52
1980-04-14-22-57	32.6	122.5	3.1	359	909	13.69	0.80
06-01-18-59	32.6	123.4	3.3	466	745	16.57	1.75
1981-03-25-06-35	31.4	119.3	3.9	349	1033	25.13	1.00
11-18-20-36	31.3	120.2	2.8	170	631	1.14	0.20
1982-03-23-02-53	31.3	123.3	3.3	301	909	12.05	0.70
03-29-19-40	31.5	119.3	4.1	349	668	34.07	5.0
04-08-21-26	31.5	119.3	3.8	349	757	3.30	0.33
04-22-19-25	32.8	120.8	3.1	314	947	11.63	0.60
1983-07-03-23-21	31.9	120.7	3.3	232	554	6.23	1.60
08-10-18-09	31.4	119.3	2.8	349	668	6.57	0.96
09-25-14-30	32.8	120.1	3.5	334	1623	23.43	0.24
10-19-14-25	33.8	121.4	4.1	423	2164	39.52	0.17
1984-04-30-12-48	31.4	119.2	3.6	349	947	22.30	1.15
05-16-17-16	33.6	120.6	3.6	382	811	24.33	1.99
05-17-11-59	33.1	120.5	3.4	382	1108	24.31	0.79
05-22-00-08	32.5	121.6	3.5	294	1136	18.86	0.56
05-22-01-10	32.6	121.8	3.3	294	757	21.23	2.14
05-22-01-16	32.5	121.6	3.3	294	947	18.86	0.97
05-22-01-19	32.5	121.6	2.9	294	733	3.87	0.43
05-22-02-51	32.6	121.8	4.0	294	909	42.72	2.49
05-23-23-26	32.6	121.6	4.1	294	1108	29.81	0.96
05-24-21-33	32.5	121.7	3.8	294	710	13.74	1.68
06-01-01-11	32.6	121.6	3.2	294	757	5.17	0.52
06-01-09-42	32.0	119.4	3.0	295	668	3.45	0.51
06-25-23-35	30.6	119.8	2.9	231	909	8.97	0.52
07-06-12-55	29.8	121.4	2.8	271	947	8.28	0.43

续表

年-月-日-时-分	纬度	经度	M_L	Q	R/m	$M_0 \times 10^{20}$ (dyn·cm)	$\Delta\sigma$/kar
1984-07-16-14-35	32.6	121.7	2.8	294	783	7.07	0.64
09-14-01-45	32.5	121.7	2.9	294	1033	7.81	0.31
12-08-17-28	32.7	121.5	3.0	294	757	7.52	0.76
1985-01-06-03-42	31.1	120.5	3.2	141	874	3.79	0.25
02-15-12-14	32.6	121.6	3.9	294	1420	60.02	0.92
02-15-19-06	32.5	121.6	3.4	294	1033	39.08	1.55
04-04-08-24	32.8	120.3	3.3	334	1862	28.03	0.19
05-02-20-36	31.9	120.6	3.3	232	473	6.15	2.54
05-13-03-48	32.8	120.7	4.1	314	1136	45.25	1.35
06-01-21-18	31.3	120.4	2.6	141	568	1.40	0.33
06-17-10-43	32.5	121.6	3.3	294	1082	24.85	0.86
07-13-18-57	32.5	121.7	3.3	294	783	17.39	1.58
07-14-01-51	31.4	119.5	2.6	320	757	2.44	0.25
07-20-11-37	31.4	120.9	2.6	67	1082	0.75	0.03
07-22-00-30	32.5	121.6	3.0	294	1623	4.84	0.05
07-23-20-10	32.5	121.6	3.5	294	811	17.31	1.42

3) 溧阳和南黄海两区域中强地震的余震分布

以下列出溧阳 1974 年 4 月 22 日 M_S5.5、1979 年 7 月 9 日 M_S6.0 两次地震和南黄海 1984 年 5 月 21 日 M_S6.2 地震的余震空间分布,用中国东部地震目录,取主震后 52 小时内的小震震中作分布图。如图 3-45 所示。

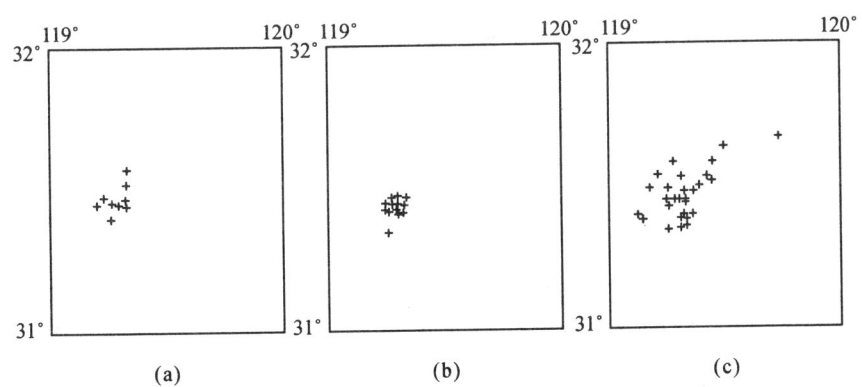

图 3-45 中强地震的余震空间分布
(a) 1974 年 4 月 22 日溧阳 M5.5 地震;(b) 1979 年 7 月 9 日溧阳 M6.0
地震;(c) 1984 年 5 月 21 日南黄海 M6.2 地震

由图可见,这些地震的余震分布均呈椭圆状,长短轴数据如下:

溧阳(1974-04-22)　　　M_S5.5　　　$a=26.7$ km　　　$b=14$ km
溧阳(1979-07-09)　　　M_S6.0　　　$a=20$ km　　　$b=9.3$ km

南黄海（1984-05-21）　　$M_S 6.2$　　$a=58.7$ km　　$b=28.$ km

这些地震的余震区长轴 a 与短轴 b 之比与主震震级的关系 $\lg(a/b)=0.08M-0.18$ 符合较好。

这两个不同地区余震空间分布表明，同量级的主震，余震的空间范围非常不同：溧阳的比南黄海的小得多，这可能说明溧阳地区的介质强度相对较高，断层扩展受高强度介质阻碍；南黄海相对溧阳介质较疏松，故破裂容易扩展。这与上面有关 Q 值和小震震源参数所得的结果较为一致。另一个原因可能是对溧阳震区，包围的台站较多，定位误差小；对南黄海地区，台站偏于西侧，定位误差较大，导致余震分布视觉上的分散。

2. 中强地震的震源参数

地震震源机制的研究是了解地震发生过程的重要方法，其所取得的有关震源信息的价值当然是不言而喻的。不过我们在这里最关心的是滨海地震震源与内陆地震震源有什么共同点和不同点（若有的话）。由于台站布局等客观原因，人们对内陆地震震源机制研究得较多，而对海中地震震源机制的研究较少，主要是因为不能用常规的人们颇为熟悉的适用于内陆地震的方法来应对发生在海中的地震。由此这里用地幔波波形拟合及 P 波初动估计上海附近海中近年来发生的中强地震的震源机制，使用有关的数字地震资料（CDSN）。吉尔伯特（Gilbert）和捷旺斯基（Dziewonski）（1975）对应用地幔波在频域中估计大地震的震源机制和介质结构进行了较系统的研究，在他们给的两个震例中，地震矩达 10^{20} N·m（N·m 为力矩单位：牛顿·米，下同）。吉尔伯特（Gilbert）和马修斯（Masters）（1989）较全面地介绍了地球自由振荡理论和应用地幔波在频域中估计震源机制的原理。金森博雄（Kanamori）和吉万（Given）（1981）利用地幔瑞利（Raileigh）波垂直分量在频域中估计了若干次强震的震源机制，其中最小的震级是 $M6.6$（美国震级，相当于中国 $M_S 7.0$），地震矩 $M_0 = 9.15 \times 10^{18}$ N·m。捷旺斯基（Dziewonski）和伍德豪斯（Woodhouse）（1983）应用长周期体波（45s 以上）和地幔波（135s 以上）的波形拟合联合反演地震的震源机制，最初用地幔波的震级下限是 $M6.5$（美国震级），地震矩 $M_0 = 5 \times 10^{18}$ N·m，在他们其后的工作中也将地幔波用于更小震级的地震。我们研究了吉尔伯特（Gilbert）和马修斯（Masters）利用地幔波在频域中估计地震震源机制的软件和相关原理，在 APOLLO 工作站版本的基础上开发出利用地幔波在频域中估计地震震源机制的微机版本，成功地估计了若干次较大地震的震源机制，并克服了吉尔伯特（Gilbert）和马修斯（Masters）的下述缺点：①要求用的资料时间太长，正常求解要求资料长度下限达 7 h；②在频域中求解的震级下限约 $M6.5$（美国震级），这个下限太高，许多地震的震源机制不能求解；③不能正常估计震源较浅地震的矩张量 $M_{r\theta}$、$M_{r\phi}$ 两元素．

在资料处理上，我们吸取了吉尔伯特（Gilbert）和马修斯（Masters）方法的两个优点：①地幔瑞利（Rayleigh）波 R1 和洛夫（Love）波 G1 两震相较强，在传播过程中受地球介质的不均匀性影响较小，携带的震源信息比例较大；②在时域中进行波形拟合反演时用的资料长度较短，尤其适用于快速估计约 $M_S 6.0 \sim 7.0$（中国震级）地震的震源机制；若震级太高，R1、G1 太强而不易使用时，可改用 R2、G2 等震相，并可综合利用 P 波初动符号。

美国哈佛大学的 CMT 算法对用其处理的地震全部限制地震矩张量的迹为零。而在下面的震例中，以走滑为主的地震，地震矩张量的迹较小；但以倾滑或逆冲为主的地震，地震矩张量的迹较大，在现行的震源机制理论下不像是计算错误。故在软件编制中有限制矩张量的迹为零和取消此种限制的功能。地震矩张量的各向同性分量（迹）可能是研究地震活动性或构造运动的非常重要的参数。我们采用的利用地幔波 R1、G1 及 P 波初动估计中强地震震源机制的流程如图 3-46 所示：

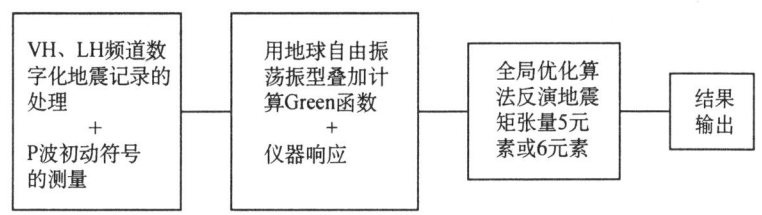

图 3-46 用 R1、G1 及 P 波初动作估计的流程图

其技术要点分两步：①估计浅源地震的 M_{r0}、$M_{r\phi}$ 两元素。②计算点源激发的地幔波理论地震图和反演地震矩张量。以下为由此算得的几个实例。

1) 1996 年 11 月 9 日南黄海 $M_S 6.1$ 地震震源机制解

1996 年 11 月 9 日的南黄海 $M_S 6.1$ 地震距上海市约 210 km，上海、安徽、江苏、浙江、山东、福建等省（市）均有震感，引起上海市政府及中央的关注。比较好地估计此次地震的震源机制，对于估计黄海海底震源区的构造运动有一定意义。反演所用资料从 GDSN 台网（包括 CDSN 台网）的数字化波形中获得。

反演用的基本地震参数：
发震时刻：1996 年 11 月 9 日 13 时 56 分 08.7 秒（世界协调时）
震中坐标：31.69°N，123.27°E
震源深度：$H = 29$ km

下表和图 3-47 为张伟裕（Chags Waiyiug 音译）和布兰塔里（S. J. Brantley）（B. S. S. A, Vol. 79, No. 6, p. 1870）给出的该震的几个震源参数，我们把它列在这里以供比较。

应用方法	走向 (°)	倾向 (°)	倾角 (°)	深度 (km)	地震矩 (1×10^{25} dyn·cm)
P 波初动解	36	70	167	18	
	131	78	20		
矩张量解	106	67	24	6	1.3
	6	68	155		
质心矩张量解	202	85	178	24.3	1.2
	292	88	5		

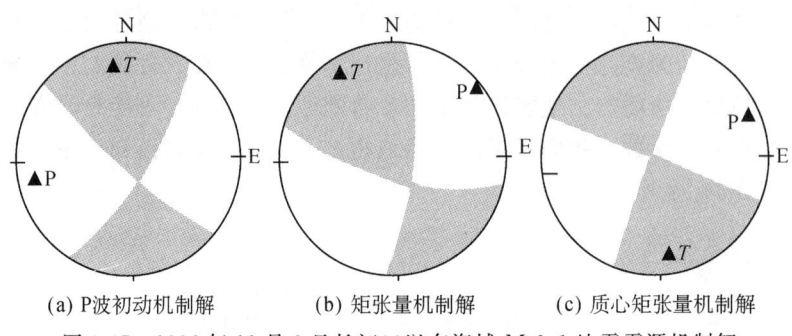

(a) P波初动机制解　　(b) 矩张量机制解　　(c) 质心矩张量机制解

图 3-47　1996 年 11 月 9 日长江口以东海域 $M_S 6.1$ 地震震源机制解

(1) 用地幔波波形拟合得到的数值结果

球坐标下地震矩张量各元素的数值（单位 10^{17} N·m，包括主值、地震矩及各向同性分量）：

M_{rr}	$M_{\theta\theta}$	$M_{\varphi\varphi}$	$M_{r\theta}$	$M_{r\varphi}$	$M_{\theta\varphi}$
0.489	3.86	−5.35	−0.843	−1.27	1.01

主轴解：

主轴	主值	偏量部分	方位角	倾俯角
P	−5.69	−5.36	265°	11°
T	4.24	4.57	172°	15°
N	0.452	0.785	29°	71°

最佳双力偶解，地震矩及各向同性分量：

节面	走向	倾角	滑动角	地震矩 M_0
节面 1	218°	87°	161°	5.36
节面 2	309°	71°	3°	

各向同性分量 $\Delta M = -0.334 < 0$（约是地震矩的 6.2%），震源时间函数用 3 个底边半宽为 $2S$ 的小三角形叠加表示，整个宽度是 $8S$，图 3-48 是用地幔波波形拟合得到的 1996 年 11 月 9 日长江口以东海域 $M_S 6.1$ 地震的震源机制解。

(2) 用地幔波波形拟合及 P 波初动相结合得到的数值结果

球坐标下地震矩张量各元素的数值（单位 10^{17} N·m，包括主值、地震矩及各向同性分量）：

M_{rr}	$M_{\theta\theta}$	$M_{\varphi\varphi}$	$M_{r\theta}$	$M_{r\varphi}$	$M_{\theta\varphi}$
2.14	4.07	−5.23	−0.932	−1.09	0.995

主轴解：

主轴	主值	偏量部分	方位角	倾俯角
P	−5.46	−5.79	265°	7°
T	4.63	4.30	172°	23°
N	1.81	1.49	11°	65°

最佳双力偶解，地震矩各向同性分量：

节面	走向	倾角	滑动角	地震矩 M_0
节面 1	216°	79°	158°	5.79
节面 2	310°	68°	12°	

各向同性分量 $\Delta M = 0.325 > 0$（约是地震矩的 5.6%），震源时间函数仍用 3 个底边宽为 $2S$ 的小三角形叠加表示，整个宽度是 $8S$。图 3-49 是用地幔波波形拟合及 P 波初动相结合得到的 1996 年 11 月 9 日长江口以东海域 $M_S 6.1$ 地震的震源机制解。

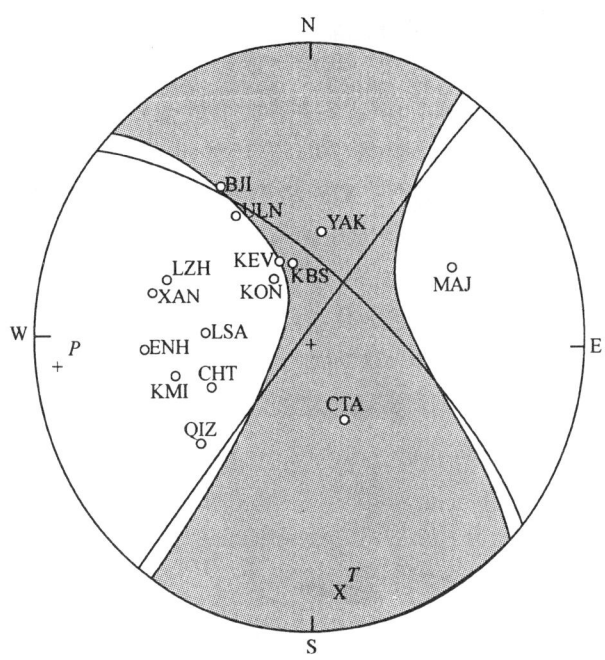

图 3-48 用地幔波波形拟合得到的 1996 年 11 月 9 日长江口以东海域 $M_S6.1$ 地震震源机制解的等面积下半球投影图及所用台站的方位分布（据徐永林、马淑田，1997~1999）

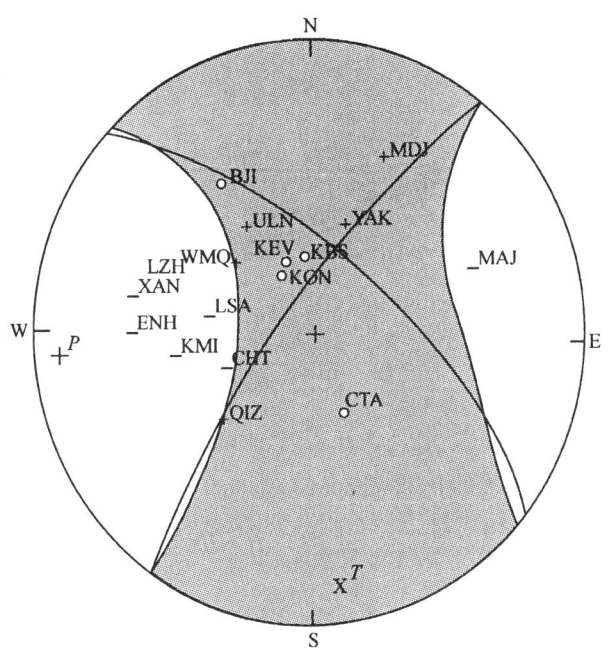

图 3-49 用地幔波波形拟合及 P 波初动相结合得到的 1996 年 11 月 9 日长江口以东海域 $M_S6.1$ 地震震源机制解的等面积下半球投影图及所用台站的方位分布（据徐永林、马淑田，1997~1999）

从上述两组结果看，它们之间没有实质性区别。如果 LH 频道的数字化资料较多，可先不用 P 波初动符号的约束，迅速得到有参考意义的结果，然后再加上 P 波初动符号的约束，重新计算以得到更好的结果,提交给有关部门和学术界。

另外,上述两组结果均据中国地震局提供的资料算得,其中第1组结果中各向同性分量是负的,约占地震矩的6.2%;第2组结果中各向同性分量是正的,约占地震矩的5.6%。当使用资料不变,改用上海市地震局测定的地震参数反演时,得到的各向同性分量均是正的,约占地震矩的1/4。可见各向同性分量对资料和有关基本地震参数的依赖性较大。当参数的数值较大,且用不同的资料能得到同一符号的数值结果(绝对值可以不同)时,这个参数对估计地震活动趋势可能有重要意义。

从上述两组结果看,1996年11月9日长江口以东海域 $M_S6.1$ 地震形成了以走滑为主的断裂(或在原已存在的老断层上发生了新的走滑),其主压应力轴和主张应力轴都比较平,主压应力轴在东偏北约5°的方向上(即震源区受到东偏北约5°方向的挤压作用)。图3-50和图3-51是有关的图件。

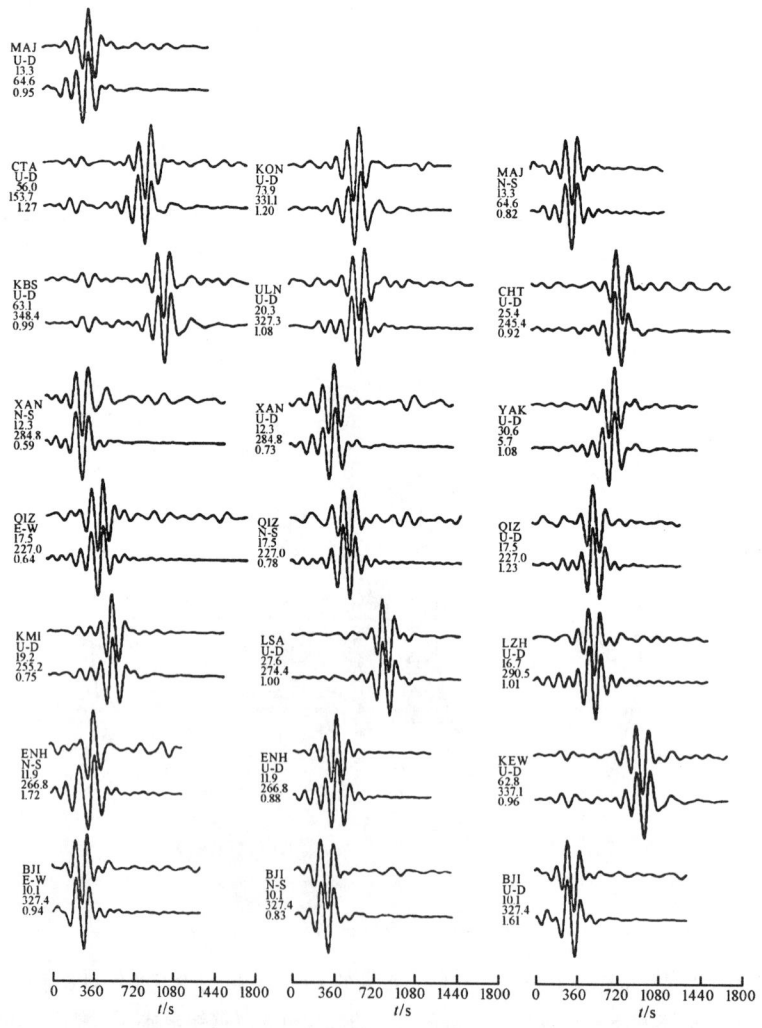

图3-50 用地幔波波形拟合得到的1996年11月9日长江口以东海域 $M_S6.1$ 地震的
理论图与记录图的比较(据徐永林、马淑田,1997~1999)

每对波形的上图是记录图,下图是理论图,左边的符号和数字从上向下依次是:台站名代码;垂直向UD
(或南北向NS,或东西向EW);震中矩 Δ (°);台站方位角 AZ (°)及记录图与理论图的最大振幅比

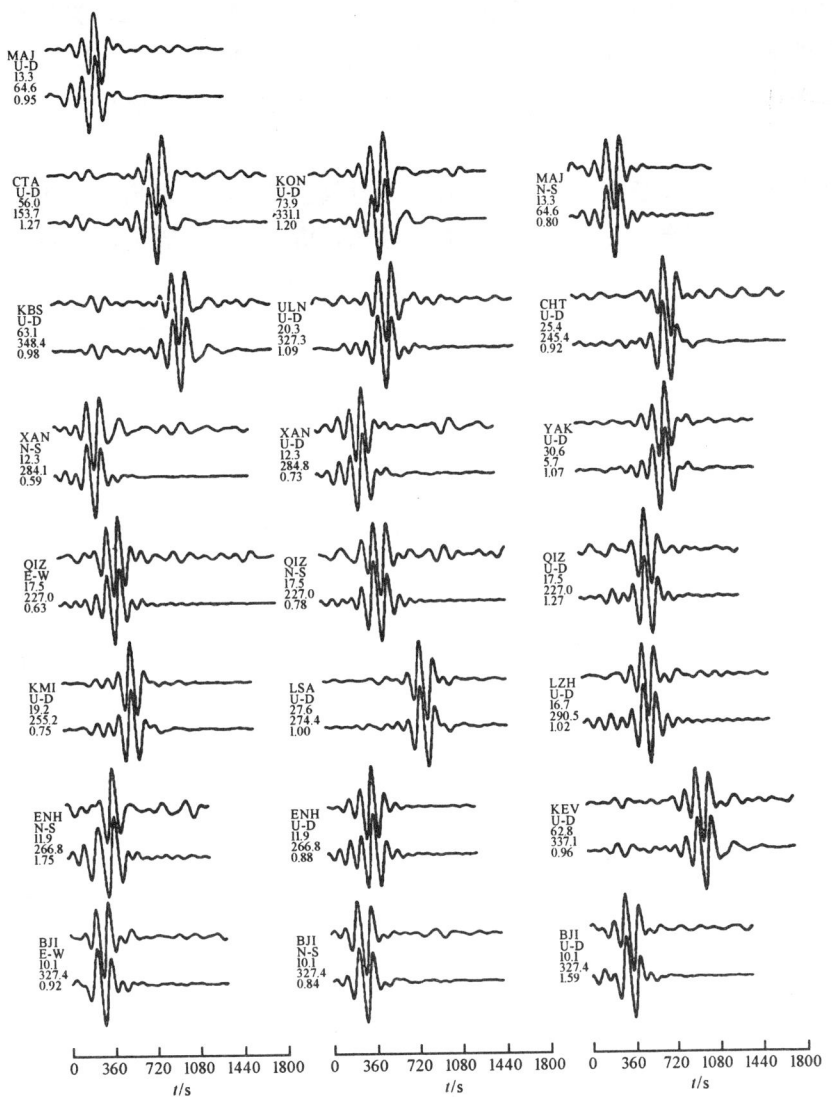

图 3-51 用地幔波波形拟合及 P 波初动相结合得到的 1996 年 11 月 9 日长江口以东海域 $M_S6.1$
地震的理论图与记录图的比较（据徐永林、马淑田，1997～1999）

每对波形的上图是记录图，下图是理论图，左边的符号和数字从上向下依次是：台站
名代码；垂直向 UD（或南北向 NS，或东西向 EW）；震中矩 Δ（°）；台站方位角
AZ（°）及记录图与理论图的最大振幅比

2）台湾东南海域 $M_S7.7$ 地震震源机制解

为和上海附近海域地震进行对比，以加深对方法和结果的理解，这里对 1998 年 5 月 3 日台湾东南海域 $M_S7.7$ 地震震源机制解的数值结果作一例举。

（1）反演结果

反演用的基本地震参数：

1998 年 5 月 3 日 23 点 30 分 20 秒（UTC），震中位置 22.49°N、125.30°E，震源深度 20 km。

所用资料从IRIS数据中心的数字化地震波形数据通过国际互联网用文件传输软件FTP获取。地幔波波形经滤波处理，周期范围135～500s，P波初动符号从宽频垂直向（BHZ）波形中借助图形显示软件获取，在波形反演中用了37条地幔波波形记录和11个P波初动符号。

矩张量各元素的灵敏值如下：主值、偏量部分及主轴的空间取向，最佳双力偶和地震矩，地震矩张量各元素的符号、节面的走向、倾角、滑动角及主轴的取向均遵从安艺敬一（Aki）、理查兹（Richards）(1980) 和捷旺斯基（Diewonski）等（1987）的约定。

M_{rr}	M_{QQ}	M_{QQ}	M_{rQ}	M_{rQ}	$M_{\theta Q}$（单位 10^{20} N·m）
0.13	2.50	−2.42	0.36	−0.24	0.10

主轴	主值（10^{20}N·m）	偏量部分（10^{20}N·m）	方位角	倾俯角
P	−2.45	−2.43	217°	6°
T	2.55	2.57	2°	8°
N	−0.151	−0.135	144°	80°

最佳双力偶和地震矩：

节面	走向	倾角	滑动角	地震矩（10^{20}N·m）
节面1	46°	80°	179°	2.566
节面2	136°	87°	10°	

各向同性分量 $\Delta M = -0.017 \times 10^{20}$ N·m < 0。震源时间函数采用3个小三角形脉冲叠加形式，每个小三角形脉冲底边半宽为10S。对于地幔波，$M_S 7.7$ 的地震用三角形脉冲作为震源时间函数是可以接受的近似。图3-52是根据上述结果绘制的震源机制解的等面积下半球投影及初动分布，图3-53是1998年5月3日台湾东南海域 $M_S 7.7$ 地震的记录图与合成图比较。

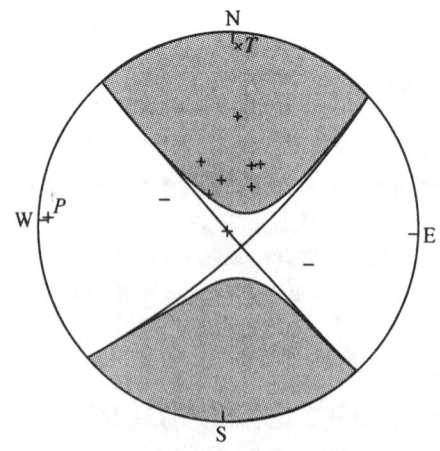

图3-52　1998年5月3日台湾东南海域 $M_S 7.7$ 地震震源机制解的等面积下半球投影及P波初动分布（据徐永林，马淑田，1997～1999）

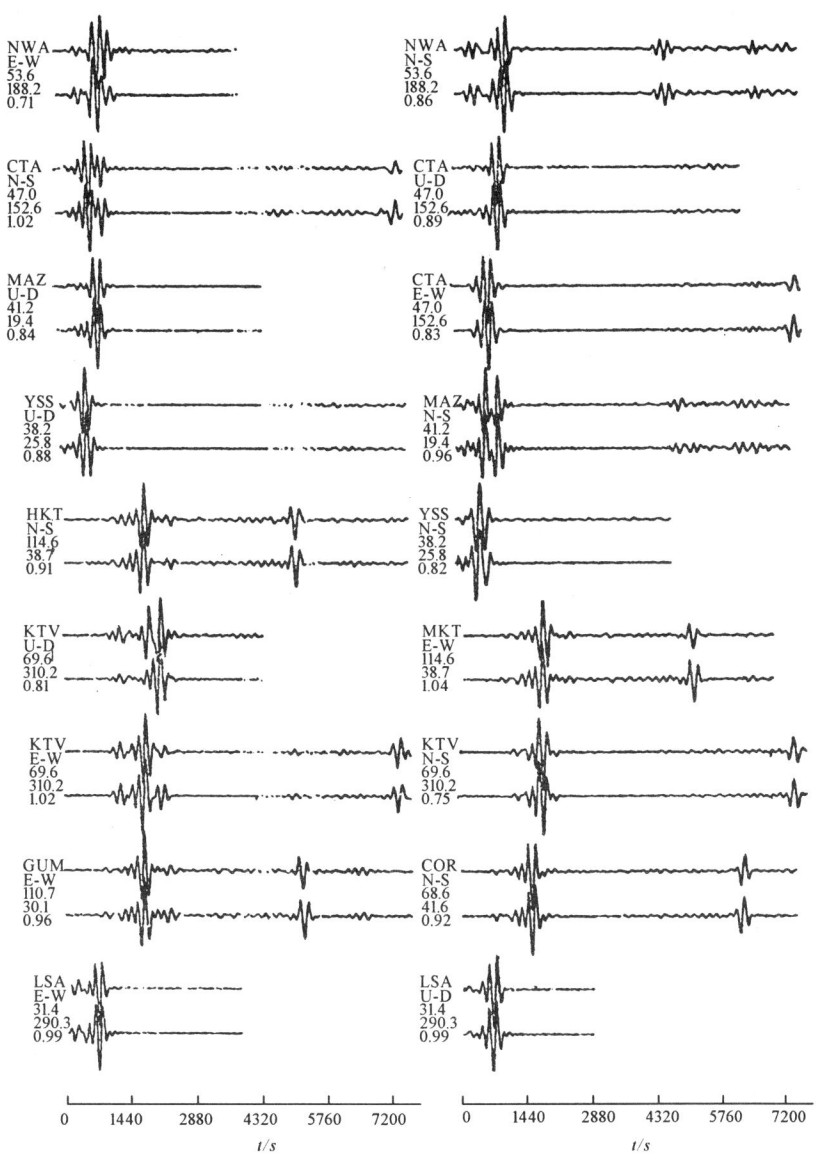

图 3-53 1998 年 5 月 3 日台湾东南海域 $M_S 7.7$ 地震的记录图与合成图比较
（据徐永林、马淑田，1997～1999）

(2) 1998 年 5 月 3 日台湾东南海域 $M_S 7.7$ 强震破裂面走向推测

众所周知，地震波的周期在地震破裂传播方向上会变短，而在相反方向上会变长，对某些较大地震，这种地震多谱勒效应从宽频带数字化记录中能够比较清楚地观测到。图 3-54 是将宽频垂直向 P 波列速度型数字化记录在频域中积分得到的位移波形图。从图中看到，CTA 台（CTAO，台站方位角 $A_Z=152.6°$）和 NWA（NWAO，$A_Z=188.2°$）台上的位移波形图周期变短；而 KIV（$A_Z=310.2°$），OBN（$A_Z=322.7°$），ARU（$A_Z=323.40°$）等台上的位移波形周期变长。从上述记录中初至以后 20s 内的波形图看到，地震多谱勒效应相当明显。据此推测，地震破裂面走向为 NW—SE 方向，即震源机制解的节面 2（$Q_S=130.6°$）

与实际的地震破裂面相近。图3-55是主震和部分余震震中分布图（所用的美国地震目录通过国际互联网获取）。从整体上看，主震及余震分布在NW—SE方向上。

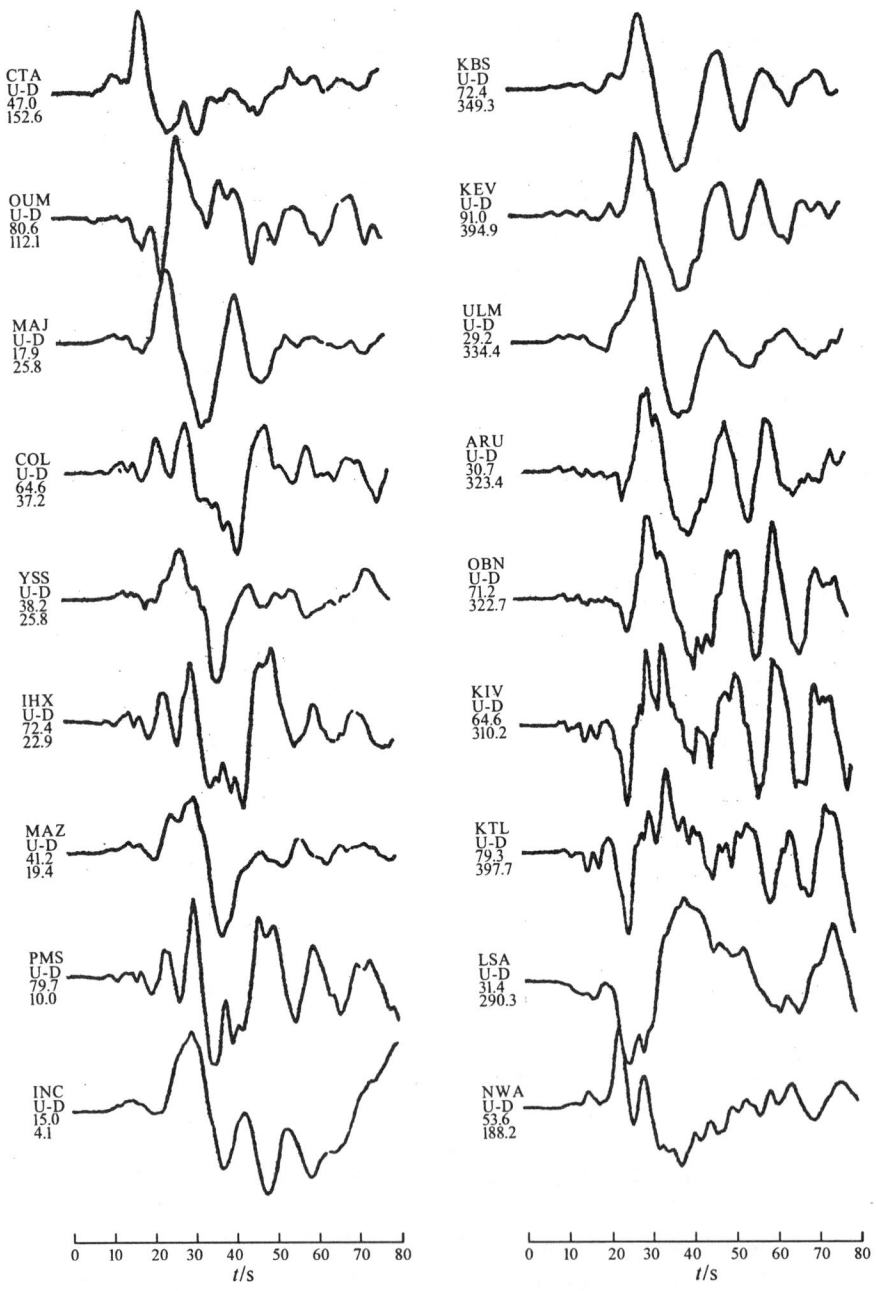

图3-54 宽频垂直向P波数字化记录在频域中积分得到的位移波形图
（据徐永林、马淑田，1997~1999）

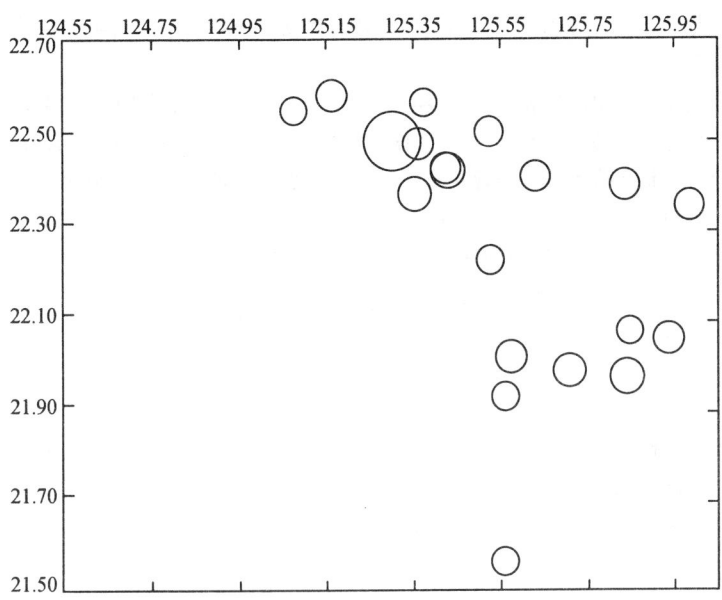

图 3-55　1998 年 5 月 3 日台湾东南海域 M_S7.7 地震的主震和部分余震震中分布图

根据 1998 年 5 月 3 日台湾东南海域 M_S7.7 大震的震源机制解和地震多谱勒效应得到的该震实际破裂面为 NW—SE 方向，与余震分布吻合。虽然余震震级小，定位误差较大，但整体上的分布能提供地震破裂的方向性信息。该震主压应力轴 P 的方向近东西，主张应力轴 T 的方向近南北，两者的倾俯角都不大，说明此次大震主要在水平构造应力场的作用下发生，或者说是在太平洋板块的强大推挤作用下发生。

以上主要是利用佘山台的 CDSN 及其他来源的资料取得的小范围内的初步结果。这些初步结果表明所用方法在海域地震资料损失的情况下仍相当有效，当然随着观测手段的不断进步及研究方法的不断更新会取得更好的结果。估计随着滨海地震研究的继续深入，将会不断出现新成果，本节所述内容在滨海地震研究中具有极强的生命力，值得深入研究。

参 考 文 献

[1] 上海市地震局编，上海地区地震危险性分析与基本烈度复核，北京：地震出版社，1992
[2] 上海市地震局、同济大学编，上海市地震动参数区划，北京：地震出版社，2004
[3] 林命遇、刘昌森、何淑韵、何建树，南黄海地区的地震活动特征与趋势，华南地震，1996，16（4）
[4] 梅洪明，南黄海 6 级以上地震的空间趋势研究，见：上海市地震局，上海市的地震与应急——1996 年 11 月 9 日长江口以东海域地震研究文集，北京：地震出版社，1992：53
[5] 李善邦主编，中国地震目录，北京：科学出版社，1960
[6] 国家地震局编，中国地震简目，北京：地震出版社，1977
[7] 顾功叙主编，中国地震目录（公元前 1831～公元 1969 年），北京：科学出版社，1983
[8] 马杏垣主编，中国及邻近海域岩石圈动力学图，1∶400 万（附说明书），北京：地质出版社，1986
[9] 江苏省地震局编，江苏省地震志，北京：地震出版社，1987
[10] 李起彤，1505 年 10 月 9 日长江口 6¼ 级地震震中考证，中国地震，1990，4
[11] 东京天文台编纂，理科年表，丸善株式会社，1981

[12] 李起彤、王琤琤，1996年南黄海6.1级地震构造背景初步分析——兼论与1505年黄海6¾级地震的可能关系，国际地震动态，1997，3

[13] 谢毓寿、蔡美彪主编，中国地震历史资料汇编，第二卷，北京：科学出版社，1985

[14] 董瑞树、向宏发等，1505年10月9日6¾级地震震中的再考证，中国地震，1997，2

[15] 李起彤、叶洪等，杭州湾南岸地壳现代沉降的又一证据——浙江绍兴发现大片埋藏古树林，地震地质，1990，12（2）

[16] 李起彤、苏顺昌等，华北地震区南部边界研究，华北地震科学，1988，1

[17] 浙江省地矿局区调队，浙江省区域地震志，北京：地质出版社，1989

[18] 李起彤、毛正毅等，江山—绍兴断裂带在杭州湾延伸的探讨，地质科学，1987，2

[19] 李起彤、南金生等，华东地区中强地震构造背景和地质标志研究，华南地震，1990，1

[20] 藤五晓、加藤孝明、小出治编著，日本灾害对策体制，北京：中国建筑工业出版社，2003

[21] 渡部晖彦、伊势崎修弘、上田诚也、南云昭三郎、友田好文著，陆书玉译，常子文校，海洋地球物理，北京：科学出版社，1980

[22] 卢振恒编，日本破坏性地震概观，北京：地震出版社，1991

[23] 卢振恒等编译，八十年代日本地震预报研究进展，北京：海洋出版社，1990

[24] 章纯、林命週、蒋淳，日本海沟大震与华东地区地震的相关性，华南地震，2000，20（3）：57~63

[25] 虞雪君、冯德益、蒋淳，中国东部地区中强以上地震与日本海域地区强震的相关性研究，中国地震，1994，10（1）：38~45

[26] 冯德益、林命週等，模糊地震学，北京：地震出版社，1992

[27] 《中国地震简目》汇编组，中国地震简目，1988

[28] 吴佳翼、曹学峰，地震活动性的定量化问题，地震，1983，6

[29] 林命週、许跃敏，华东沿海地区中强震发生前部分测震学异常的中期指标，地震科技情报，1996，11

[30] 张愈，江苏及其南黄海6级地震与日本地震的相关性，地震学刊，2001，21（4）：33~38

[31] 何淑韵、吴佳翼，世界分区强震与中国地震的相关性研究，地震学报，1995，17（2）

[32] 朱兆才，大华北浅源地震与日本海西部及我国东北深震的关系，华北地震研究，1992，8（1）

[33] 门可佩，1999年台湾7.6级大震与江苏—南黄海地区中强震预测，地球物理学进展，2002，17（1）：121~126

[34] 章纯，东部地区地震活动分布与构造应力场关系的数值模拟研究，国际地震动态，2006增刊

[35] 程德利、张裕中，尾波观测与Q值分布，地震学报，1985，7（4）：398~407

[36] 陈运泰、林邦慧、李兴才、王妙月、夏大德等，巧家、石棉的小震震源参数的测定及其地震危险性的估计，地球物理学报，1976，19（3）

[37] Brune, J. N, Tectonic stress and the spectra of Seismic Shear Waves from Earthqukes, J. G. R., 1970, 75（26）：4997~5009

[38] M. Wyss and J. N. Brune, Seismic Moment, Stress, and Source Dimensin for Eartbquakes in the California, Nevada region. J. G. R, 1968, 73（14）：4681~4694

[39] B. M. Douglas and A. Ryall, Spectral Characteristic and Stress Drop for Micro—earthquakes near Fairview Peak, Nevada, J. G. R., 1972, 77（2）

[40] R. B. Smith, P. L. Winker, J. G. Anderson, and C. A. Schol, Source Mechanisms of Microearthquakes Associated with Underground Miner in Eastern Utab Bull. Seism. Soc. Am. 1974, 64（4）

第四章 海域地震的若干工程问题

第一节 上海附近海域的烈度区划

海洋地震研究的一项重要内容为海域烈度区划。早在1987年，我国学者郭增建教授等就意识到，我国拥有辽宽的海域，随着国民经济的发展，海事活动会愈来愈频繁，我国海域资源的开发和利用将日趋重要。因此编制中国海域及其相邻海域的地震烈度区划图（它是海域地震对策的组成部分）就十分必要。当时由于我国海域地震资料和地质构造资料较少，精度较差，故以往未进行过海域地震烈度区划，郭增建教授等曾综合研究了海域地震资料、地质资料、地形资料和物探资料，提出了编图原则，初步编制了我国第一张《中国海域及其相邻海域的地震烈度区划图》，作为我国海域地震对策的参考。如图4-1所示，这张图是对今后50年内的烈度预测，它的精度当然比陆地上的地震烈度区划差。据我们所知，此图应是世界上最早的海域地震烈度区划图。这部分工作已有文献[1]、[2]作了详细介绍。当时确定的编图原则是震源模式、地质构造和史料统计相结合，其表达形式是确定性的，不是概率性的。具体的八条细则如下：

①海洋型地壳因缺乏花岗岩层或花岗岩层极薄，海水长期浸透，难以发生强震，但有发生Ⅵ～Ⅶ度地震的可能。

②根据海底地形的特征进行地震分区。

③以地震纬向活动带显示分区特征。

④历史上的大震活动带，近一二十年内如活动水平比以前低者，今后50年内可能要强烈活动。

⑤渤海是很浅的海，地质构造与华北类似，强震较多，烈度背景值可划为Ⅷ度。

⑥在北黄海地区，其西部海域地震活动水平高，其东部地震活动水平低。根据该区的地质构造以NE向为主，地震沿此方向迁移，故烈度分区大致以此迁移线为界，以西为Ⅶ～Ⅷ度区，以东为Ⅵ～Ⅶ度区。

⑦根据立交模式的研究，20世纪6级以上地震的震中迁移线与发震构造是垂直立交或近似垂直立交的地区，今后50年内可能发生强震。一般考虑在立交部位烈度比背景值提高1度。但Ⅸ度以上高烈度区仍维持原来的背景值（即不提高）。

⑧根据大地震的减震原则，历史上发生大震的地区今后50年内不仅本身不会发生强震，而且其周围的减震范围内也不会发生强震。故这些地区的海域烈度按背景烈度值考虑。

这八条细则在原作者1992年出版的文献[2]中作了进一步阐述和修正，有兴趣的读者可进一步查阅。

在这张海域地震烈度区划图（以下简称海域区划图）中，由于当时资料的欠缺，只是以两度划分地震烈度区域，例如Ⅵ～Ⅶ度，Ⅶ～Ⅷ度，Ⅸ度和Ⅸ度以上等。这个跨两度的地

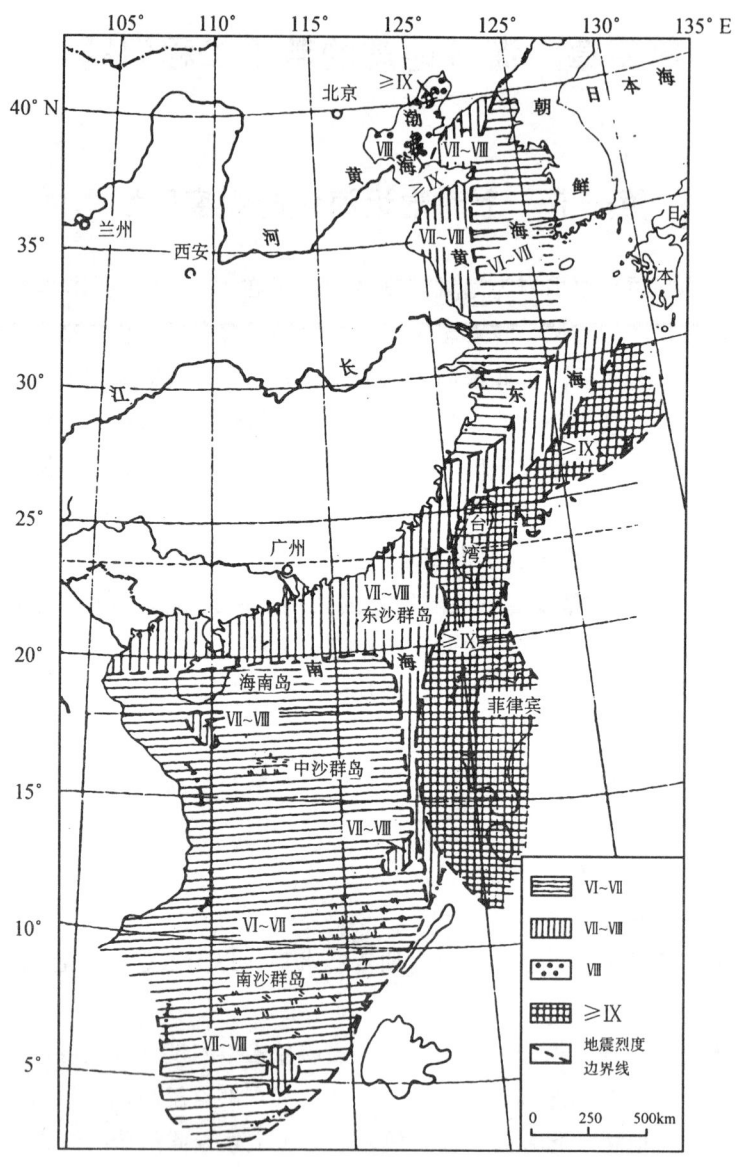

图 4-1 中国海域和邻近地区今后 50 年内地震烈度区划图[1]

震烈度其含意是在今后 50 年内（从 1987 年算起）在所划的区域内可能发生下限烈度的地震（也有可能是发生上限烈度的地震）。这个烈度是按将来浅源地震的震级折合的。例如 4.75～5 级为Ⅵ度，5～5.75 为Ⅶ度，6～6.75 为Ⅷ度，7～7.75 为Ⅸ到Ⅹ度等。上述 1987 年编制的海域区划图在 1991 年作过检验[3]，1993 年又被吕德徽检验过。总的说来，1987～1997 年在中国海域发生了 5 次 6 级以上地震，其中有 4 次地震发生在该图划定的相应的烈度区内。1990 年 1 月 25 日黄岩岛东 6.6 级地震和 1994 年 9 月 16 日台湾海峡 7.3 级地震发生在该图划定的Ⅸ度和Ⅸ度以上地区，1994 年 12 月 31 日北部湾 6.1 级地震和 1995 年 1 月 10 日同一地区的 6.2 级地震发生在该图划定的Ⅶ～Ⅷ度区内。仅有 1996 年 11 月 9 日南黄海 6.1 级地震震中所在地区烈度偏低，在该图中为Ⅵ～Ⅶ度区。分段而言，发现在 1987～1991 四年中在海域发生的地震基本上与原图相符，1992 年 1 月 12 日在北黄海发生了一次 5.3 级地震，这次地震的相应烈度与该区的海域烈度值相符。1994～1996 年间，中国海域曾发生了 4 次 6 级以上地震和 1 次 7 级以上地震。它们的相应烈度和海域烈度有 3 次符合，2 次接近符合，情况如图 4-2 所示，可见其应验度还是可以的。但应当指出，由于当时资料有限，该图存在一些缺欠和不足，海域区划图尚需更长时间的检验。

1995～1997 年，在中国地震局防灾司的资助下，郭增建教授等又进一步研究了中国海域地震烈度区划问题[4]。在研究中对图 4-1 进行了补充和修定。研究中发现：

①沿 35°N 线发生的大震较多。在中国大陆地区，构造带或地震带与 35°线交会地区多有大震发生。如 NNE 走向的郯庐断裂带与 35°线交会地区发生了 1668 年郯城 8.5 级地震；NNE 走向的聊考断裂带与 35°线交会地区发生了 1937 年菏泽 7 级地震；NE 向的汾渭断裂带与 35°线交会地区发生了 1556 年华县 8 级地震；NNE 走向的南北地震带与 35°线交会地区发生了 1654 年天水 7.5 级地震和 1718 年通渭 7.5 级地震；NW 向的库玛断裂带与 35°线交会地区发生了 1937 年托索湖 7.6 级地震。在国外也有类似的例子。如日本 1891 年浓尾 8.4 级地震和 1923 年关东 8.3 级地震都位于 35°线附近。2 次地震的极震区长轴方向为 NW 向。1857 年 1 月 9 日美国西海岸的大地震也发生在 35°线附近，其发震构造为 NW 向，与 35°线斜交。另外，美国东部新马德里地区于 1811 年 12 月、1812 年 1 月和 2 月曾发生了 3 次 8 级大震，它们的发震构造为 NE 向，亦与 35°线斜交。可见，35°N 线对于地震预测和烈度区划来说具有重要意义。35°线向山东以东的海域延伸，直至朝鲜半岛的西部海域。另外，南黄海北部盆地的南界也靠近 35°线，走向与 35°线一致。近年来在黄海海域 35°线附近已有多次 5 级左右地震发生，形成南北向地震带。该地震带与 35°线交会地区今后可能会发生大震，但考虑到 1668 年郯城大震的减震作用，将山东附近海域烈度定为Ⅶ～Ⅷ度，相应的地震震级为 6～6.5 级。

②沿 30°～31°N 线 6 级以上地震成带分布。该带向东延伸可达舟山群岛。值得指出的是，在 20 世纪川西地区发生的 1955 年康定 7.5 级地震、1948 年理塘 7.5 级地震和 1989 年巴塘 6.7 级震群沿 30°线分布，在巴基斯坦境内沿 30°线也有强震成带分布。沿 30°N 线分布的地震带向南黄海延伸。在南黄海海域，如有构造与 30°线直交或斜交，则其交会地区可能是未来地震危险区。1996 年 11 月 9 日南黄海 6.1 级地震就发生在沿钱塘江至韩国的 NE 向断裂带与 30°线的交会地区。再考虑到 1505 年 6.75 级地震的震中位置不能排除在舟山群岛以北的可能性，所以将上海以东海域内沿 30°～31°线附近地区的烈度定为Ⅶ～Ⅷ度并向东延伸一部分。考虑到钱塘江至韩国的 NE 向断裂带的分布，将长江口和钱塘江以东海域的烈度也定为Ⅶ～Ⅷ度。

③华南地区 6 级以上地震沿 18.5°～23.5°N 带分布。如 1982 年 10 月云南富宁 5.9 级地震和 1992 年东沙 5.9 地震（2 次地震震级接近 6 级），1994 年和 1995 年北部湾 6.1 和 6.0 级地震以及 1994 年 9 月 16 日台湾海峡 7.3 级地震都位于该带内。由于 23.5°N 线的重要性，又考虑到 1994 年台湾海峡 7.3 级地震的位置，将原烈度区划图中台湾岛西南方的高烈度区向西再延伸一些。

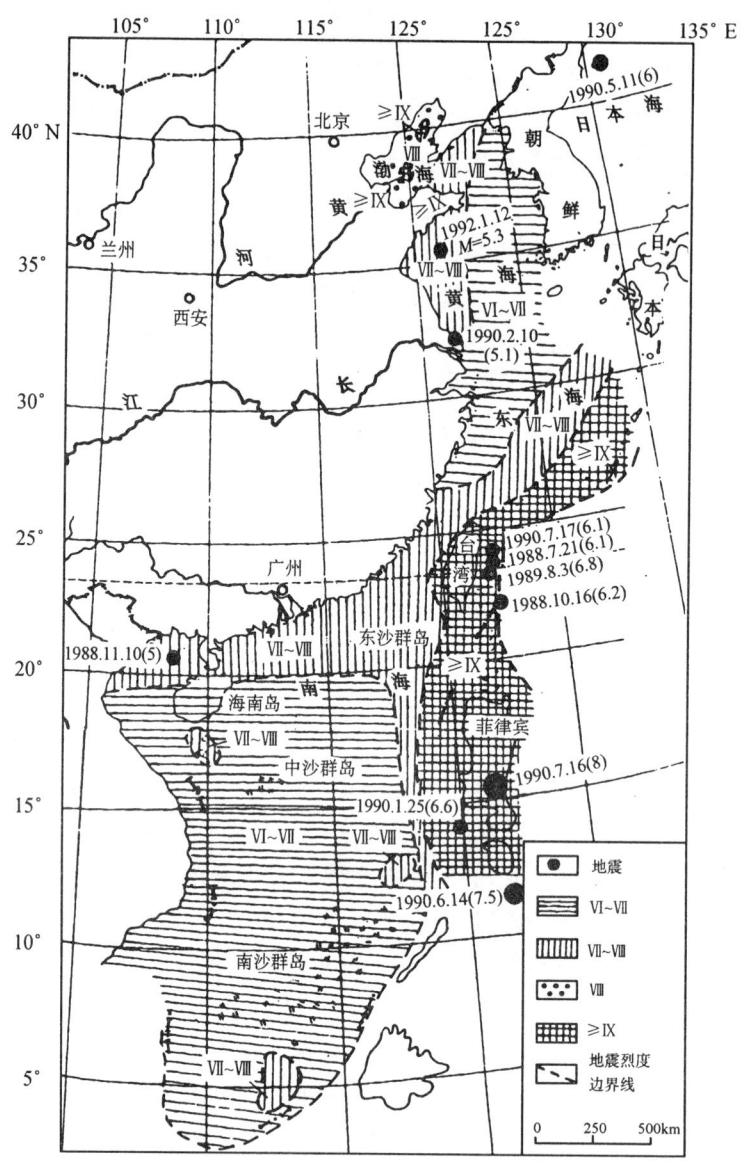

图 4-2 中国海域及其相邻海域地震烈度区划及检验图[2]

需要指出的是，在这次海域地震烈度区划的研究中，我们并未过多地考虑海域内的地质构造盆地。因为像山东半岛以南海域内的一些构造盆地，虽然其长轴走向为近 EW 向，但地震带却是近 SN 向的。经修改后的海域区划图使用期为今后 40 年，这是因为 1987 年所编的烈度区划图使用期限为 50 年，至 1997 年已过去了 10 年。另外，沿 35°线大震的发生有 60 年周期，据郭增建教授的研究，60 年的黄金分割点也可能发震，从 1996～1997 年起算，60 年的 0.382 分割点为 23 年，0.618 分割点为 37 年，这样取 40 年期限可以包括上述两个时段。修改后的《中国海域及其相邻海域地震烈度区划图》如图 4-3 所示。对于海陆地震烈度区划图的接图问题，应重视以下几点：①要考虑海陆两方的地震活动背景；②要考虑剪切滑移线；③要考虑减震作用。这方面的内容不再展开，有兴趣的同仁可查阅文献 [2]。

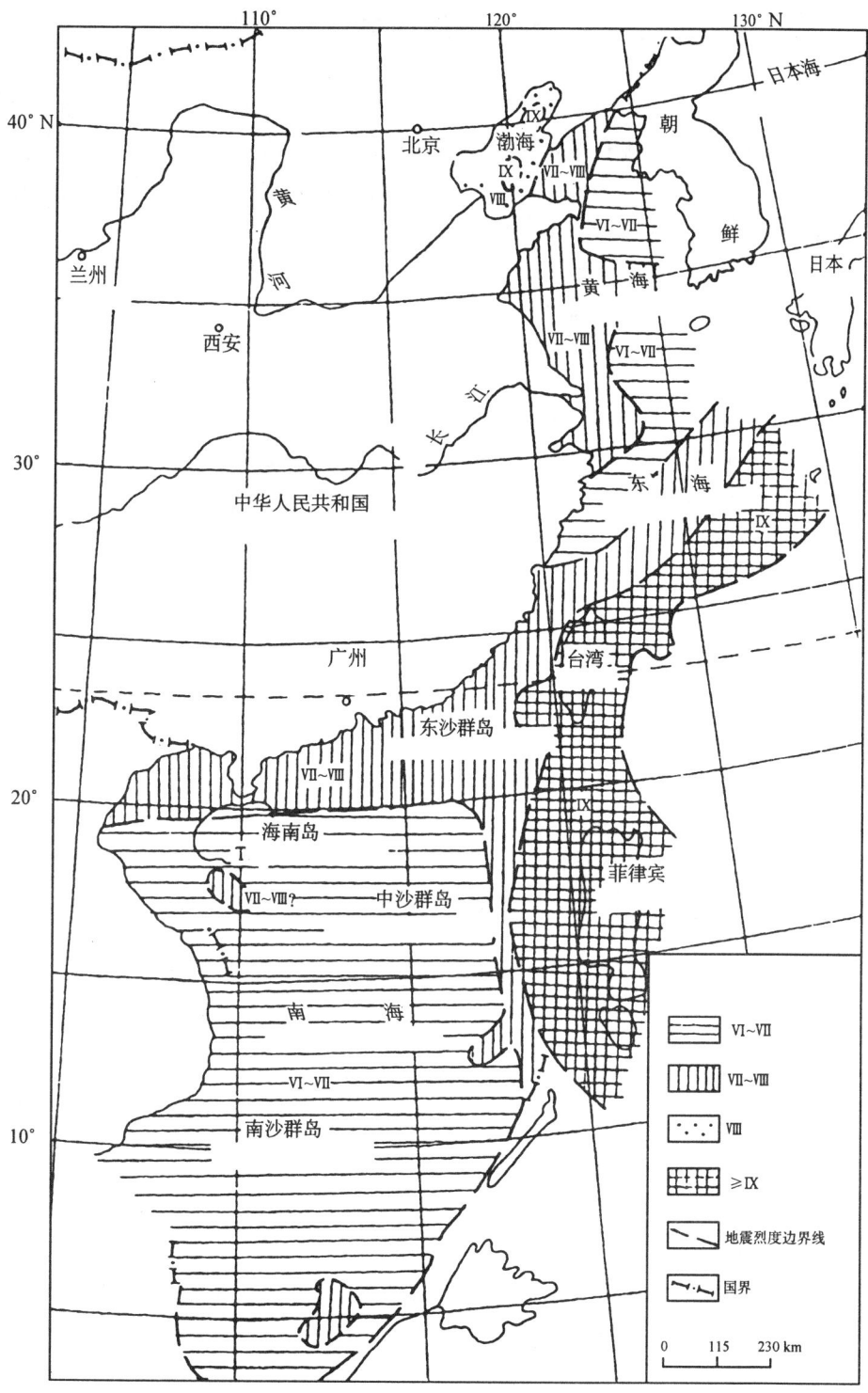

图 4-3 中国海域及其相邻海域地震烈度区划图（1997年修定）

第二节　近海中强地震的仿真合成

上海及沿海城市都会受滨海海域发生的中强地震的影响，未来在这些海域发生的中强地震，对沿海地区的城市和农村有多大影响，是地震工作者必须回答的问题，它不仅关系到震灾的快速评估、政府有关部门有效组织抗震救灾等方面的工作，还关系到建筑物的抗震设计。由于华东沿海发生中强地震的几率较小，所以用人工合成中强地震得到各类仿真地震事件对各类建筑物的抗震研究、灾害评估等方面的研究显得尤为重要。

合成某一场地的地震动（中强地震时程），主要有两类方法：地震学方法和工程学方法。前者经过地震学家几十年的努力，时程低频部分的合成与真实地震吻合得相当成功，但高频部分不尽人意。后者又可分为以下几种方法，一种方法是根据某一特定场地的地面运动参数，利用随机振动理论生成一组加速度时程，该方法简单方便，便于工程应用，但缺少地震震源破裂、震源尺度及地震传播途径所携带信息在时程上的反映；另一种方法是考虑了震源破裂过程及介质影响的合成方法，统称半经验格林函数法，该方法的欠缺是要求小地震、中强地震满足相似性法则等苛刻条件，因为只有满足这些条件，才能把小地震时程当作格林函数来处理。廖振鹏、金星等曾提出：把震源假设成点源，用建立等效相速度或等效群速度模型来合成地面地震动，该方法的优点是考虑了地震动时程的频率非平稳性，比以前前进了一大步，但该方法在某些方面考虑得不够全面，如相速度与地震震级的关系、相速度与震中距之间的关系等均没有考虑。另外，因为把震源等效成了点源模型，在考虑近场地震地震动的合成时需慎重对待。

下面介绍两种合成中强地震的方法：①半经验格林函数小震合成法；②相位谱目标反应谱合成法。这里我们试图提出一种合成地震动的新方法，其基本依据是：一条时程的相位谱对时程形态（指综合形态，如幅值的非平稳形态、频率的非平稳形态）的控制作用比幅值谱大得多，因此用它结合目标反应谱合成中强地震是颇为显见的事实。

1. 用半经验格林函数法合成中强地震的地震动

用小地震叠加合成中强地震动，起先由 Hertzell[5]、Irikura[6] 等人提出。该方法注意到在与中强地震同一地点发生的小地震的地震动记录中含有与中强地震传播路径相同的特性，因而把小震记录作为经验格林函数来处理。这种方法的优点在于小地震与中强地震传播是同一途径，因此去除了传播途径上那些介质参数的种种假设，如果小地震的震源机制与中强地震类似，该方法可以用小震相当成功地模拟合成中强地震。其不足之处是要求较苛刻，它要求小震的破裂为中强地震的一个子事件，它的几何性质等要求与中强地震的子事件规模相当。

能否较好地合成或预测某区域的中强地震，关键在于预测中强地震的震源机制。这可从两方面分析：首先，中强地震的震源机制与地壳区域构造应力场密切相关，而小地震有时只反映了局部应力场。众所周知，大地构造应力场与板块相互作用有关。我国东部、东南部构造应力场主要受印度洋板块、菲律宾海板块以及太平洋板块相互作用的影响，板块的相互作用方向描绘了区域构造应力场的骨架；另一方面，可以用统计多个震源机制解来详细、确切地了解区域构造应力场，如统计多个地震断层的趋向性及倾角、位错等破裂特性，得到区域地震特性的主流部分，用按该主流特性筛选出来的小震作为合成或预测中强地震的子事件有相当可靠性，可以反映区域构造应力场的主要特征，从而克服用某一随机小震作为中强地震格林函数合成或预测未来中强地震时的盲目性和不可靠性。

以下是用上海地区的资料，人工合成台湾地震和南黄海地震的实例（有关方法和计算公式可在文献［7］中查到）。

（1）地震数据的采集及处理

上海地区可使用中国数字地震台网 CDSN 佘山地震台的观测资料。CDSN 台网具有高质量的数字地震记录：频带宽、动态大且精度高。

用中长周期数字地震仪所记录的地震作为资料，其采样率为 20 次/s，该仪器的频带为 0.05～4Hz，系统函数为：

$$T(S) = A_0 D_S \frac{(S-Z_{01})(S-Z_{02})\cdots(S-Z_m)}{(S-P_{01})(S-P_{02})\cdots(S-P_n)}$$

式中，A_0 为常数；D_S 为灵敏度；$P_{01}, P_{02}, \cdots, P_n$ 为极点、$Z_{01}, Z_{02}, \cdots, Z_m$ 为零点；$S = i\omega$，它们都在数据志中给出。

数字化地震数据分别换算成地动位移、地动速度和地动加速度，它们分别为：

$$\begin{cases} x = A/T(S) \\ \dfrac{dx}{dt} = A/T_v(S) \\ \dfrac{d^2x}{dt^2} = A/T_a(S) \end{cases}$$

式中，$T_v(S) = T(S)/S$；$T_a(S) = T(S)/S^2$；A 为记录的数据。

（2）人工合成台湾地震实例及震源参数的反演

1990 年 12 月 13 日，台湾（23.77°N，21.68°E）发生了一次 $M_S 7$ 地震，在其前后发生了若干次前震和余震，用一次发震时间为 1990 年 12 月 13 日 8 点 37 分 $M_S 4.8$ 的前震（23.88°N，121.64°E）和一次发震时间为 1990 年 12 月 25 日 14 点 21 分 $M_S 6.5$ 的余震（23.79°N，121.66°E）合成 $M_S 7$ 主震。

把这两次较小地震的记录作为主震经验格林函数，假设它们与主震之间存在相似性法则，地震矩由下列经验统计公式估计：

$$\begin{cases} \lg M_0 = M_S + 19.2 & M_S \leqslant 6.4 \\ \lg M_0 = 1.5 M_S + 16 & M_S < M_S \leqslant 7.8 \\ \lg M_0 = 1.5 M_w + 16.05 & M_w \geqslant 7.8 \end{cases}$$

由于台湾地区震源机制复杂多变,这里震源机制参数所给初始值主要来自多种资料经综合分析后得出的平均结果。

经反演得 $M_S7.0$ 主震的震源参数如下:

断层走向 N90°E,倾角 85°,长度 $L=20$ km,宽度 $W=10$ km,上升时间 $t=4$ s,地震矩 $M_0=9.16\times10^{19}$ N·m,破裂速度 $V=2.5$ km/s,S 波速度 $V_S=3.5$ km/s,P 波速度 $V_P=6$ km/s。

还发现破裂开始点在断层长度 $L/3$ 左右处,所合成的波形与原始记录波形吻合较好,用多个小震合成该强震的结果大多如此。

图 4-4~图 4-6 分别是 $M_S4.8$ 和 $M_S6.5$ 合成 $M_S7.0$ 主震的三分向位移图形,每个图上部是主震的原始记录图,中部是合成图,下部是作为格林函数的小震记录图。

从图中可以看出,人工合成的地震与原始记录的主震形态、幅值大小都很相近,说明用该方法合成大地震反演地震震源机制是可行的。

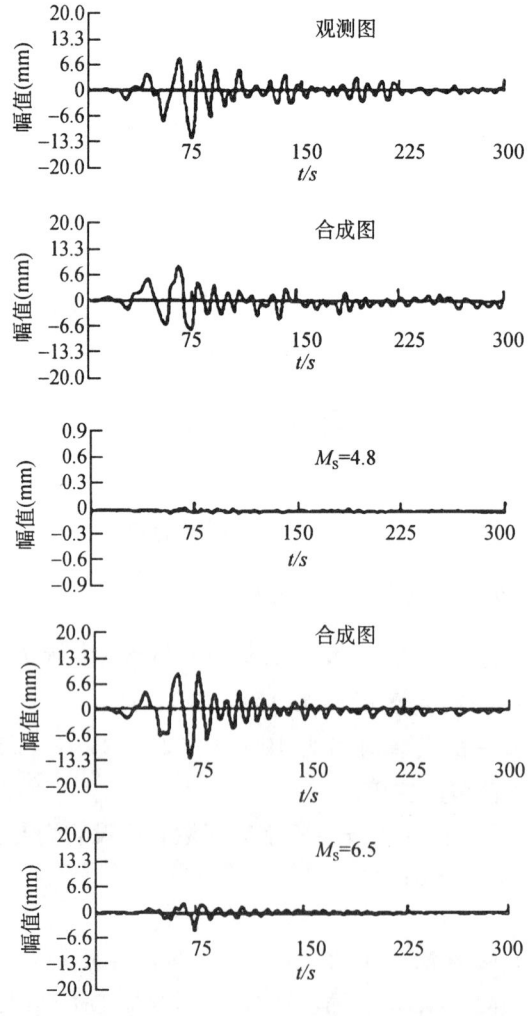

图 4-4 用 $M_S4.8$ 和 $M_S6.5$ 地震记录作为经验格林函数人工合成 $M_S7.0$ 地震的 E-W 位移合成情况

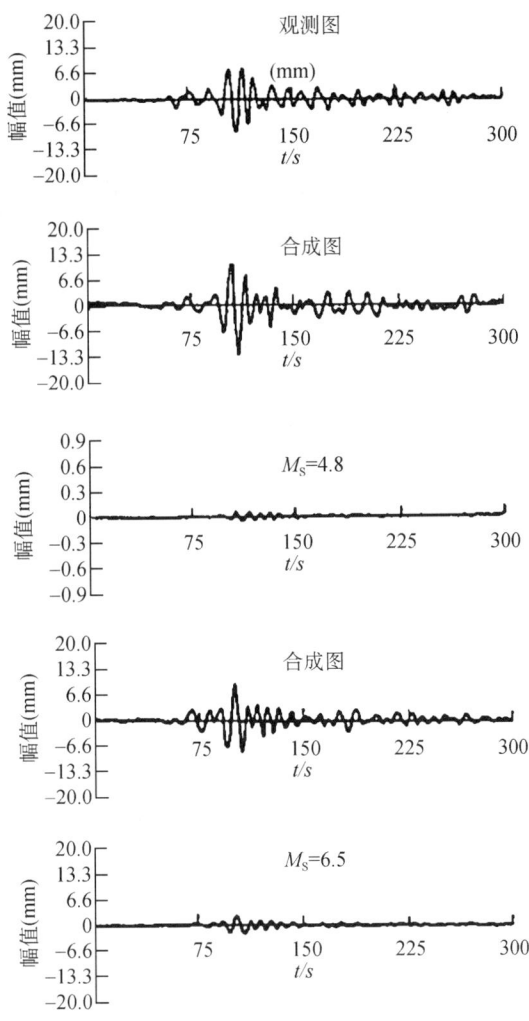

图 4-5 用 $M_S 4.8$ 和 $M_S 6.5$ 地震记录作为经验格林
函数人工合成 $M_S 7.0$ 地震的 N-S 位移合成情况

(3) 人工合成南黄海地震实例

1984年5月21日南黄海（32.69°N，121.51°E）发生了一次 $M_S 6.2$ 地震。尽管该次地震为双震，两个事件相隔71秒，国内台网测定前震震级 $M_S = 5\frac{1}{4}$，主震震级 $M_S = 6.2$。因这两个事件的震级相差约一级，因而振幅相比差约一个数量级。因此这里主要合成 $M_S 6.2$ 的主震。由于该主震及其余震发生时，上海周边不仅没有 CDSN 台网记录，更无其他数字化记录资料（中国1986年后才有 CDSN 台网记录的资料），因此这里选取1993年第184天该区域的一次 $M_L 3.9$ 地震和1994年第315天该区域的一次 $M_L 4.0$ 地震来合成南黄海1984年5月21日 $M_S 6.2$ 地震。

设主震震源参数如下：

断层走向 N15°W，倾角52°，长度 $L = 10$ km，宽6 km，上升时间 $t = 3$s，破裂速度 $V =$

2.5 km/s，S 波速度 V_S=3.5 km/s，P 波速度 V_P=6km/s。

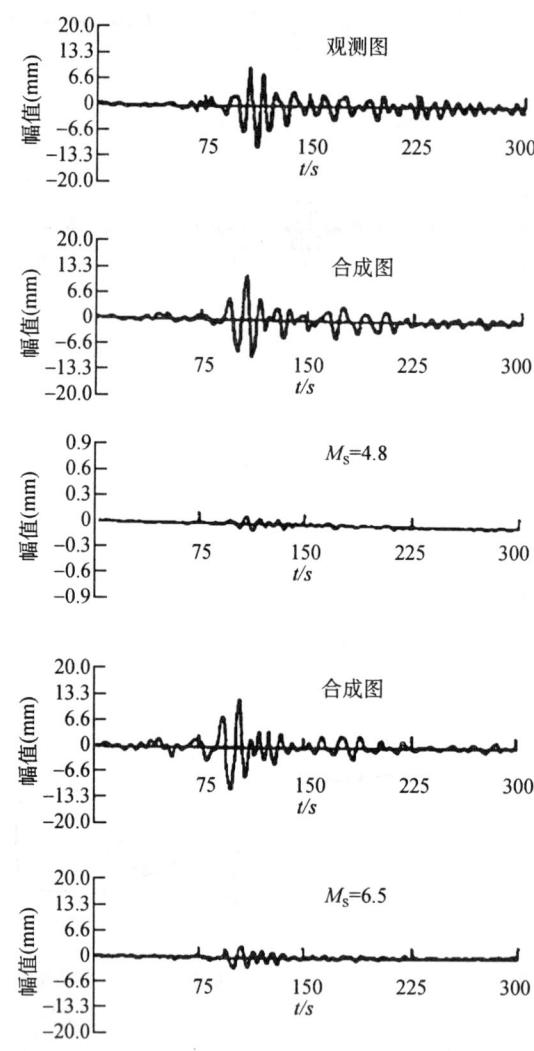

图 4-6　用 M_S4.8 和 M_S6.5 地震记录作为经验格林
函数人工合成 M_S7.0 地震的 U-D 位移合成情况

图 4-7 是该主震原始波形的滚筒模拟记录，图 4-8 是用上面所说的 1993 年的一次 M_L3.9 地震合成的结果，图中上图为小震的位移，下图为主震的位移。图 4-9 是用上面所说的 1994 年的一次 M_L4.0 地震合成的结果，图中上图为小震的位移，下图为主震的位移。由于这两次地震都不是该主震的余震或前震，故合成的效果没有上面台湾地震那么理想，但主体还是较为相似的。

总的来说，用半经验格林函数法小震合成大震是可行的，它对估计和评估未来中强地震对沿海大中城市以及农村的影响很有帮助。

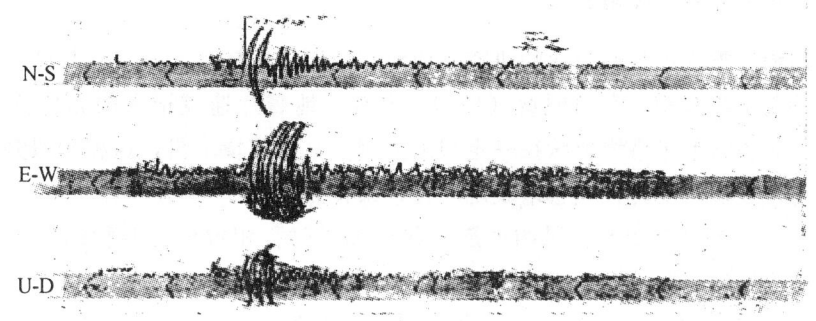

图 4-7　1984 年 5 月 21 日 $M_S6.2$ 地震滚筒模拟记录图

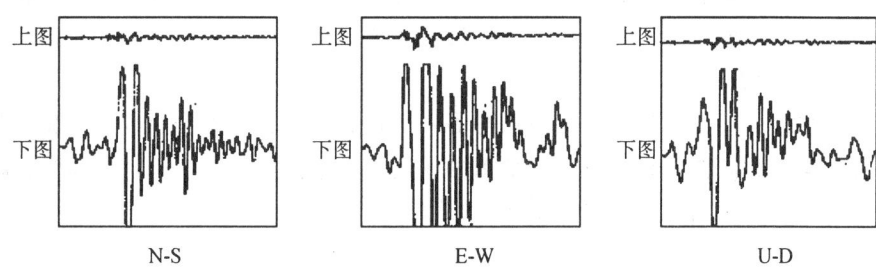

图 4-8　用 1993 年的一次 $M_L3.9$ 地震合成的结果

上图为小震的位移，下图为主震的位移

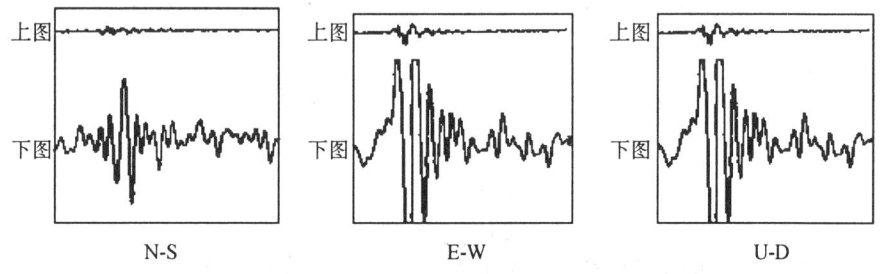

图 4-9　用 1994 年的一次 $M_L4.0$ 地震合成的结果

上图为小震的位移，下图为主震的位移

2. 用相位谱和目标反应谱方法合成中强地震的地震动

众所周知，某一区域的地震对某一场地，其震动形态在某些条件相差不大的情况下基本相像，而相位谱能较好地控制时程的形态，因此，可以认为若要预测某场地的地震动，只需提炼出某一区域至该场地真实地震动相关的相位谱，再用该相位谱与目标反应谱结合，就能合成出这一场地我们所期望的地震动。这样做有以下几个优点：①考虑了幅值的非平稳性；②考虑了频率的非平稳性；③满足了该区域的目标反应谱；④使合成的地震动时程形态与该区域的真实地震形态较为吻合。

(1) 相位谱对时程的控制作用

以前人们均注重于地震幅值谱的研究，而对相位谱研究较少，一直将其简单地假定为在 $[0, 2\pi]$ 内均匀随机分布。大崎顺彦（1979）发现，地震加速度记录的相位差的频数分布曲线与加速度时程强度包络线形状在一定程度上相似。从逻辑上讲，这种相似势必在地震加速度相位谱与地震加速度时程强包络线之间存在某种关系。

我们近来用 CDSN 佘山台记录的地震资料研究了时程相位谱和时程的关系，发现时程的相位谱对时程的形态有较大的控制作用。如下面两例所示。

1987 年第 179 天和 1991 年第 47 天佘山地震台中美合作 CDSN 网观测点分别记录到了一次南黄海 $M_L 3.6$ 和一次青浦朱家角 $M_L 3.6$ 地震，它们到佘山台的震中距分别为 170 km 和 13 km。图 4-10 是南黄海地震的时程图（速度型），图 4-11 是青浦朱家角地震的时程图（速度型）。两地震在同一标尺下（归一化）形态差异非常大；从幅值谱和相位谱比较，差异也非常大，见图 4-12～图 4-15。

现做如下试验：用一个地震的幅值谱与另一个地震的相位谱结合生成两个新事件，观察它们的形态如何。即若南黄海地震的幅值谱为 $A_1(\omega)$，相位谱为 $\Phi_1(\omega)$，青浦朱家角地震的幅值谱为 $A_2(\omega)$，相位谱为 $\Phi_2(\omega)$，则两条新时程为：

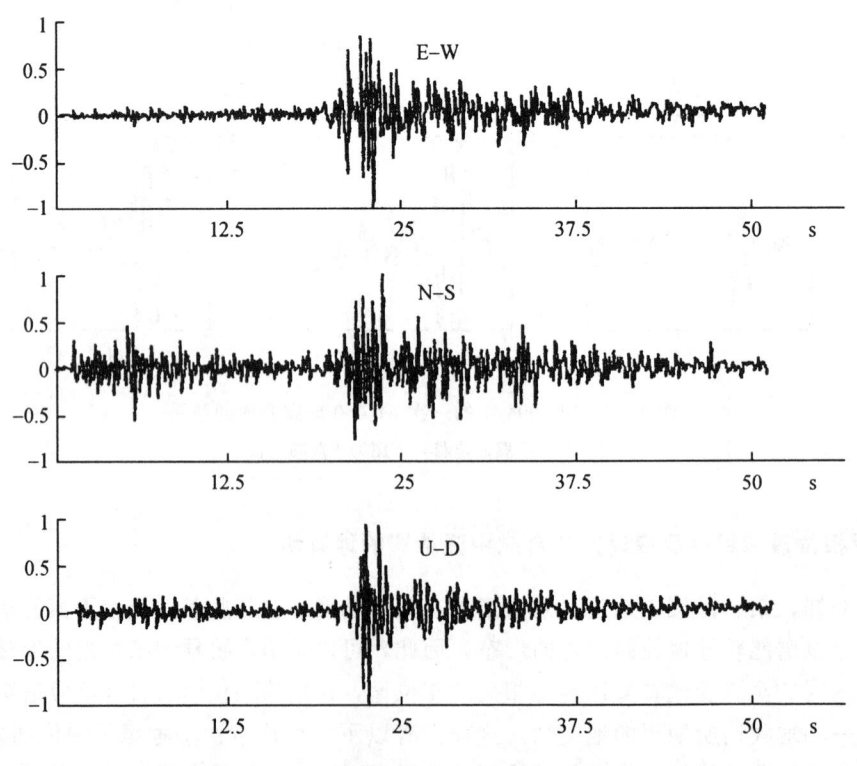

图 4-10　南黄海地震时程图（速度型）

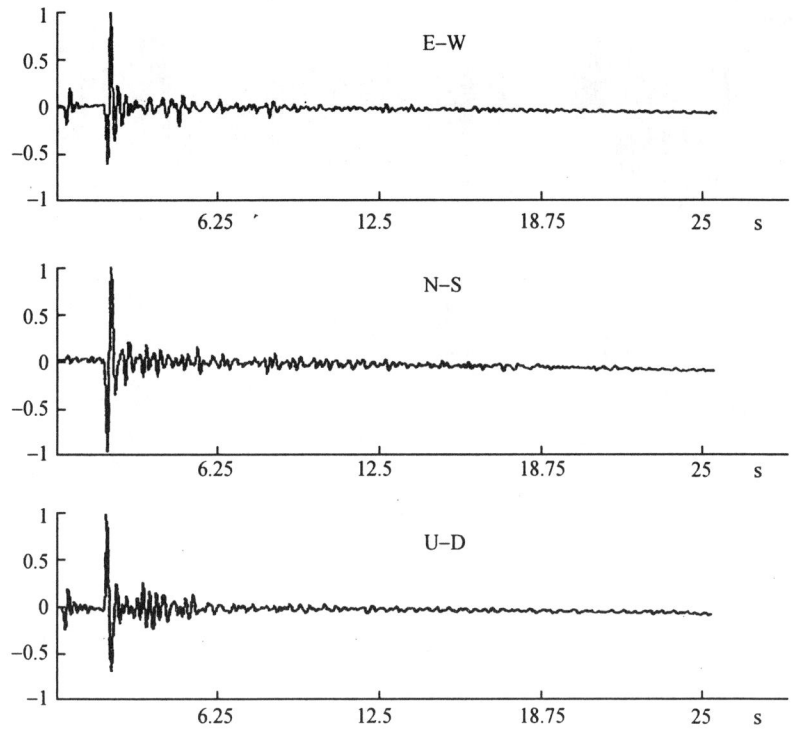

图 4-11 青浦朱家角地震时程图（速度型）

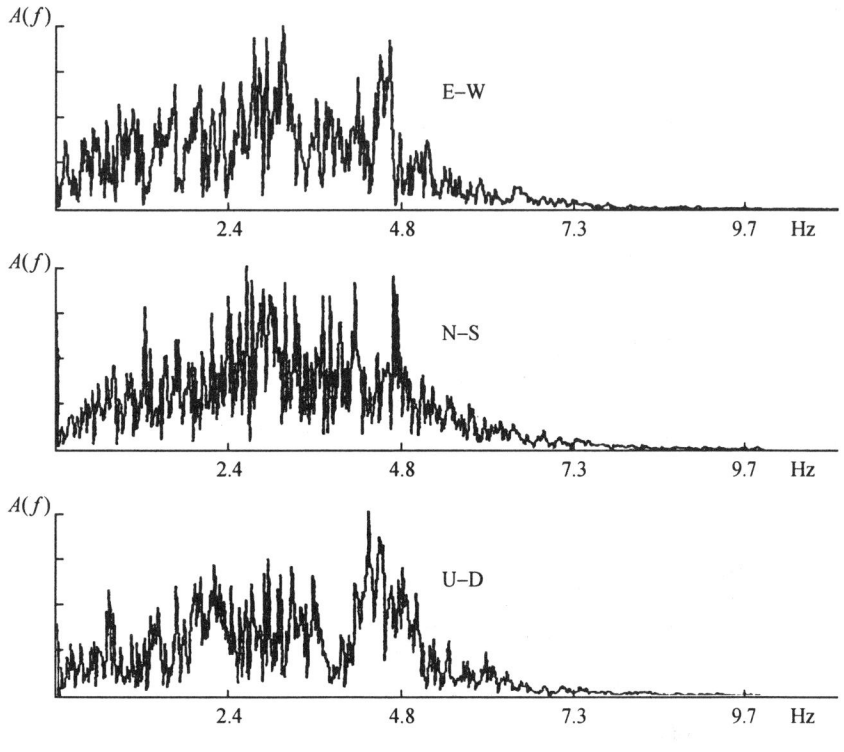

图 4-12 图 4-10 时程对应的频谱图（归一化）

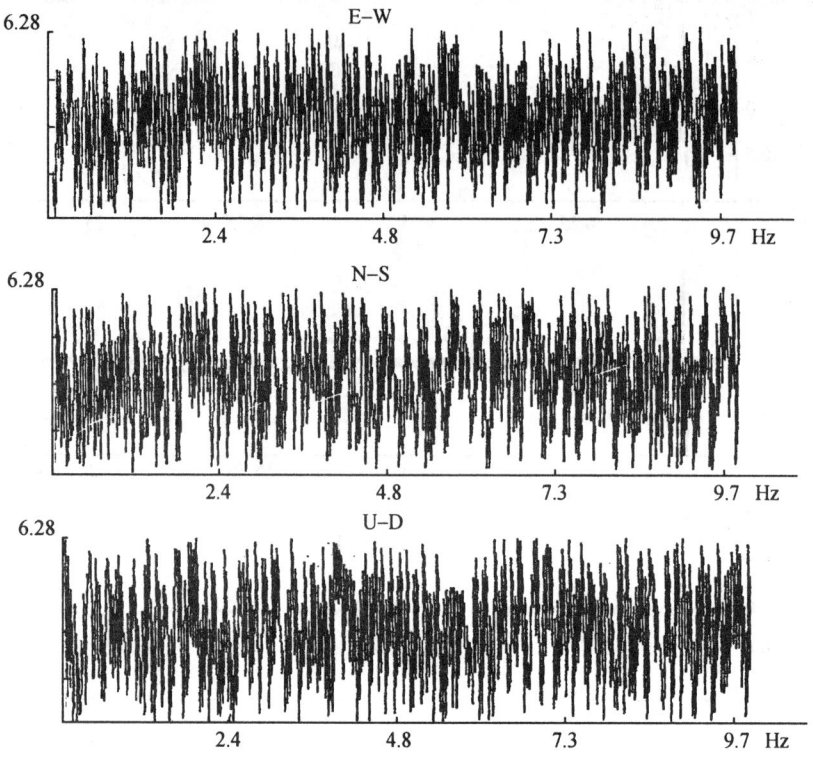

图 4-13 图 4-10 时程对应的相位主值图

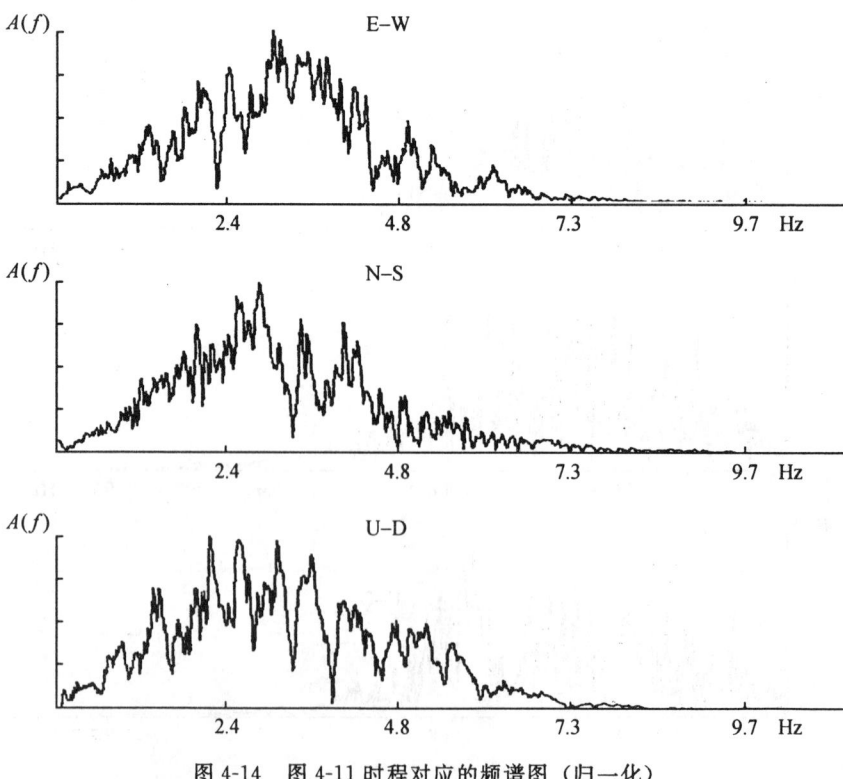

图 4-14 图 4-11 时程对应的频谱图（归一化）

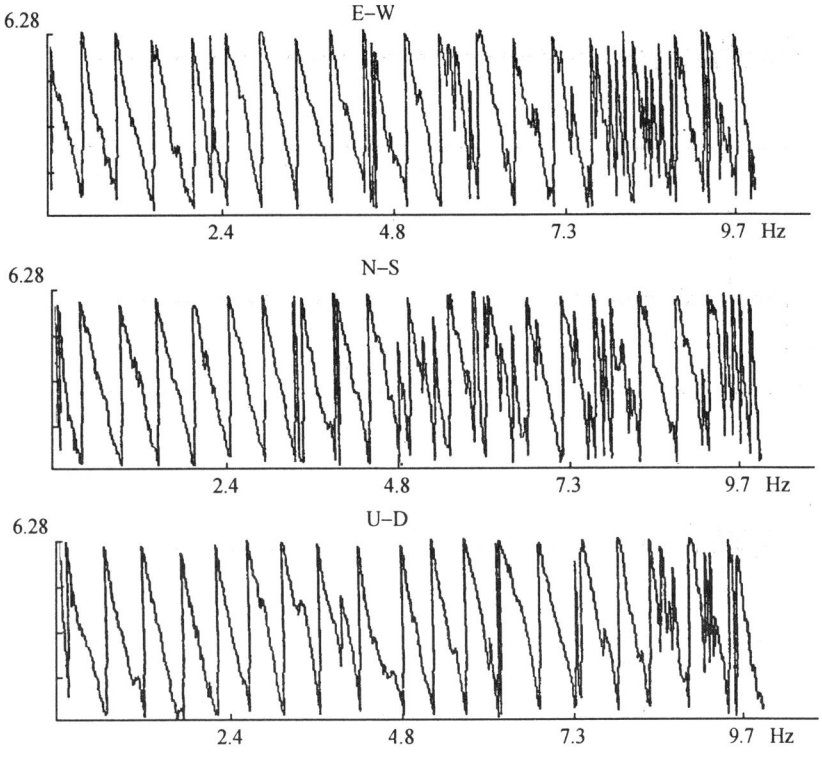

图 4-15　图 4-11 时程对应的相位主值图

$$A_1(\omega)+\Phi_2(\omega) \rightarrow f_1(t)$$
$$A_2(\omega)+\Phi_1(omega) \rightarrow f_2(t)$$

图 4-16、图 4-17 分别为 $f_1(t)$ 和 $f_2(t)$ 的时程图。从图中可以看出 $f_1(t)$ 与青浦朱家角真实地震特别相像，$f_2(t)$ 则与南黄海真实地震特别相像。

下面用一般地震的幅值谱与上述两地震的相位谱结合，如用著名的 Brune 模型幅值谱与之结合，以观察形成的新时程形态。

Brune 地震模型的幅值谱为：$A(\omega)\alpha \dfrac{k\omega}{\omega^2+(2\pi f_0)^2}$

此处设 f_0 为 2，k 为常数。生成另两条新时程：

$$A(\omega)+\Phi_2(\omega) \rightarrow f_3(t)$$
$$A(\omega)+\Phi_1(\omega) \rightarrow f_4(t)$$

图 4-18、图 4-19 分别为 $f_3(t)$ 和 $f_4(t)$ 的时程图。从图中可以看出相位谱牢牢地控制着时程的形态。

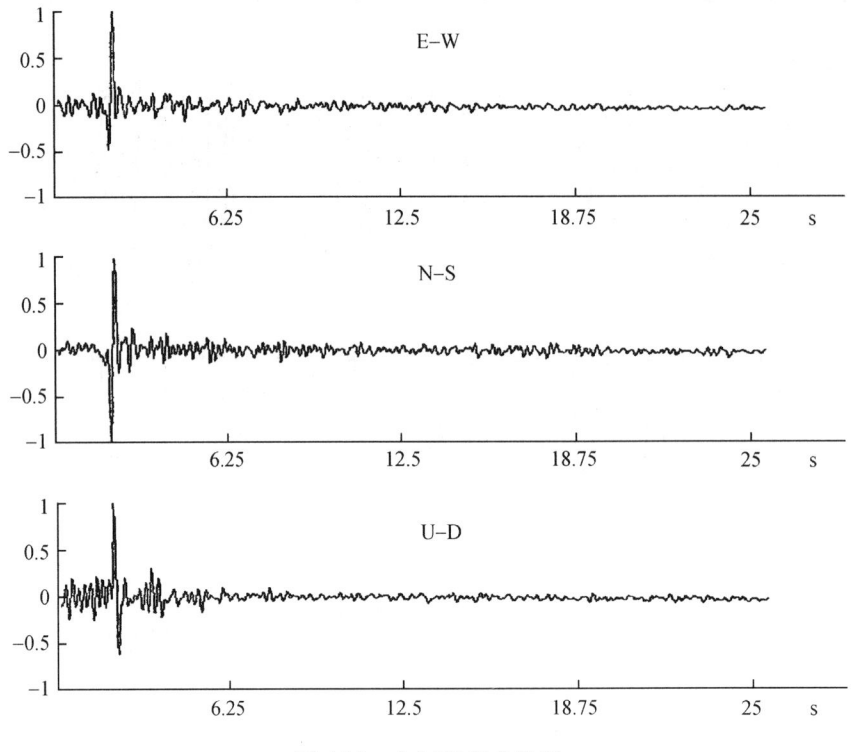

图 4-16　$f_1(t)$时程曲线图

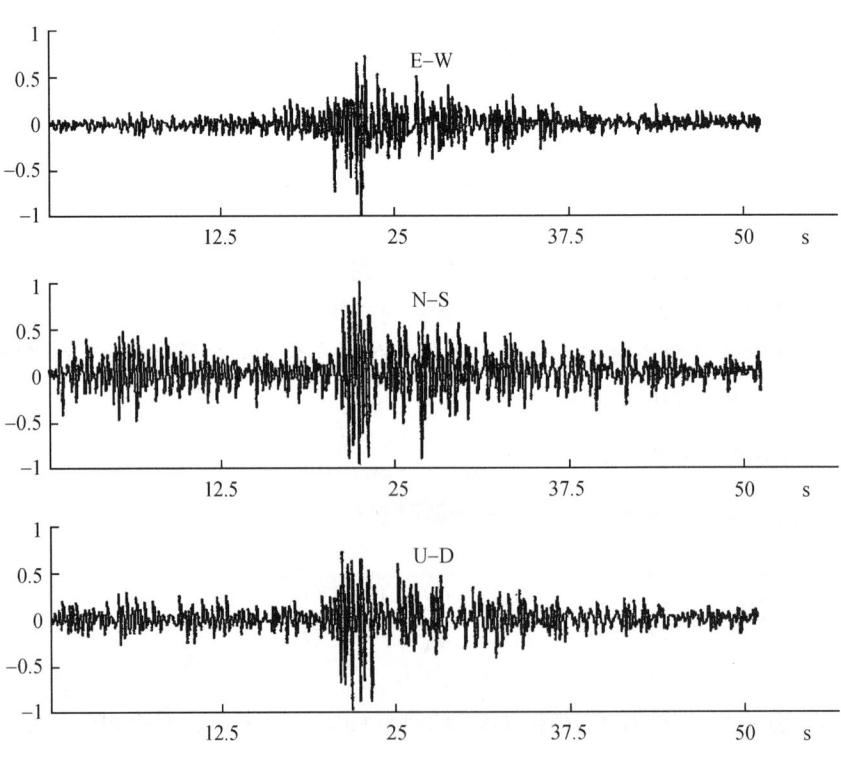

图 4-17　$f_2(t)$时程曲线图

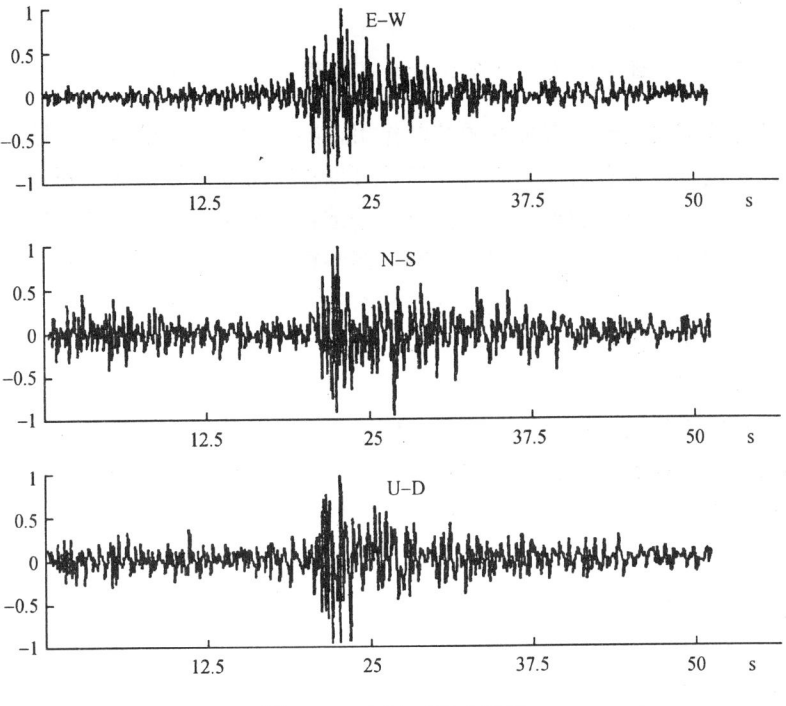

图 4-18 $f_3(t)$ 时程曲线图

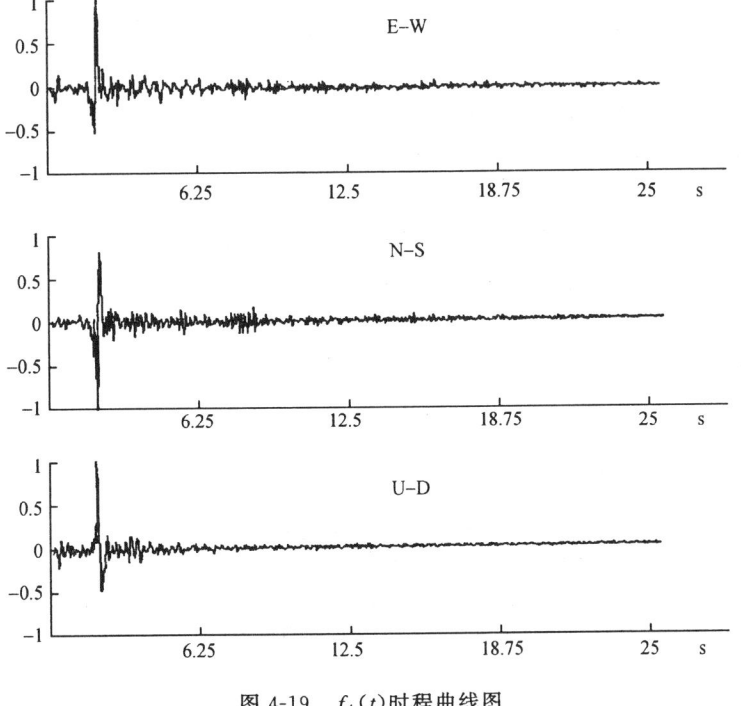

图 4-19 $f_4(t)$ 时程曲线图

经多个其他真实地震的试验，都发现有上述同样的特点。由此可见，相位谱对时程形态有很强的控制作用。

(2) 利用相位谱和区域目标反应谱合成加速度时程

既然相位谱对地震时程形态有很好的控制作用，则在大型工程的地震危险性分析中就无需对地震加速度时程合成形态强加包络线，而是可以在获得某区域对某一场地地震的相位谱后，用该相位谱与该场地相应的加速度目标反应谱结合合成中强地震加速度时程。具体做法是：在合成加速度时程时，让相位谱保持不变，调整幅值谱，一直至合成的加速度时程的反应谱与对应的目标反应谱基本吻合为止。正如前面所述，这样做的优点在于既考虑了幅值的非平稳性，又考虑了频率的非平稳性。

具体操作步骤如下：

①从地震动衰减规律获得场地的加速度反应谱规律。

地震动衰减规律目前大多是根据历史数据总结出来的经验关系。所采用的总结方法是回归分析，即先根据经验选定一种或几种经验关系的数学表达式。现在常见的一种表达式如：

$$\ln Y = C_1 + C_2 M + C_3 \ln(R+R_0) + C_4 M^2 + C_5 R + C_6 j_s + C_7 j_v + C_8 \ln P$$

式中，Y 可以表示地震动的任一物理量，如加速度、速度或位移最大值，或反应谱在一定周期和阻尼比下的值，等等；R 为震源距，R_0 为给定的常数；M 为地震震级；j_s 为场地变量，只取整数值，如 0，1，2 等，分别表示不同场地的类别；j_v 为竖向分量变量，$j_v=0$ 代表水平分量，$j_v=1$ 代表竖向分量；P 为地震动不超过 Y 值的概率；C_1、C_2、C_3、C_4、C_5、C_6、C_7、C_8 是待定系数。

显然，不同地区不同场地有不同回归关系，所涉及的因素很多。如对震源来说，不同地区的震源，其深度、破裂方式、各种震源参数可能都不一样；对介质而言，一般来说不同地区不同场地的地层介质各不相同。这些因素势必导致回归关系的差异。

例如，我国工程地震学家胡聿贤等在 1982 年利用美国西部和日本已有的强震记录统计得到基岩加速度反应谱与震源距、震级等关系为：

$$\lg S_a(T) = B_0 + B_1 \lg(R+30) + B_2 M$$

式中系数如表 4-1：

表 4-1 统计系数表

T	B_0	B_1	B_2
0.04～0.05	−0.1589	−2.2068	0.4980
0.10	−0.0769	−2.3262	0.5568
0.15	−0.1202	−2.2329	0.5477
0.20	−0.2956	−2.1144	0.5421

续表

T	B_0	B_1	B_2
0.24	−0.1724	−2.0701	0.5067
0.30	−0.5052	−1.9139	0.5041
0.40	−0.9060	−1.8678	0.5360
0.50	−1.7960	−1.4391	0.5355
0.60	−2.2812	−1.6281	0.6528
0.8	−2.9491	−1.7001	0.7641
1.0	−3.3992	−1.7260	0.8303
1.4	−3.9294	−1.5119	0.8224
2.0	−4.2943	−1.3167	0.7829
3.0	−4.5818	−1.1947	0.7702
5.0	−5.3647	−1.2980	0.8948
8.0	−4.3741	−0.8798	0.5631

我国强震记录资料较少，不过一般地震区都有宏观地震烈度资料，因此目前大多通过地震烈度得出地震动参数。具体步骤是先借鉴从外地的地震烈度与强地震动观测资料得到的烈度与地震动参数（如加速度、加速度反应谱等）的关系，将烈度换算为地震动，然后利用本地区的烈度衰减关系，得到本地的地震动衰减关系。即以烈度作为桥梁，求得场地的加速度反应谱、加速度值等。

②人造地震动时程的合成。

根据上述讨论，得到了某一场地的 $S_a(T)$，利用 $S_a(T)$ 和加速度时程相位谱，即可得到满足场地 $S_a(T)$ 和加速度时程相位谱的地震动过程 $S_a(T)$。实际操作时首先根据需要确定所需控制的反应谱 $S_a(T)$（$T=T_1,\cdots,T_M$）的点数 M 和反应谱控制容许的误差 ε，三角级数的项数 N 由频率增量 $\Delta\omega$ 的选择控制。其次选择一个初始地震动 $a_0(t)$，

$$\begin{cases} a_0(t) = \sum_{K=N_1}^{N_2} A(\omega_K) e^{i\phi(\omega_K)} \\ A(\omega_K) = [4S(\omega_K)\Delta\omega]^{\frac{1}{2}}, \omega_K = K\Delta\omega \\ S(\omega) = \frac{C_1}{\pi\omega_K} S_a^2(\omega_K)/\ln(\frac{C_2}{\omega_K}) \end{cases}$$

式中 ω_K 与 $A(\omega_K)$ 分别为第 K 个傅里叶分量的频率和振幅；$\Phi(\omega_K)$ 为相位谱第（3～4）K 个值；$N=N_2-N_1$，$N_1\Delta\omega$，$<2\pi/T_M$，$N_2\Delta\omega$，$<2\pi/T_1$，$S(\omega)$ 为功率谱；$S_a(\omega)$ 为加速度反应谱；C_1、C_2 为一设定常数，经叠代计算，使满足容许的误差，最后得到 $a(t)$。

上述做法与常规做法的区别在于时程的相位谱保持不变，以保证时程的形态不变。

③获取加速度时程相位谱的几种途径。

(a) 从已有的位移记录中获取加速度相位谱。因种种原因,加速度的强震记录工作开展较晚,实际记录的地震较少,而位移、速度型地震仪记录地震较多,且大多是模拟记录。若能对信号进行数值化,且频带适合,则可从中得到加速度时程的相位谱。

因为 $f(t)$ 的傅氏变换为:

$$f(t) = \frac{1}{2\pi}\int_{-\infty}^{\infty} F(\omega)e^{i\omega t}d\omega$$

$$\frac{d^n(f(t))}{dt^n} = (i\omega)^n \frac{1}{2\pi}\int_{-\infty}^{\infty} F(\omega)e^{i\omega t}d\omega$$

设 $f(t)$ 为位移时程,则 $\frac{df}{dt}$ 为速度时程,$\frac{d^2f}{dt^2}$ 为加速度时程,因此加速度时程的相位谱与位移时程的相位谱相差 π,与速度时程的相位谱相差 $\frac{\pi}{2}$。因此获得了位移或速度时程的相位谱,即获得了加速度时程的相位谱。

(b) 从已有的强震加速度记录中直接获得加速度时程相位谱。在预测某一区域内的强震时,往往遇到该区域很少有强震记录或者根本没有的情况,特别是强震加速度记录。不同区域内的地震,甚至相同区域内的地震,其震源机制相差甚大,它们反映的时程有所不同。

因此这样设想,在震中距及震级适合的情况下,借用其他区域内有强震加速度记录的地震信号,用几个同类型的地震代表几种随机样本,尔后提取它们不同的相位谱,再与本区域目标反应谱结合合成本区域可能发生的强震,这样,一方面与本地区的目标反应谱相符,另一方面其加速度时程形态与天然地震相符。

以上情况表明,相位谱对时程形态控制的能力相当强,并由此发展出了一种拟合加速度时程的新方法。该方法所得的加速度时程不仅符合所在区域的加速度目标反应谱,而且形态(例如持时)、时程的幅值非平稳以及频率非平稳与相应的天然地震相似,这也是该方法的最大特点。

不过上述方法的研究也还只是初步的研究成果,取得更多更详实的成果尚需不断努力。

第三节 上海沿海地区软土层的地震波反应

地表软土覆盖层对地震波的放大效应是人们尤其是工程地震学家特别关注的问题。墨西哥地震(1985年9月19日,$M_S8.1$)、日本阪神地震(1995年1月17日,$M_S7.4$)造成的巨大伤亡和财产损失均与地表软土覆盖层密切相关,因为软土层会引起地震动的明显放大,经软土层放大后的地震动再作用于各类建筑,使振型频率落在地震动放大频段内的建筑物遭受的破坏比基岩处大得多。

在国外,地表软土的土动力特性和放大效应近些年来越来越受到工程地震学家的重视,如日本的神山和柳泽[安艺敬一(魏淳译),1991][8]用日本117份强地面运动中20Gal以上的记录求出了26个观测点的场地放大因子;美国的Tuker和King[安艺敬一(魏淳译),

1991][8]曾到苏联加尔姆作过调查,对200Gal以上和1Gal以下的地面运动分别在沉积谷地正中间和边缘部分坚硬岩石上的记录作过对比研究,结果表明,很强的地面运动和很弱的地面运动都有相同的变化,放大因子取同样的值,这一情况在很高频率的情况下也一样; Singh[9]用1985年墨西哥地震的资料研究了墨西哥城软土覆盖层的地震波放大因子,结果高达40多; Celebi[10]对1985年智利Valparaiso地震进行了基岩和软土覆盖层地震加速度记录的对比研究,也取得了某些结果,等等。

在国内,由于客观条件的限制,我国对地表软土层地震动的放大效应、软土和砂土等的动力学研究特性和非线性研究得较少,取得的成果不多,特别是厚软土覆盖层,因为我国在软土地表上的地震观测点不多,软土地表观测的地震数字化资料更少。

鉴于这方面研究工作的重要性,中国地震局批准和支持工程力学研究所在唐山布设三维场地影响观测台阵,有两口观测井,最深的观测井32 m深,并列入"八五"重点科研项目。上海市地震局"九五"期间在上海本土建设了一个三维场地影响观测台网,有不同深度的土层观测井四口,两口直达基岩,深度分别为360 m和386 m,另在不同软土地表和露头基岩上再布设若干观测点。不过唐山观测台阵的地表覆盖极薄,真正是土的厚度只有10多米;上海观测网观测区域内的土层加砂层,总覆盖层厚度近400 m,上部80 m左右则是非常软的黏土等。这样两者观测条件和环境有显著差别,得到的地震动反应结果有很大不同,有利于研究不同类型不同厚度的覆盖层地震动反应。

在对上海强震观测网记录的几次地震资料进行处理后,我们得到了上海软土层反应的一些初步结果,它们是:①S波软土覆盖层纯软土层地震动反应;②S波细砂层地震动反应;③整个覆盖层的S波地震动反应。

由于软土覆盖层地震动反应的复杂性,这一问题在国内外都远还未解决,目前需要的是大量的实测资料,只有获得了大量的实测数据和结果,才能对覆盖层土动力特性有更深刻的认识,才能提取合理的计算模型,得到更符合客观条件的结果,更好地为建设服务。

1. 表层软土S波的地震动反应

2001年12月25日在江苏南通(31.8°N,120.9°E)发生了一次$M_L 4.1$地震。上海数字强震观测网两口深井和地表观测点记录到了该次地震,这三个观测点位于同一地点——浦东川沙(31.17°N,121.77°E),它们安放的位置分别在地表、井深60 m和井深100 m处,且三者水平相距5 m左右,可视为同一口观测井三个不同的观测层位。从该处的土层分层看,地表至60 m左右深以土为主,60~100 m左右深以细砂为主,这是当初深井加速度传感器放在这个位置的原因,主要是为了分别研究土层和细砂层不同的动力学特性。土层和细砂层的详细分层见表4-2。

表4-2 土层和细砂层分层详细列表

层号	地层深度(m)	名称	V_S (m/s)
1	0~1.5	填土	119
2	1.5~3.1	粉质黏土	119
3	3.1~6	淤泥质粉质黏土,含少量云母、粉砂(1)	176

续表

层号	地层深度（m）	名　　称	V_S（m/s）
4	6～12	淤泥质粉质黏土，含少量云母、粉砂（2）	176
5	12～20	淤泥质粉质黏土，含少量云母及贝壳	117
6	20～25	黏土，含少量云母片	204
7	25～29.3	粉质黏土，含少量云母片	204
8	29.3～32.8	暗绿色粉质黏土	333
9	32.8～57	砂质粉土（1）	279
9	57～64.3	砂质粉土（2）	315
10	64.3～81	粉砂（1）	315
10	81～90	粉砂（2）	334
11	90～100	中细砂	334

据表可见，尽管地表至细砂层底只有 100 m 深（该处 100 m 以下是粗砂，基岩在深 380 m 左右），但介质分层有 11 层之多，且剪切波速变化非常大。针对这样的土层和细砂层，这里暂不利用这次地震资料从波动方程方法方面去研究土层和细砂层的动力学特性，而是从工程应用意义上初步研究它们对地震波的反应，了解地震波在土层和细砂层的传播特点，这对了解土层和细砂层的动力学特性，以及所得结果的工程应用有一定积极意义。

（1）地震资料的处理

图 4-20 是这次地震的原始记录资料，其中 CH-1～GH-3 是地表 E-W、N-S 和 U-D 三分向的记录，CH-13～CH-15、CH-4～CH-6 分别是 60 m 深井和 100 m 深井相应的记录，所有通道的信号都有一台 18 通道的数采仪 Mt. Whitney 集中数采。由于地震震级小，又相距一段距离，所以仪器由 S 体波触发开始记录，没有记录 P 波起始。不过此处关心的正是 S 波记录。

图 4-20 的 9 幅图是幅值归一化后的地震加速度波形图，这样绘制的主要原因是为了更清晰地展示地震记录，否则，所有波形采用同一比例尺，反倒显得不甚清楚了。

（2）土层的地震波反应

如上所述，此处不想从波动方程方法方面去研究土层和砂层的动力学参数和特性，而是从工程实用意义上初步研究土层和细砂层对地震 S 波的反应，了解 S 波在不同层状介质中的传播和幅值递增或衰减特点，因而对工程场地构筑物的抗震设计有积极意义。这里对 E-W、N-S 和 U-D 的地震动分别进行分析研究（尤其是水平方向），而不分 S_V、S_H 和转换 P 波。

把各层看作一个系统 $h_i(t)$，$i=1，2$，1 代表土层，2 代表细砂层，如图 4-21 所示。在 60 m 深处观测到的地震信号作为输入信号 $x(t)$，在软土地表观测到的相应地震信号作为系统的输出信号 $y(t)$，则在时域 $y_i(t)=h_i(t) \cdot x_i(t)$，频率域 $Y_i(\omega)=H_i(\omega) \cdot X_i(\omega)$ 中，$x_i(t)$、$y_i(t)$ 可以是加速度或速度，也可以是位移，系统的脉冲响应函数 $h_i(t)$ 或传递函数 $H_i(\omega)$ 始终不变。通过观测的 $x_i(t)$、$y_i(t)$ 可以得到各层和各个分向的传递函数 $H_i(\omega)$ 或脉冲响应函数 $h_i(t)$。

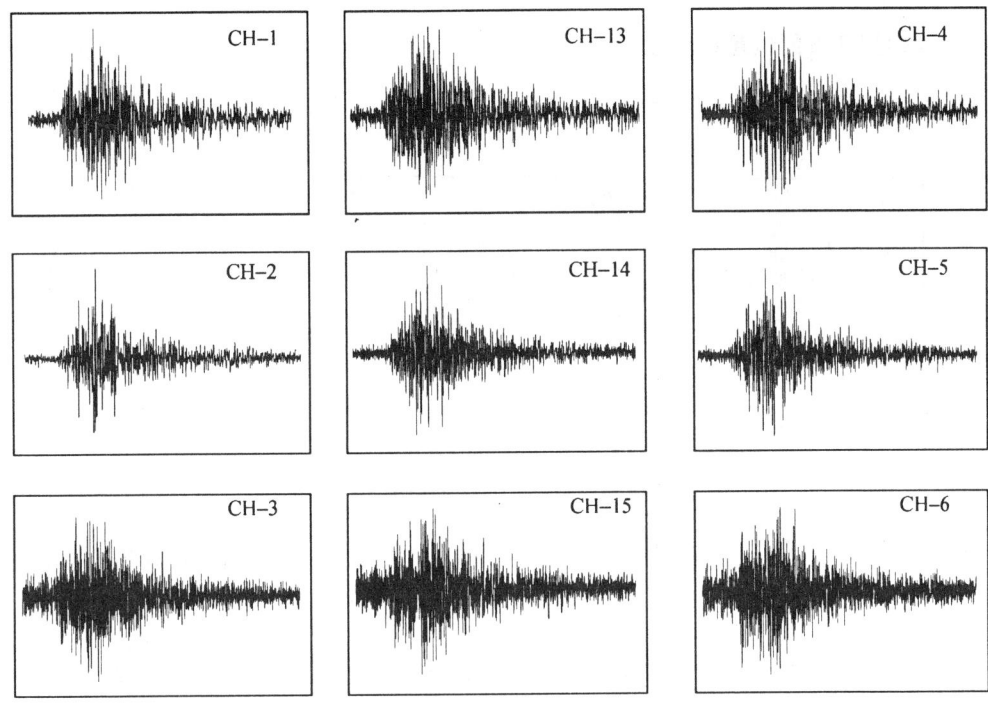

图 4-20 幅值归一化后各个层位各个方向记录的 $M_L 4.1$ 地震信号

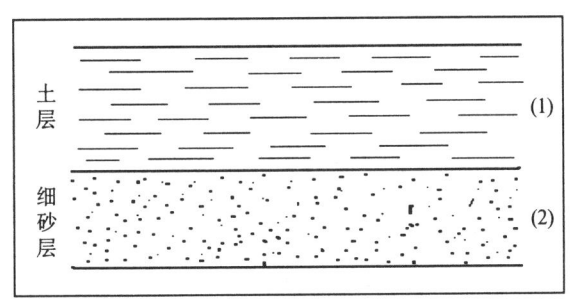

图 4-21 土层、砂层示意图

图 4-22 是土层 S 波各分向传递函数计算所得结果，其中 $H_1(\omega)$、$H_2(\omega)$、$H_{1+2}(\omega)$ 分别表示土层、细砂层和土层加细砂层的传递函数。

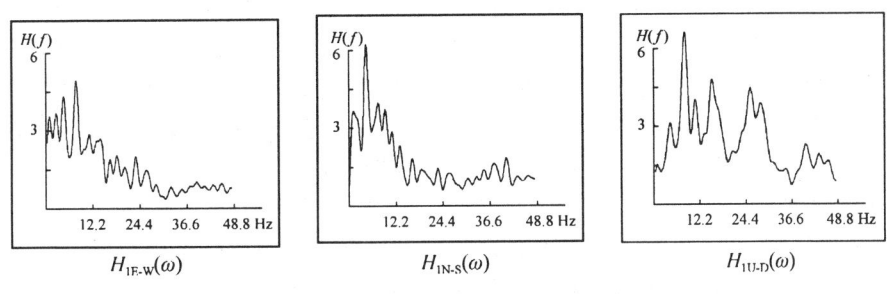

图 4-22 土层 S 波三个分向传递函数图像

2. 细砂层 S 波的地震动反应

同样，得到细砂层的 S 波地震动反应，如图 4-23。

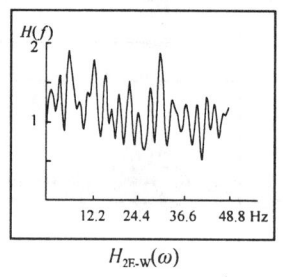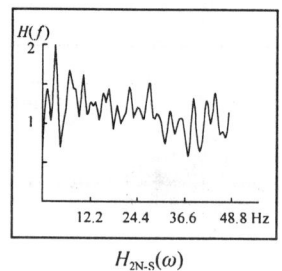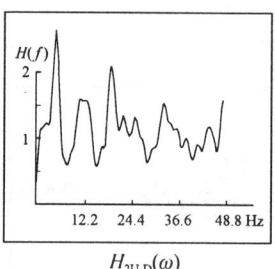

图 4-23　细砂层 S 波三个分向传递函数图像

分析表明：①对软土地表层（图 4-22），频率在 1~12Hz 左右的水平向地震波，尽管土层只有 60 m 厚，但幅值上还是有较大的放大效应，其余频率的地震波则不然，幅值几乎没有被放大，有些甚至减幅；而垂直向地震波，在 4~30Hz 放大效应较明显。②细砂层厚度约为 40 m，夹在土层和粗砂层之间，介质对地震波的放大倍数在三个分向都有随频率增高而呈线性递减的趋势，且低频段放大倍数明显大于 1（图 4-23），这一点与土层有明显不同。③就地震波传播机理讲，一方面，地震波从"密"介质传播到"疏"介质，振幅幅值将被放大；另一方面，介质对地震波能量有吸收作用，介质越软，阻抗越大，对地震波能量吸收越多，即地震波幅值衰减越大。这是矛盾的两个方面。地震波幅值在该处土层的表现在 12Hz 左右有分水岭般的区别，在不同的土层中这个特殊频率可能不同，但不同的土层表现的形式可能类似，这一点在工程应用上有非常重要的意义。④以上结果有助于工程师们了解土层与细砂层对地震波响应的不同，在工程选址和构筑物抗震设计中有积极意义。

3. 整个软土层 S 波的地震动反应

这里使用的地震资料是上海数字强震台网记录的一次 2001 年 11 月 3 日在江苏张家港（31.8°N，120.7°E）发生的 $M_L 3.8$ 地震和一次 2001 年 12 月 25 日在江苏南通（31.8°N，120.9°E）发生的 $M_L 4.1$ 地震。这两次地震震级较小，距上海有一定距离（达 80~90 km,），前一次地震只有靠近上海西北面的佘山、嘉定徐行两个观测点记录到；后一次稍大一些的地震，有较多的观测点有记录（包括曹杨公园观测井，该井是一口干井，深度直至基岩，井中基岩处和井旁软土地表有三分向强震观测仪）。佘山、嘉定徐行两个观测点，一个在基岩上，一个在软土上，它们是地表观测网中基岩和软土相距最近的两个观测点，经纬度分别为 31.1°N、121.2°E 和 31.41°N、121.26°E，曹杨公园观测点的经纬度则为 31.24°N、121.40°E。嘉定徐行软土覆盖层厚度近 400 m，曹杨公园附近的软土覆盖层约为 360 m。

这里首先用佘山、嘉定徐行两个观测点的两次地震记录分别计算嘉定徐行地区的土层地震动反应；其次，用上述 $M_L 4.1$ 地震曹杨深井基岩记录和曹杨地表软土记录、徐行地表软土记录分别计算曹杨地区的土层地震动反应，三者可以相互比较。

图 4-24 是观测点与地震（两次地震相距很近，图中只画了一次地震震中）发生地点关系示意图。图 4-25 和图 4-26 是佘山、嘉定徐行两观测点记录张家港 $M_L 3.8$ 地震的原始记录图，其他原始记录图在这里不一一列出。

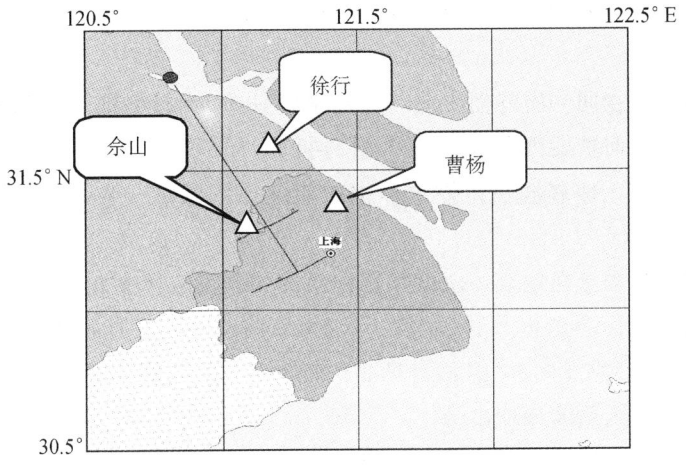

图 4-24 震源与观测点相对位置示意图

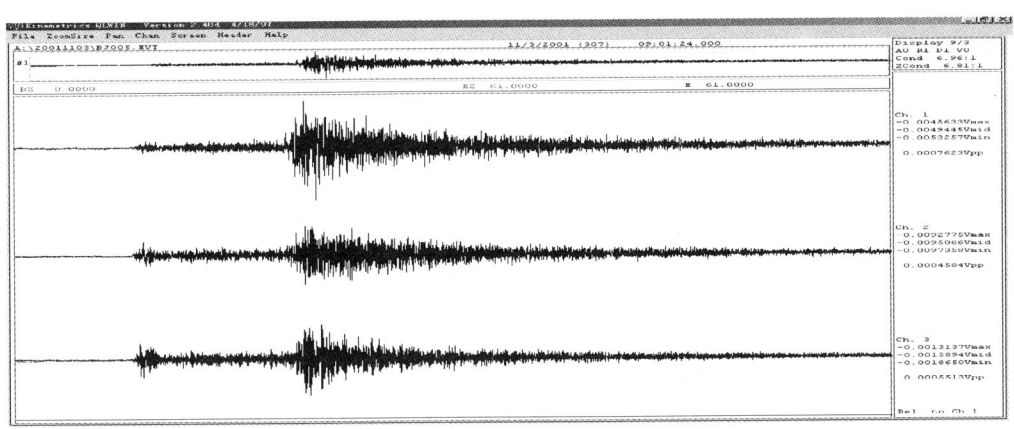

图 4-25 佘山基岩观测点记录的张家港 $M_L3.8$ 地震加速度时程图

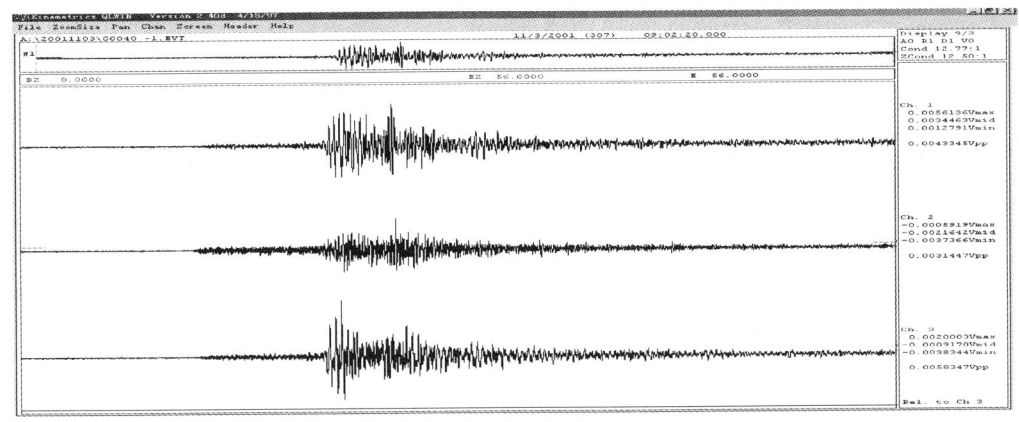

图 4-26 嘉定徐行软土观测点记录的张家港 $M_L3.8$ 地震加速度时程图

在资料处理中，佘山、嘉定徐行两观测点如图 4-24 所示，佘山、嘉定徐行两观测点不在同一地点，沿波阵面方向相差 15 km 左右，为了推算嘉定徐行基岩处的地动加速度，考虑了下列情况：

①认为两观测点都在同一波阵面方向（实际稍差一些），忽略地震波辐射的方向性函数的影响，借助地震波几何扩展因子（$\propto 1/r$）进行折算。

②与几何因子相比，地震波在传播过程中的能量耗散衰减（$\propto \exp(-\pi f_r/Q_c)$）显得次要一些，这里 Q 取 500。

③因为佘山基岩观测点在地表，所以仪器记录的物理量是入射波和反射波的总体效应。如入射 P 波经地表反射后会产生 P 和 S_V 波；入射 S_V 波经地表反射后会产生 S_V 和 P 波；入射 S_H 波经地表反射后产生 S_H 波，且两者产生的地动总加速度是入射 S_H 波产生的加速度的两倍。因此归算时应把入射波提取出来。

④以震源为原点，地震波传播方向为 r 轴，波阵面切线方向为 l 轴，垂直地表方向为 z 轴建立柱坐标系。因传感器方向为 N-S、E-W 和 U-D，故通过坐标转置变换，由柱坐标系来表示两观测点的地动加速度，即用加速度 a_r、a_l 和 a_z 来表示。

而对于曹杨公园深井观测点，由于地表土层分层较复杂，每层的介质参数不清楚，所以提取井底基岩处地震入射波较困难，实际上该处的地震波由入射波、反射波等叠加而成。计算中把仪器实际记录的地震波作为入射波，地动加速度也在柱坐标系下表示，基岩中 S 波速度取 3.6 km/s。

于是从原始记录资料可知，由于是近震，地震波能量以 P 和 S 直达波为主。工程应用上最关心的是水平向地震动对结构的影响，故这里先仅仅讨论土层对 S_H 地震波的反应，至于 P 和 S_V 波的土层反应将在以后讨论。通过上节资料的预处理，并对原始波进行平滑处理后得到如下土层对 S_H 地震波响应 $H_{ls}(\omega) = Y_{ls}(\omega)/X_{ls}(\omega)$（软土层地震波放大因子），即图 4-27 中的 $H(f)$。其中，$X_{ls}(\omega)$ 为基岩地震波加速度输入频谱，$Y_{ls}(\omega)$ 为软土地表地震加速度频谱。图 4-27 中（a）、（b）是上海嘉定徐行地区的土层地震动反应图线（用佘山基岩记录的地震波作为输入），（c）是上海曹杨地区和嘉定徐行地区的土层地震动反应图线（以曹杨深井基岩记录的地震波作为输入）。从图线形状看，图形基本相似，特别是同一地点嘉定徐行两个不同地震的土层地震动反应图线，形态和曲线特征非常相似，这增加了结果的可信度。

据图 4-27（a）、（b）可知，频段在 2～7 Hz，土层对地震波的放大倍数特别大，达 20～30；从 7 Hz 起，随着频率的增大放大倍数持续减小；频率高于 30 多 Hz 后，放大倍数趋向于或小于 1。图线（c）存在类似的情况，这个地方的土层对地震波放大倍数最大处在频段 3.5～7 Hz，且放大倍数比前两幅图线（a）和（b）稍低一些，原因可能有二，一是曹杨地区的土层与嘉定地区的土层存在一定差异，不但介质分层有所不同，而且土层厚度也不一样，曹杨地区的土层相对嘉定要薄一些；二是作为基岩地震波的输入两者有区别，这在资料预处理中已做说明。

有意思的是，土层放大倍数最大的频段正好落在地脉动优势频段上，也就是说落在土层"固有周期"内，这意味着地震波以该频段在土层内的传播得到了超乎寻常的加强，相当于

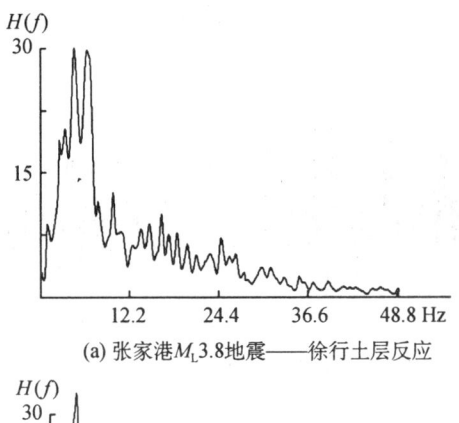

(a) 张家港M_L3.8地震——徐行土层反应

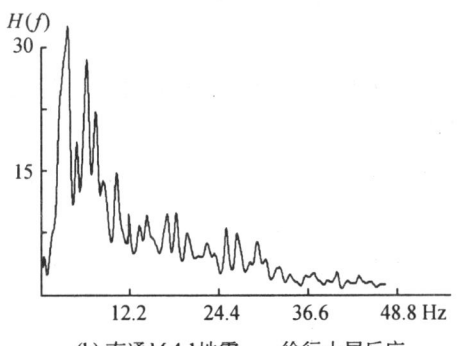

(b) 南通M_L4.1地震——徐行土层反应

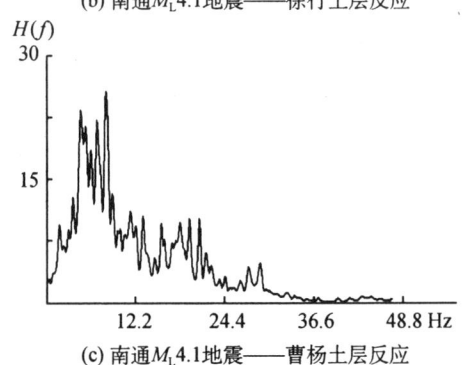

(c) 南通M_L4.1地震——曹杨土层反应

图 4-27 土层地震波传递函数图线

一个构件的共振。为了进一步论证上述观点，我们给出了江苏张家港 M_L3.8 地震在基岩处记录的 S_H 波在频域归一化的傅氏谱（图 4-28），该图表明基岩处地震波能量不集中在某一固定频段，而是相当分散。

土层优势频段放大倍数如此之高，大部分建筑物，特别是工业和民用高度不太高的建筑物的固有频率又恰巧落在此频段，这可能就解释了为什么软土地基的建筑物容易遭受地震的破坏。1974 年和 1978 年《工业与民用建筑抗震设计规范》就曾采用如下公式（胡聿贤，1988）：对于体型较规整、高度 H 不超过 50m、具有抗震墙或填充墙的多层钢筋混凝土框架房屋，结构固有周期 $T=0.22+0.035HB^{-1/3}$，式中 B 为计算方向的房屋宽度，以 m 计。如果 B 取 20 m，H 取 15 m，则频率 $f=1/T=2.4$ Hz。低矮一些的房屋，结构固有频率会更高一些。

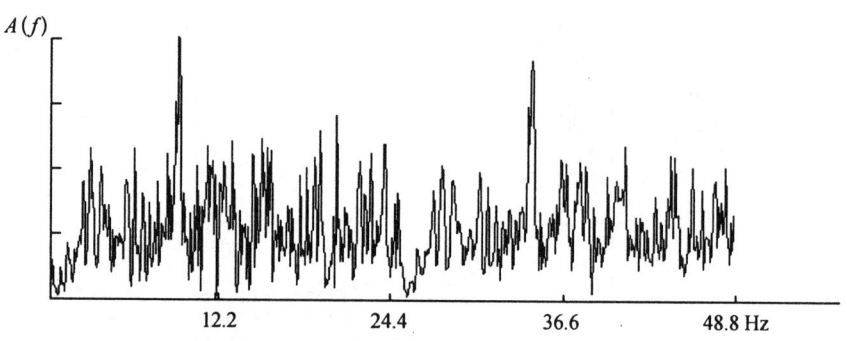

图 4-28　江苏张家港 $M_L 3.8$ 地震在基岩处记录的 S_H 波在频域归一化的傅氏谱

以上结果表明,在软土地区进行地震烈度区划或复核,特别要注意上述现象,尤其要注意这一地区的地脉动优势频率。

另外,这一现象对建筑物的设计有提示指导意义:在软土层地区,若设计的建筑物振型频率落在上述类似的高放大倍数区域,要结构抗震,就意味着需要更高的建设成本。或者设计时从结构振型频率上考虑,是否能避开这一地震波高放大频段。

4. 软土覆盖层地震动反应的意义及其影响

利用张家港发生的两次小震,我们研究了上海软土层对地震波的响应,所用的地震资料和所得结果非常宝贵;另外对地震波在纯土层和细砂层中的表现做了讨论,得到了它们的地震波传递函数,结果迥异,前者有分水岭般的频率,后者传递函数随地震波频率增加呈线性衰减,这些结果是新的,对认识土层和细砂层的动力特性有意义。

因为我国在软土层上观测地震并得到信噪比很高的资料很少,而沿海大部分地区都有软土覆盖层,故这些结果对我国软土地区的烈度区划、建筑的抗震设计和抗震加固有现实意义。

值得注意的是:软土覆盖层是非线性系统,特别是大振幅的地震波在其内部的传播,因此,对近场中强地震引起的土层地震动反应不一定完全与上述结果类似,但不管怎样,在线性范围内考虑土层对地震波的响应时,上述结果是真实的,有参考价值。

第四节　软土覆盖层地震面波的地震动反应及台湾 $M_S 8$ 地震对上海高层建筑影响的估计

众所周知,上海及周边地区有近 400 m 的软土覆盖层,这对地震波有放大作用,1985年9月19日墨西哥发生 $M_S 8.1$ 大地震,尽管墨西哥城距震中有 400 多 km,但由于其地基是软土覆盖层,使地震波引起的地震动放大了许多倍,造成了该城人员和经济的重大损失。1995年1月17日,日本阪神发生 $M_S 7.4$ 地震,也是由于该地区有软土覆盖层,使人员和经济损失更加巨大。

从上海地区实际观测到的记录资料看，软土覆盖层的放大作用也非常明显：2002年3月31日台湾以东海中（24.4°N，122.1°E）发生 M_S7.5 地震，上海基岩处的地震面波的最大加速度为：东西向 0.212 cm/s²，南北向 0.125 cm/s²，垂直向 0.176 cm/s²，而软土地表处的相应地震面波的最大加速度则为：东西向 0.835 cm/s²，南北向 0.871 cm/s²，垂直向 0.287 cm/s²。

不仅软土覆盖层对地震面波有较大的放大作用，还有高层建筑对地震动的响应更加大了大楼的实际地震动量[上述台湾地震，软土地表自由场中面波最大加速度各分向不到 1 cm/s²，而民防大厦（高32层）第23层水平两个分向的相应最大加速度分别达 5.253 cm/s² 和 3.566 cm/s²]，此处不详细讨论结构振动的细节，仅用经验格林函数方法合成上海基岩处的台湾 M_S8 地震的地震动，尔后通过软土覆盖层地震面波的传递函数，获得软土地表的地震动，通过类比法粗略地估计30层左右这类最具普遍性的高层建筑地震动的大小。

1. 软土覆盖层对地震动面波的放大作用

（1）从时域看软土覆盖层对地震面波的放大作用

2002年3月31日台湾以东海中（24.4°N，122.1°E）发生 M_S7.5 地震，上海基岩和软土地表都记录到了该次地震的直达波和面波，所用仪器是美国 Kinemetrics 公司生产的宽频带数字化加速度仪，其频带为 0~50 Hz，采样分辨率为 19 bit，采样率为每秒每分向 200 点，记录地震加速度时程清晰，图4-29是基岩处一段地震面波的记录，图4-30是地表软土处记录的相应地震面波。

从记录结果看，软土地表面波的加速度比基岩表面的大许多，垂直向相对要小一些。为了更清楚、方便地进行比较，以表4-3分别列出它们的最大加速度值。从时域看软土地表面波的地震动相对于基岩处的地震动要大得多。

表4-3 基岩和软土地表的面波加速度最大值

观测分向	E-W/cm·s⁻²	N-S/cm·s⁻²	U-D/cm·s⁻²
基岩处	0.212	0.125	0.176
软土地表处	0.835	0.871	0.287

（2）从频域看软土覆盖层对地震面波的放大作用

从频域看，各个频率的地震面波软土地表处的幅值比基岩处的幅值放大多少，即软土覆盖层的地震面波传递函数模的大小，也是人们关心的事，它直接关系到软土地表地震动时程的形态变化，和结构抗震紧密相关。图4-31是软土覆盖层地震面波传递函数的模。由图可见，0~4 Hz 明显有一个低频平台，显然大部分对应的是地震面波的成分，其平均放大倍数，对水平两分向约 4～6 倍。另一值得注意的现象是传递函数模的最大值在 4～6Hz 左右，这一点与近震 S_H 波类似（徐永林，2002）[11]，耐人寻味，因为近震 S_H 波与台湾地震的面波不论从地震波的频率成分还是从波的形态、传播途径等上都大相径庭。这个问题值得研究。

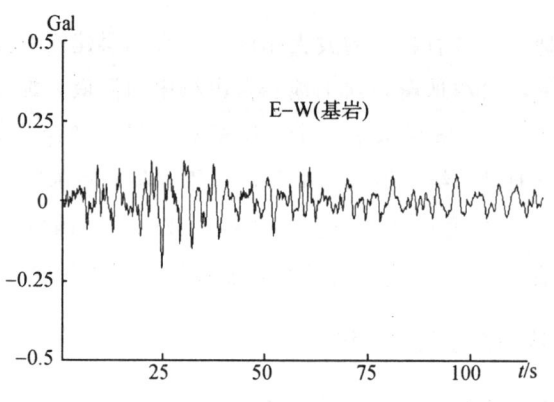

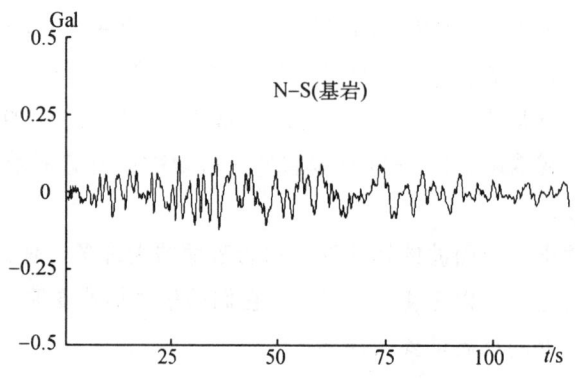

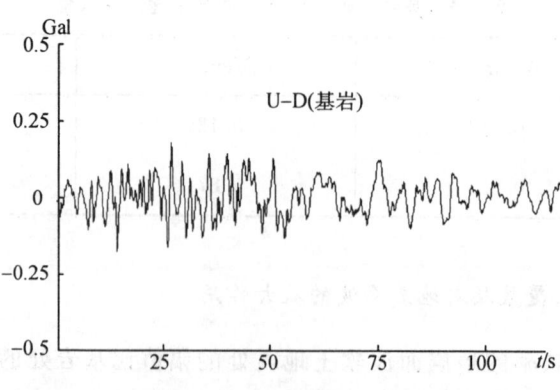

图 4-29 2002 年 3 月 31 日台湾 M_S7.5 地震发生时，
上海基岩处记录的面波加速度时程

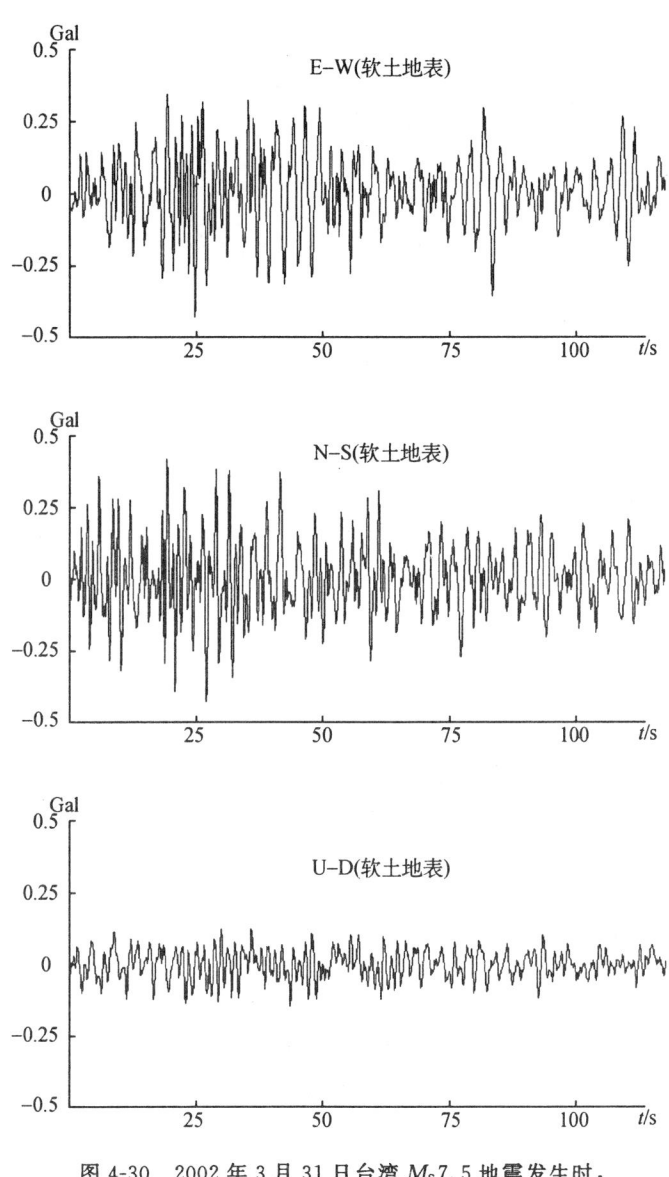

图 4-30 2002 年 3 月 31 日台湾 $M_S7.5$ 地震发生时，
上海软土地表处记录的面波加速度时程

2. 软土覆盖层中地震面波频谱分析

图 4-32 是上海基岩地表和软土地表在台湾 2002 年 3 月 31 日发生的 $M_S7.5$ 地震时面波记录的傅氏谱。从图中可以看出，软土地表地震面波主频相对于基岩地表有明显的向高频方向飘移的现象，由于软土地表记录的高质量地震面波资料较少，从实际记录得到如此结果也较少见，所以也显得尤为珍贵。但这一飘移，对高层建筑的影响不可低估，因为这种现象使地震面波的优势频率更靠近大多数高层建筑的固有频率，对高层建筑的抗震设计不利。

另一现象是，在基岩处，地震面波的优势频率主要以单峰出现，但在软土地表处，地震

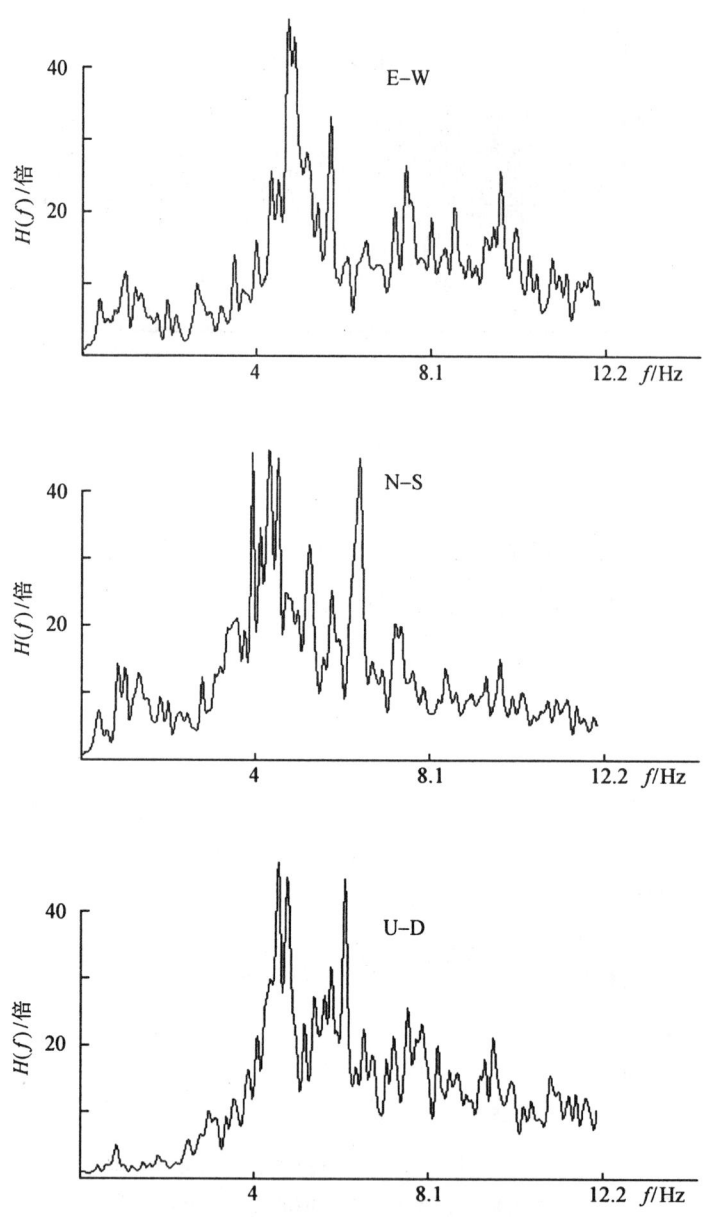

图 4-31 台湾 $M_S7.5$ 地震软土覆盖层地震波的传递函数的模

面波的优势频率则主要以双峰出现。

上述现象可能与软土覆盖层的厚度及介质特性等有关，软土层相当于一个动力系统，它本身有其固有频率，以前地脉动的测量资料表明，上海软土层地脉动振动有几个固有频率。其中用短周期摆测得的资料较多，有一个 0.9Hz 左右的主固有频率；用宽频带仪器测得的实测资料点较少，无法给出具体量值，但表明也有几秒周期的固有频率。显然在外界作用力的作用下，土层主固有频率附近的地震波有较大的放大率。这可能是上述现象的主要原因。

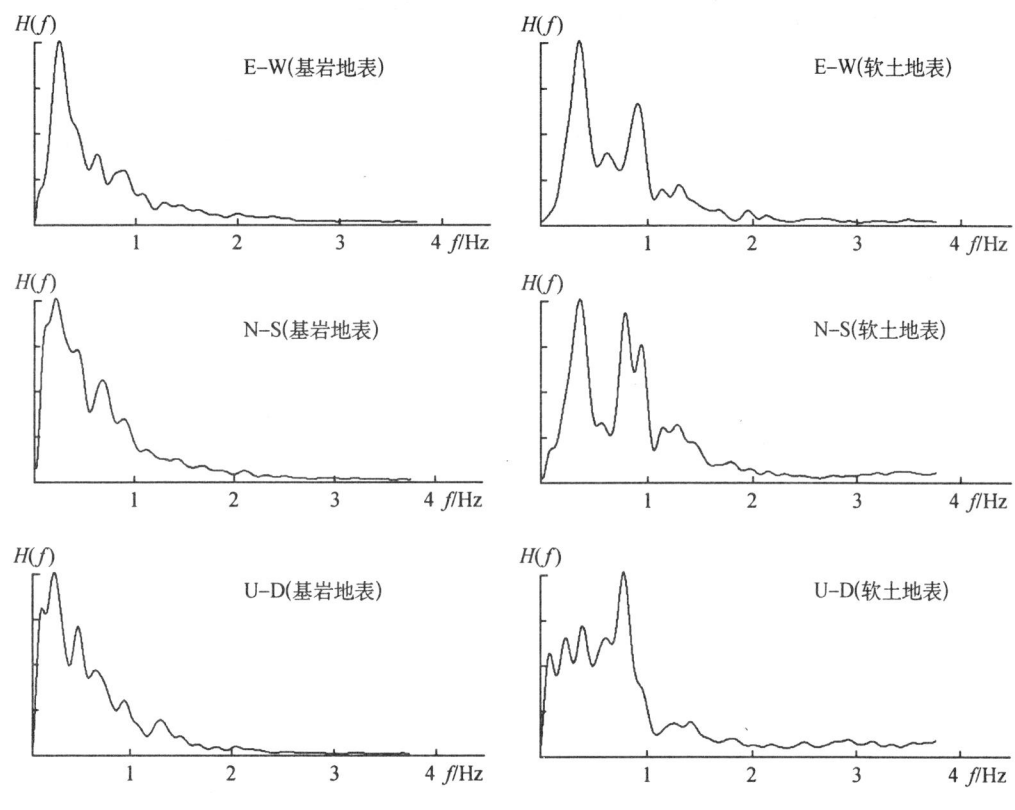

图 4-32 台湾 2002 年 3 月 31 日发生的 $M_S 7.5$ 地震面波
基岩地表和软土地表记录的傅氏谱对比图（已归一化）

3. 台湾 $M_S 8$ 地震对上海高层建筑影响的估计

台湾虽距上海 1000 km 左右，但居住在上海高层建筑的人们对那儿发生的较大一些的地震明显有感。就以民防大厦为例，该大厦共有 32 层，高约 100 m，一阶主频为 2.2 s，是较典型的高层建筑。2002 年 3 月 31 日台湾 $M_S 7.5$ 地震，该大厦第 23 层记录的地震最大加速度水平向分别为 5.253 cm/s² 和 3.566 cm/s²。当时大厦内帘灯晃动幅度很大，许多人出现惊慌状，纷纷打电话至上海市地震局询问情况。再如 2002 年 5 月 15 日，台湾又发生了 $M_S 6.5$ 级地震，震中在 24.5°N、122.1°E，虽然这次地震相对 $M_S 7.5$ 地震显得小很多，但该大厦也普遍有感（许多别的高层建筑也普遍有感），该大厦第 23 层记录的地震最大加速度水平向分别为 1.384 cm/s² 和 1.251 cm/s²，第 32 层则为 2.415 cm/s² 和 1.771 cm/s²。由此推断若台湾发生 $M_S 8$ 大震，对上海高层建筑的影响肯定不小，若发生这样大的地震是否会引起程度较严重的居民惊慌、一些家具或重心高的设备出现倾覆等一系列问题，对此需有一个正确的预测和定量的估计，使政府部门了解这样的地震对上海高层建筑影响的程度，以便做好各种应对措施，避免由惊慌等引起的行为失误或对策失误可能造成的不必要的人员和经济损失。由于前已初步获得了软土覆盖层的地震面波传递函数，且以前若干次台湾地震发生时上海基岩有较好的记录，因此下面可以首先用工程上经常应用的经验格林函数法合成台湾

M_S8 地震在上海基岩处的地震面波时程，再用软土覆盖层地震面波传递函数，获得软土地表地震面波时程，进而估计对高层建筑的影响。

(1) 经验格林函数法合成台湾 M_S8 地震在上海基岩处的面波加速度时程

①经验格林函数合成大地震方法。Hertzell[12]、Irikura[13]等人曾提出过用小震记录的叠加合成较大地震的方法，被称为经验格林函数法。该方法注意到，在与大地震同一地点发生的小地震的地震动记录中，含有与大地震传播路径相同的特性，从而把小一些的地震记录作为经验格林函数。这种方法的优点是大小地震的地震波传播为同一路径，因此，可以不对传播路径上那些介质参数作种种假设，如果小地震的震源机制与大地震类似，该方法可以用小地震相当成功地合成大地震。

设大地震断层破裂为矩形破裂，长为 L，宽为 W，上升时间为 τ，把大地震断层面分为 $n \times n$ 个小区，各个小区的位错为 $D_{ij}(t)$，$i, j = 1, 2, 3, \cdots, n$，根据大地震与小地震断层参数之间的相似性法则及它们的地震矩 M_0 和 M_{0e}，n 可用下式给出：

$$n = \left(\frac{M_0}{M_{0e}}\right)^{\frac{1}{3}},$$

而

$$D_{ij}(t) = \sum_{k=1}^{n} D_{0e}[t - (k-1)\tau/n]$$

选择破裂方式、震中距等与大地震相近，并与大地震有相同记录地点的小地震记录作为近似格林函数，根据 Aki 和 Richards 在《定量地震学》第 1 卷中得到的公式，在没有体力作用的情况下，大地震与小地震位移之间的关系可简化为：

$$u_n(t) = \sum_{l=1}^{n} \sum_{j=1}^{n} \sum_{k=1}^{n} \frac{r_e}{r_{ij}} u_{ne}[t - t_{ij} - (k-1)\tau/n]$$

$$t_{lj} = \frac{d_{ij}}{v} + \frac{r_{ij}}{v_c}$$

式中，v 为断层破裂速度；v_c 为地震波传播速度（面波或体波）；r_{ij} 为地震子源至观测点之间的距离；r_e 为小地震至观测点之间的距离；d_{ij} 为破裂初始点至第 (i, j) 个子断层的距离；$u_n(t)$ 为合成后的大地震位移；$u_{ne}(t)$ 为作为格林函数的小地震的位移；τ 为震源时间函数上升时间。

原则上，利用上面所假设的条件，只要确定了断层走向、断层倾角、断层的长和宽、上升时间、地震矩、破裂速度、破裂方式等参数，用小地震的地震动时程可计算出大地震的地震动时程。

②合成台湾 M_S8 地震作用下上海基岩处的面波加速度时程。庄昆元、徐永林等[14]曾用经验格林函数法合成台湾地震发生时在上海基岩处的地震动时程，除软土覆盖层地震动反应外，相当成功地用较小地震人工合成了较大地震的地震动时程，当时用的资料是 CDSN 中

长周期速度型的数字地震资料。

这里我们用 2002 年 3 月 31 日台湾 $M_S7.5$ 地震（该震从美国哈佛大学震源机制解得到的地震矩量值看似乎没有达到 $M_S7.5$）的加速度资料作为经验格林函数的数值直接合成未来该震区 M_S8 大震在上海基岩处的加速度时程，设主震 M_S8 参数如下：

断层走向	断层倾角	断层长度	断层宽度	上升时间	破裂速度
N90°E	77°	65 km	32 km	7 s	2.5 km/s

M_S8 地震的地震矩可由地震震级与地震矩的经验关系 $\lg M_0 = 1.5 M_S + 16.05$ 估算，而上述所选作为经验格林函数的地震距参照美国哈佛大学震源机制解所得的结果，经合成计算得到台湾 M_S8 地震发生时佘山基岩面波的时程，如图 4-33。

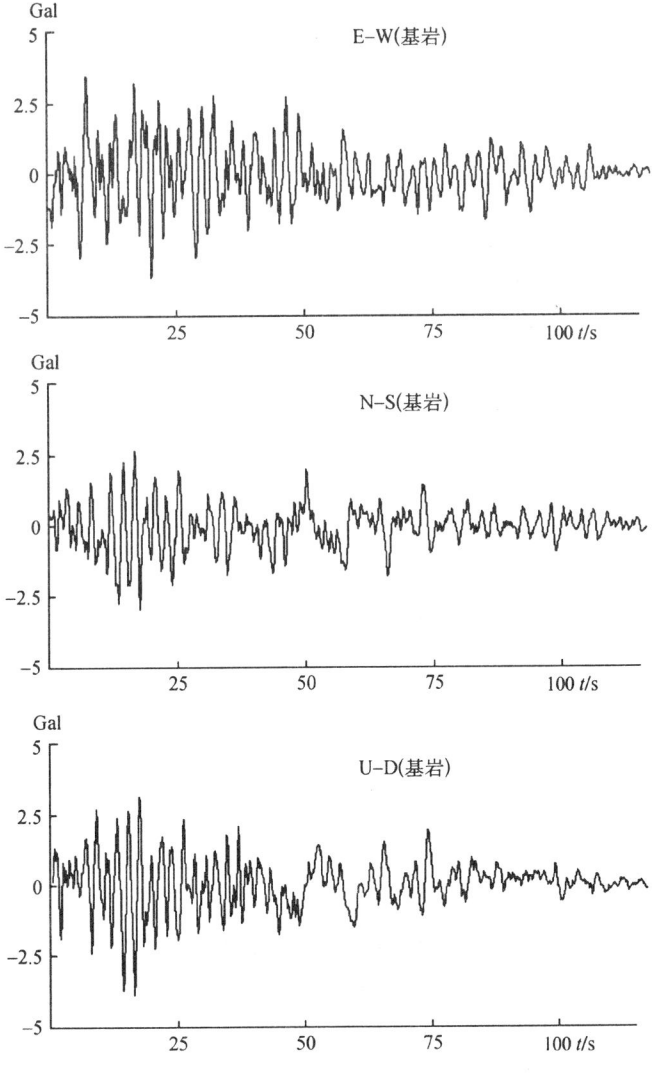

图 4-33 台湾 M_S8 大震发生时上海基岩处地震面波的加速度时程

(2) 台湾 $M_S 8$ 大震在上海软土地表处的面波加速度时程

上面用经验格林函数方法合成了台湾 $M_S 8$ 大震在上海基岩处的面波加速度时程，第一节又得到了上海软土覆盖层地震面波的地震动传递函数（在时域可用 $h(t)$ 表示），于是软土地表相应的 $M_S 8$ 大震的面波加速度时程可由下式得到：

$$A(t)_{地表} = A(t)_{基岩} * h(t)$$

即软土地表面波加速度是基岩地表面波加速度和传递函数 $h(t)$ 的褶积（这里不考虑土层的非线性，而是作简单的线性估计。土层的非线性问题本身是一个很复杂的问题，有的学者认为土层的非线性因素很重要，而有的学者认为土层的地震波放大因子与地震波振幅的大小关系不大[15]，结果见图 4-34。从图 4-34 可以看出，台湾 $M_S 8$ 大震上海软土地表面波的最大加

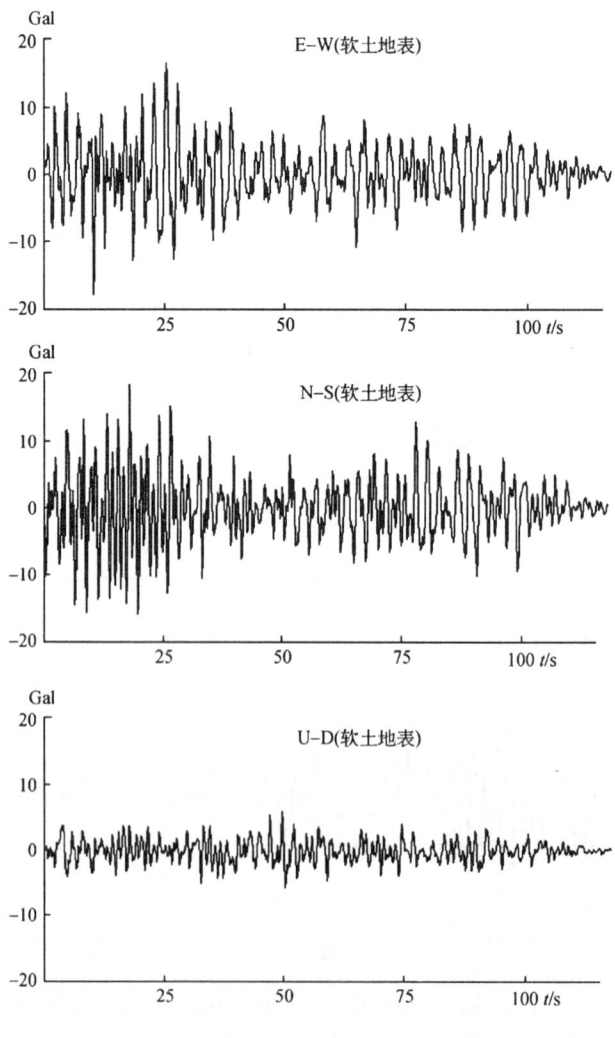

图 4-34 台湾 $M_S 8$ 大地震发生时上海地表处地震面波的加速度时程

速度值 E-W 和 N-S 向分别达 17.811 cm/s² 和 18.780 cm/s²，此值大小超出了人们的想象：这么远的地震由于软土覆盖层的作用，软土地表会有如此大的加速度，会使上海地区普遍有感，高层建筑强烈有感，这会使整座城市的市民在不了解真相的情况下产生恐慌，若政府和有关部门没有心理准备，没有采取正确的应对措施，可能会造成不必要的人员和经济损失。因此，对政府有关灾害应对和救援的部门来说，上述结果是一项很有用的科技咨询资料。

(3) 台湾 $M_S 8$ 级地震对上海高层建筑影响的初步估计

首先要申明这里所谓的台湾 $M_S 8$ 地震对上海高层建筑的影响的初步估计并未通过严格的结构振动传递进行计算或结构动力学演算，这里仅对类似 30 层左右的普通高层建筑（假设它们有文中所提的民防大厦的类似固有周期、类似高度的建筑，总之假设它们有类似的特性）通过简单的类比，得到大厦内台湾 $M_S 8$ 地震可能的地震动大小。

做简单的线性估计，台湾 $M_S 8$ 地震在类似民防大厦这类建筑 20 层以上的层面，水平向加速度地震动大小不小于 70 cm/s²，这个加速度值有一定的大小，且面波具有较长的持时，故大厦内的居民会产生较强的恐慌心理，重心较高的物体有可能出现倾覆现象。

(4) 长周期地震动时程

我国现行的建筑抗震设计规范给出的地震影响系数曲线，长周期部分不超过 6s，地震小区划及重大工程的安全性评价工作中目前广泛采用概率方法，其衰减规律的长周期部分由于缺乏资料具有很大的不确定性。这里用经验格林函数法合成台湾大地震的面波加速度地震动，地震动的能量主要集中在低频长周期部分，因此，此合成的资料对现行地震安全性评价工作是一个补充，对长固有周期构筑物受长周期地震波影响研究提供了软土自由场表面加速度地震动时程定量可靠的资料。

不过上述的一些结果仅是初步的，有些复杂的层面没有深入研究，如土层的非线性问题等。另外，软土层上记录高质量的面波资料较少，上述所得结果可能尚有偏差。

参 考 文 献

[1] 郭增建、杨国军、秦保燕、陈家超、刘武英，中国海域及其相邻海域地震烈度区划图，西北地震学报，1987，9 (4)
[2] 郭增建、秦保燕、李革平，未来灾害学，北京：地震出版社，1992
[3] 秦保燕等，中国海域地震预报、震害预测与海域地震烈度区划的检验，见：中国灾害防御协会，论沿海地区减灾与发展，北京：地震出版社，1991
[4] 郭增建、秦保燕、郭安宁、刘武英，关于 1987 年中国海域地震烈度区划图的修定，西北地震学报，1999，21 (1)
[5] Hertzell S. H., Earthquake as Green's Function, Geophys Res Leff, 1978, 5, 1～4
[6] Irikura K, Semi-ernpirical Estimation of strong Ground Motions during Large Earthquake, Bull, Disas Prev. Res. Inst, Kyoto University, 1983, 33 (298)
[7] AKi 和 Richards，定量地震学（第一卷），李钦祖译，北京：地震出版社，1986
[8] 安艺敬一（魏淳译），强地面运动预测，世界地震译丛，1991，74～88

[9] Singh S. K. E. et al., Some aspects of source characteristics of the 19 September 1985 Michoacan earthquake and ground motion amplification in and near Mexico city from strong motion data. Bull Seism Soc Amer, 1988, 78: 451~477

[10] Celebi M., Topographical and geological amplifications determined from strong-motion and aftershock records of the 3 March 1985 Chile earthquake. Bull Seism Soc Amer, 1987, 77: 1147~1167

[11] 徐永林、熊里军、章纯等，用强震仪记录资料研究上海地表土层的地震动放大反应. 地震学报，2002, 24 (6): 662~666

[12] Hertzell, S. H., Earthquake aftershocks as Green's function. Geophys Res LETT, 1978, 5: 1~4

[13] Irikura, K, Semi-empirical estimation of strong ground motions during large Earthquake. Bull Disas Prev Res Inst, Kyoto University, 1983, 33 (298): 63~104

[14] 庄昆元、徐永林、沈建文等，台湾长周期波对上海的影响研究. 地震学报，1997, 19 (6): 634~639

[15] 安艺敬一，地震强震动の予测—安艺敬一教授讲演速记录. 国立防灾科学技术ヤンター研究速报，1989, 80: 1~130

第五章 海底地震观测和滨海-海洋地震学

第一节 海底地震观测方式

海底地震观测是监测海底地震活动最直接而有效的方法。地球表面70%的面积是海洋，岩石圈的物质从洋中脊涌出，形成洋底板块，然后在海沟处向地球下部俯冲，全球80%的巨大地震发生在海沟地区。为了研究海洋板块底下地球内部的情况、掌握海底地震活动图像、确定地震空区和微小前震活动，需要在海底安放地震仪，进行海底地震观测[1]，这无论对自然地震的观测，还是对可控震源地震学的实验研究均有帮助，同时也推动了海底地球科学研究的发展。

1. 海底地震仪[2,3]

海底地震仪是利用多个布设在海底的仪器阵来接收并记录天然地震和人工地震所产生的地震波，且通过层析成像等技术得出海底地质结构以评估石油和天然气资源潜力的仪器系统。每台海底地震仪包括一个外部遥感器组件、单独的电子仪器及记录组件和一个外部框架的固定装置[4]。就单台地震仪而言，人工震源可为置于水中的爆炸物、气枪、水枪。增大炸药量或气枪容量可以加大勘探深度，组成地震源阵后则可改善方向性，抑制干扰。多个布设在海底的三维数字地震仪组成的台阵，可配合沿海数字地震台网，以数字形式记录接收到的地震波。不过，这些接收器必须有宽频带、大动态范围、高采样率，能在低信噪比条件下工作，而且与海底有良好耦合。当根据远震走时残差和近震资料，用计算机把体波和面波记录进行三维层析反演成像，进行图像识别后，可以给出海底地层结构的伪彩色图像，其尺度大小取决于台阵的孔径，而准确度则与阵元的数量和台阵的形状有关。

海底地震仪可分为自浮式、锚标式及海底电缆式三种。总称为内装记录装置的密封式海底地震仪。

(1) 自浮式海底地震仪

自浮式海底地震仪由海底地震仪主体和船上的声纳呼叫装置组成。其主体由下列装置构成：

① 兼作浮力体的耐压容器；
② 传感器、放大器、记录器、时钟和电池等；
③ 锚和锚分离装置；
④ 浮上海面后回收所需的无线电信标和电子闪光装置等。

美国得克萨斯（Texas）仪器公司的海底地震仪主体图如图5-1所示（Arnett and Newhouse, 1965）。美国得克萨斯（Texas）仪器公司和斯克里普斯海洋研究所等单位早在20世纪六七十年代就开始正式使用该类仪器（Arnett and Newhouse, 1965; Bradner et al.,

1965；Whitmarsh，1970）。

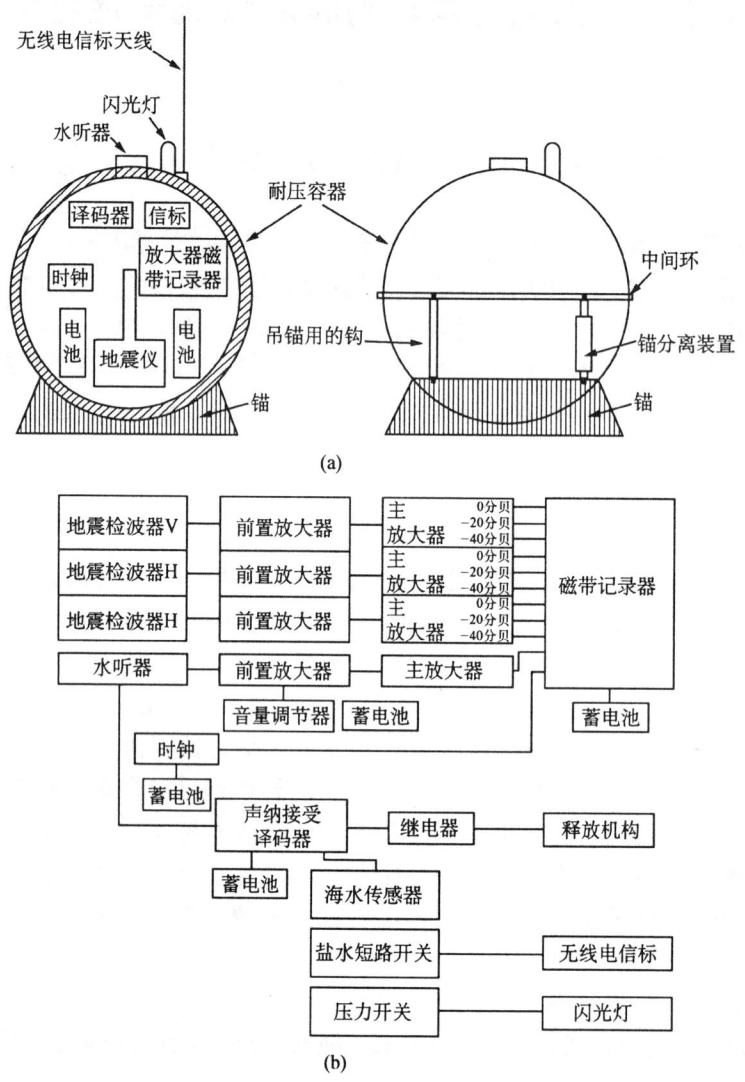

图 5-1 自浮式海底地震仪的构成（a）及方块图（b）（Arnett，1965）[3]

自浮式海底地震仪的最大优点是不用系留绳索。自浮式海底地震仪在投、放、发现和回收方面还不完善，尤其与海底耦合存在严重问题。

自浮式是当前主要的海底地震观测方式。地震仪从船上投放，沉入海底平面场地上作为设置点，因海底多覆盖未固结的沉积物，等于将地震仪安置在泥潭中，对提高观测精度十分不利，只有位置选择适当的海底露岩上，才能取得良好记录。

(2) 锚定浮标式海底地震仪

锚定浮标式海底地震仪是以绳缆与海面浮标连接的锚标式观测系统，主体由耐压容器、拾震器、放大器和时钟构成。拾震器的固有周期、放大器的增益、数据记录器的观测时间，仪器的总重量等都根据观测目的决定。耐压容器的体积取决于观测期所需电池的容量、拾震器和记录器的大小以及水深等，根据使用的观测船和观测目的等选择。日本东京大学地震研究所（南云等，1970）使用的耐压容器可用于6000 m深的海底。容器内径24 cm，外径27 cm，使用镍铬钢材料，防水用O形环。系留浮标系统由主浮标、无线电浮标和辅助浮标及绳索构成。图5-2是东京大学地震研究所的研究船"白凤丸"和"东海大学丸Ⅱ世"设置在西太平洋海盆（水深约5600 m）上的为海底地震仪所使用的系留绳索浮标系统（Nagumo et al.，1970）。该系统可安全观测一个月以上。1969年夏由东京大学海洋研究所的研究船"白凤丸"和1970年夏东京大学的"东海大学丸Ⅱ世"在三陆近海和日本海沟附近进行的海底地震观测就是用锚定浮标式海底地震仪进行的（Nagumo et al.，1970）。锚定浮标式的优点是回收的可靠程度高，回收作业易与航海计划相配合。缺点是由于用的是海面浮标，会给航行船舶带来障碍。它虽可与海底露岩结合，精度高，但在技术上仍达不到观测标准。

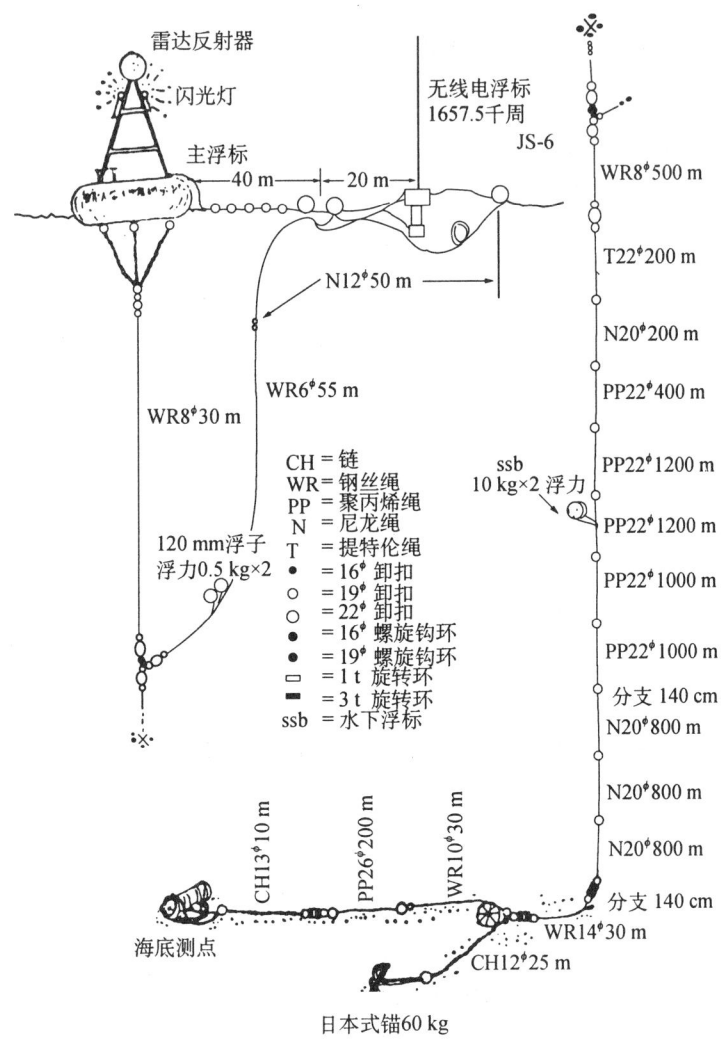

图5-2 锚定浮标式海底地震仪的系留绳索系统用于水深6000 m（Nagumo et al.，1970）[3]

(3) 海底电缆式海底地震仪

海底电缆式海底地震仪是用电缆把设置在海底的地震仪与陆上的观测站连接起来构成的观测仪器系统。

2. 海底地震观测方式[3]

根据研究目的的不同,可将海底地震观测方式分为两种[5]:

①为研究全球性课题而布设的分布尽可能广的(包括覆盖海洋地区的)全球永久性地震台网;

②为研究海洋盆地地震活动性、结构和构造等区域性课题而布设的区域地震台网(台阵)。

根据观测时间长短的不同,可将海底地震观测方式分为临时、半永久和永久三种:

(1) 永久固定式海底地震台网(系统)观测方式

在深海底进行地震观测与陆上观测不同,这种海底地震观测方式常采取电缆、大型浮标和通讯卫星构成实时处理观测网,能以适当密度覆盖某一海区,是非常有效的监测手段,但需巨额经费和时间。

(2) 采用自浮式海底地震仪的临时观测方式

①临时的流动观测。该观测采用的海底地震仪,始于1970年。除在美国加州和日本有一些永久性海底地震观测外,绝大多数的海底地震观测都是临时性的,即利用回收装置定期收回。由于供电和仪器存储量的限制,临时性地震仪在海底最多只能工作几个月。特别由于船费昂贵,临时性的海底地震观测只能配合某些特定的研究计划进行,不能连续进行观测,更不能作为一种常规性的观测[1]。

②借助海洋研究船和潜艇的观测。用潜艇选择和布设仪器,可以克服仪器在船上投放后自浮在海面上的缺点,可以在海底选择合适的露岩在其上设置。观测结束后,通过在海底接收的超声波信号由电蚀将锚切断,仪器自动上浮,浮力全部由复合泡沫塑料制造的深海浮力材料取得。

不过,这两种临时观测方式存在以下共同问题:

①海底地震仪的设置与投放、回收依靠船只进行,在经济上费用太高。因受海流等因素的影响,有时还难以回收。

②密封式地震仪观测时间有限,不如陆上方便,不能进行充分观测。

(3) 海底电缆式半永久地震观测

海底电缆式半永久地震观测是用电缆把设置在海底的地震仪与陆上的观测站连接起来,进行半永久性观测的方式。它把地震仪和水听器等传感器以及传输数据的收发两用机装入耐压容器(传感器探头),设置在指定地点。通过海底电缆进行数据传输、遥控以及电力供给。观测数据从海岸局通过无线或有线传输到中央数据中心,进行数据处理及观测系统的控制、监视和维护。该方式由美国拉蒙特地质观测所研制成功并正在使用(Sutton et al.,1965)。

用海底电缆式进行海底地震观测时需选定海底敷设线路、传输方式、控制方式、能保持长期稳定的传感器，并需具有对大量观测数据进行即时处理的能力。

随着深海底和长距离观测的需要，海底同轴电缆传输技术发展相当快，日美之间横穿太平洋电缆（TPC，1964）和直江津—纳霍德卡之间的横穿日本海电缆（JASC，1969）已开通。为长期监视日本海沟的地震活动和地震预报研究，日本实施了海底电缆式地震仪计划，见图 5-3。

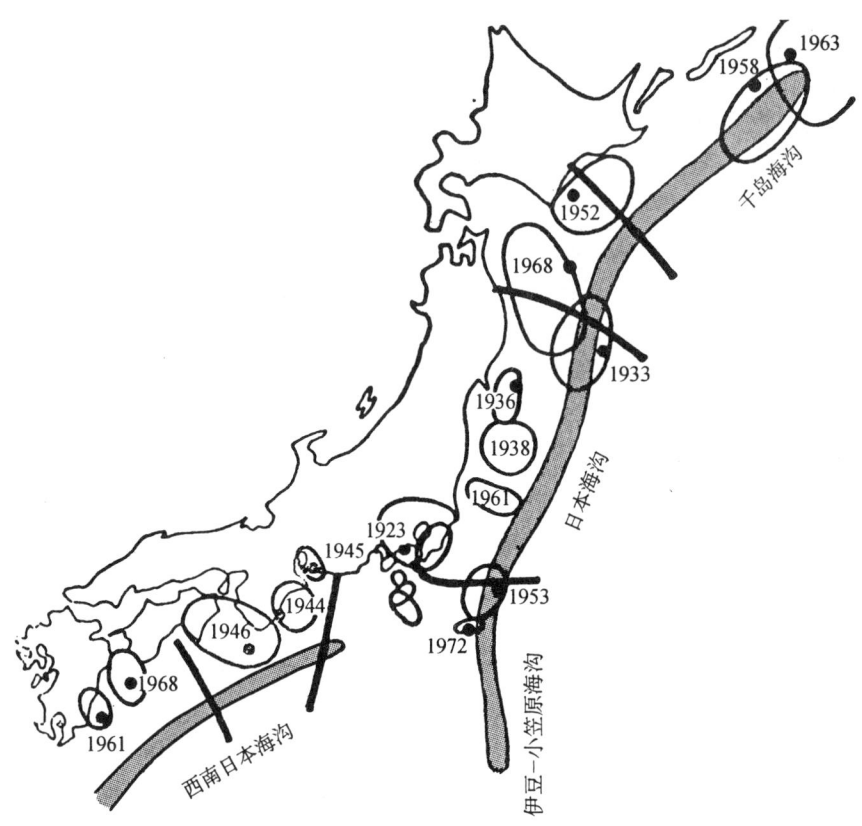

图 5-3 研究地震预报的海底电缆式地震观测网的设置计划（粗线表示海底电缆）[3]

第二节 海底地震观测现状

1. 国际海洋地震台网（OSN）[6,7]

为了填补全球地震台网的空白，作为全球地震台网（GSN）的一部分，美国地震学联合研究协会（IRIS）和联合海洋学会（JOI）牵头组建了海洋地震观测台网（OSN）。

1988 年 4 月，在美国麻省伍兹霍尔举行了一次研讨会，讨论在深海中建立永久性宽频带地震观测台网和运行问题。布设海底地震仪的科学判断和设想得到了与会代表的认同和广泛的公众支持，从而促成了大量规划设计，包括由国际海洋钻探计划（ODP）1991 年 3 月在夏威夷瓦胡岛南南西（SSW）220 km 处钻一口科研井（OSN-1），以便进行深井传感器与海底表面掩埋传感器的对比试验（Dziewonski，Wilkens，Firth et al.，1992）。

JOI 和 IRIS 联合发起的 1991 年 6 月会议结束后不久，提出了在 OSN-1 号井进行部分导向实验以调研全球海洋地震台网实际安装前需要解决的技术和地震学问题（Forsyth et al.，1991）。所推荐的一个重要实验是在岛上和附近海底同时观测，以用远震的宽频带噪声谱来比较地震记录的信号特征。

此后，在美国国家科学基金会（NSF）的资助下，斯克里普斯（Scripps）海洋研究所和伍兹霍尔的科学家们组装了一台宽频带地震仪（Teledyne-Geotech 54000）以及能在深海底井中使用的记录系统，并在皮尼翁弗莱特进行了测试。迈阿密大学、斯克里普斯和伍兹霍尔的观测人员在 NSF 和 IRIS 的资助下设计、组建了两个 BBOBS 样机，其传感器集成件可以远埋在海底地表沉积层中。

1995 年 1 月，国际海洋台网组织召开了"深海多学科观测台"国际研讨会，目标是确定深海长期地球物理观测的科学影响，回顾当前最新科学技术的发展，设立一个全球规模的监控地球上各种动力构成的长期多学科计划的发展策略。

1995 年 2 月，海洋地震台网指导委员会制定了五年计划，这一计划包括下列目标：
①不断发展有效技术以支持并增强长期海底观测台的能力。
②通过安装几个样板观测台，建立长期海底地震观测的科学思路。
③发展实用的和便携式宽频带海底地震仪。
④通过 BBOBS 小规模台网，进行试验以证实研究效果。
⑤建立类似 PASSCAL 项目的设施，使 BBOBS 技术能为研究团体所用。
⑥与其他地球科学团体建立联系，发展多学科观测台。

1998 年 1~6 月，IRIS 在夏威夷瓦胡岛西南 225 km、水深 4407 m 处的 OSN-1 号钻孔点（ODP843B）实施了 3 台宽带地震计（1 台置于钻孔内，1 台布设在海底，1 台埋入海底）为期 115 天的 Pilot 试验记录，目的是对 3 台宽带海洋传感器获得的结果与在夏威夷群岛周围其他地震计系统的记录就其环境噪声条件和震源频谱进行对比。Pilot 试验共记录到 50 多次地震，范围从震中距 44°的 $M4.5$ 事件（1998 年 2 月 14 日；0215：03UT）至震中距为 91°的巴勒尼群岛的 $M7.9$ 地震（1998 年 3 月 25 日；0312：26UT）。试验表明，地震事件的信噪比变化依赖于频带、环境噪声条件以及传感器的设计。在 50 MHz~10 Hz 的噪声频段至短周期频段，记录到了典型的穿越地球内部的体波，这些记录波形可以用于地幔层析成像、核幔边界及内外核边界的研究。试验研究结果将有助于对安装在海底包括埋入沉积物中、固定在钻孔中或安放在海底的传感器的强度及局限性进行评估。

为了开发海洋观测新技术，进行实时及长期的海洋和地球研究，由美国华盛顿大学和加拿大维多利亚大学联合领导的 NEPUNE 项目对太平洋东北部的胡安德夫卡构造板块实施了区域性的海底观测，计划在 30 年内铺设 3000 km 海底光缆覆盖整个胡安德夫卡构造板块[8]。

至 2002 年底，全球地震台网（GSN）在陆地和海域已建有 120 个高质量宽带三分量地震台站，在太平洋有 21 个海底地震观测点，至 2003 年底又建立了 11 个高质量宽带三分量新台站，其中 9 个分布在海域（包括太平洋北部海域 2 个，太平洋南部海域 2 个，太平洋—印度洋交界海域 1 个，印度洋 1 个，大西洋北部海域 1 个，大西洋南部和大西洋南部洋中脊各 1 个），陆域 2 个（印度板块-青藏板块结合部 1 个，南美中部腹地 1 个）[9]。

与陆地台站相比，宽带海底地震仪产出的高质量环境噪声记录和系列事件记录将逐渐填补全球地震台网在海域的空白。

2. 日本海底地震观测概况

日本是地震研究领域的强国之一，对海洋地震的研究、海底地震观测仪器和观测技术的研究水平也处于世界领先地位。作为海洋地震研究的前奏，日本首先于1969～1974年间实施了"海底地质调查技术研究"计划；1974～1978年实施了"日本周围大陆架海底地质综合研究计划"，完成了1∶20万至1∶100万比例尺的地质测绘工作。1980年日本实施了海洋大地测量计划，完成了日本列岛周围1∶5万至1∶20万比例尺的地质调查工作。

（1）日本研制的海底地震仪

日本对海底地震仪的研制始于1968年十胜近海地震后，当时气象厅按照运输大臣的指示，通过日本气象协会从日本船舶振兴会接受经济援助，开始进行线外浮标式海底地震仪的研制和试验，并于同年研制出海底地震仪，该仪器在磁带上作垂直向单分量记录，记录时间为33天。仪器研究成功后于1968年、1969年和1970年在相模湾的三个地方进行敷设、回收和试验观测。

1969年日本东京大学地震研究所开始研制锚标式地震仪，在三陆近海大陆架斜坡上进行观测，碰巧抓到了认为可能是十胜近海地震的前震震群。

鉴于观测仪器在资料取得中的先导作用，日本在海底地震仪的研制中继续花费了不少精力，先后研制成若干种较为先进的海底观测仪器。如：

①自浮式海底地震仪。

1980年3月，日本国立防灾科学技术中心研制成"自浮式海底地震仪"。这套地震仪的研制开始于1978年，作为"与海底地壳构造和海底地壳活动有关的综合研究"计划的核心环节，专为研究海底地壳构造、观测海底微小地震、预报海沟型大地震而研制。这套不用电缆连接的自浮式海底地震仪在一个带有桩（脚）架的直径约80 cm的高张力铝合金球形容器中安装，有能连续记录1000 h的记录装置和电池，重约265～300 kg；根据耐水压性能设计，能够下沉到6000 m。大约40天连续观测后自动按船上发出的超声波信号，卸掉桩架以0.9 m/s的速度漂浮到海面上，然后由船回收记录图纸。1980年3月在神奈川县三浦市近海约10 km的相模湾、水深250～350 m的海域进行了试验。

自浮式地震计同电缆式地震计相比，有操作简单、费用低廉，不需要电缆就可在任何海域观测等优点。但电缆式通过联机很快就能得到数据，而自浮式则必须在观测后回收，所以适合于专门收集对地震预报有用的数据用于研究。日本气象厅为了强化东海地区的观测，查明骏河湾内可能发生地震的震源深度，从1995年10月起到2000年4月，在骏河湾内实施了约四年半的自浮式海底地震仪的临时观测。在仪器回收过程中得到了气象厅和海洋气象部的帮助[10]。

②海底倾斜重力仪。

早在1944年，日本东南海8级地震时，震前地面倾斜观测资料曾发生变化，由于震源在海底必须测量海底的倾斜变化，因此需要研制放入海底进行监视的新型仪器。海底倾斜重力仪在1982年左右研制成功，在骏河湾进行了试验观测。

该仪器可以深入到2～3 km海底观测倾斜和重力异常，它被安装在能耐3000大气压的密封容器内放置海底，由电缆牵引至船上，观测结果通过电缆传送到陆地的记录装置。

③用于浅海的简易海底地震仪。

通常要确定微小地震的震源和发震机制，要求布设最佳观测网。然而，海湾和内海不具备必需的观测条件。因此，在浅海最好安装简易海底地震仪。日本在九州西部的水深100 m处使用地震仪，可以控制整个内海和海湾，另外在浅海用浮标栓留方式较为容易。为此，日本研制了简单便宜的用于浅海的地震仪，在长崎县岛原半岛西侧的橘湾进行了微震观测试验。

在历史上，该系统布设的范围包括陆地微震观测网的部分地区，海底所使用的传感记录器和陆地上用的基本相同，采用直接模拟方式用盒式磁带连续记录，用UTC校时。在海底黄铜容器中，安装了保持水平的两个分量的传感器。信号用乙烯树脂电缆（三芯）引导到海面浮体。磁带大约使用20天。电源可供使用40天。记录部分装在用氯化乙烯树脂制成的容器内，再用尼龙绳与海底的固定器栓接，不锈钢管露出海面的部分是记录容器，为防止上部露出部分夜间冲撞，安装了标识灯。

1988年1月在微震活动活跃的橘湾内（水深35～40 m）安装了2台，连同四周陆地11个点进行了约40天的观测。海上作业使用的是九州大学理学府附属天草临海实验所的船只（15.5 t），劳兰航空导航系统C测位。重复定位在40 m以内。安装一个点需要40 min左右，换磁带大约需30 min，较为简单实用。但海潮引起的噪声大，是一个致命的不足。

④超深海海底地震仪。

东京大学理学部在世界上首次开发研制出9000 m级的超深海海底地震仪，可观测水深超过6000 m的海底。从1990年夏天开始用于实际观测。

超深海海底地震仪是通过将高精度的电磁式地震仪装入直径为24 cm的耐压玻璃球内并与记录仪和电源等一起沉入海底进行观测。观测后通过超声波信号使之与重物分开并浮起，进而回收。

海沟是由板块间相互碰撞，其中一方俯冲到地球深部而形成的，最深处可达11000余m。由于海沟附近频繁发生地震，以往的地震仪受水深限制，不能进行海沟内部的观测，日本海沟两侧宽度为40～100 km的超深海海底目前还是地震观测的空白区域。因此超深海海底地震仪对于了解海沟构造十分重要。

⑤数字海底地震仪（MOOBS）[11]。

为了了解全球规模的地球构造，开展超宽频带的海底地震观测极其重要，进行这项工作需要海底的宽频带噪声谱知识。为此，日本在1992年使用了光磁板型海底地震仪（MOOBS），且用该仪器观测海底长周期噪声谱。他们在研究地震的宽频带谱时研讨海底的宽频带噪声谱。MOOBS放大器的特性为DC-30 Hz，使用2 Hz速度型地震仪、伺服型加速度地震仪、水听器。通过对从80 m浅海底至6000 m深海底进行的观测，获得了有益的结果，其中之一是在相模湾水深1500 m海底得到的记录谱。

⑥利用潜艇布设的海底地震仪。

20世纪90年代初，海底地震仪主要是自浮式的。这种地震仪由于是从船上投下，所以，只能选择地形平坦的海底场地作设置点。平坦的海底多覆盖着未固结的沉积物，因而等于将地震仪设置在泥潭中，对于高精度的地震观测来说是极不利的。若能选择适当的海底露岩，在其上面直接设置地震仪，可望得到良好的记录。由此，日本于1992年试制了可使用潜艇运送和布设的海底地震仪。

现有海底地震仪上较多使用的玻璃球型耐压容器，有向心爆炸的可能性，在潜艇上使用具有危险性。因此，把地震计、记录器、电源装在两个铅制的圆筒耐压容器里。观测结束后，通过从海上接收的超声波信号由电蚀将锚切断，自动上浮。浮力全部由复合泡沫塑料制造的深海浮力材料取得。

1992年8月，在奥尻海岭（44°05′N，139°05′E，水深3338 m）进行了约两天半的试验观测。海底地震仪装载在潜艇"深海6500"的标本篮里潜航。通过电动夹具向海底布设极为容易。尽管观测时间很短，但得到了数个S-P在3 s以内的近震。

⑦24位三通道高分辨率海底地震仪。

东京NEC公司开发研制了有24位的三通道高分辨率海底地震仪NE-170，整套仪器由安装在双轴平衡环上的三轴加速度仪、24位三通道AM、A/D转换器和14通道调制解调器组成。置于海底时还能用于监测固体潮的变化。

由三通道调制解调器传送的地震波数据通过监视控制单元可得到实时控制并进行记录。

置于海底的该仪器主体形状为圆柱状，可以更容易放在抗水压的容器中。为了保证各轴向地震仪的水平，需要通过双轴平衡环，并以监视器控制单元传输的指令对其加以控制。

高分辨率加速度仪为伺服式的加速度仪，可使加速度仪中摆的位移为零，通过伺服机制中的电子弹簧来实现。利用那一时刻反馈回来的电流可以测量加速度并可获得高分辨率的数据，数据由水下数字化传输设备通过超声波将其传送到系泊浮筒，再通过系泊浮筒传送到卫星上继而传回地面。于是地震波在地面就能得到实时监控。

由此可见，日本在海底地震仪的研制方面颇具匠心，在世界上名列前茅，目前在日本广泛采用的海底地震仪仅重60 kg，性能却非常先进。

(2) 仪器敷设和台阵式系统

海底地震观测不是单有海底地震仪就能解决的，还需掌握仪器的敷设方法和拥有各种辅助设备，这些方法的掌握和辅助设备研制的重要性并不亚于海底地震仪自身的研制，为此，日本在海底仪器的试验性工作结束后，即进入了正式敷设和投入实际观测的试运行，为了保证正常观测，又对观测系统整体和辅助设备做了大量工作，从而在这些方面积累了丰富的经验。

①海底仪器的敷设和试运行。

1974～1978年日本的第三个地震预报计划确定了由气象厅地震火山部负责研制海底地震仪系统。1974年即选定了敷设路线，1975年（两次）和1977年进行了三次海洋、海底地形、电缆敷设贯入试验等调查，基本调查了海域的基岩、砂层、潮流速度等情况，为海底地震仪敷设提供了数据。1976年秋、1977年先后两次进行敷设试验，得到了敷设地点情况、海上作业时间、地震仪等装置软着落设置位置的确认方法，获得了海底微震活动资料并解决了具体的敷设方案（船尾敷设等）。

1978年7月13日～8月7日租船与制造厂家合作，在御前崎SSE 110 km、水深2200 m处进行正式敷设。敷设作业分近海一侧敷设和陆地一侧敷设两步。至8月7日，一共4个点的海底地震仪观测网敷设完工。1979年2月建成了御前崎—东京间有线传输线路和处理装置。1979年4月业务用的实时联机式海底地震仪系统正式开始工作至今。正式工作后由气象厅地震课负责管理。

②日本海底地震观测的台阵式系统。

为了承担各种目的的海底地震观测任务,必须把海底地震仪和各种辅助设备结合起来,形成一个观测系统,国际上对此甚为关切,日本也不例外。

a. 日本的现有设置点及系统。

电缆式观测系统首先是由气象厅于1978年开始在御前崎设置的,以后又由许多部门先后从房总近海、初岛近海、相模湾伊豆半岛东方近海、平琢近海到伊豆近海(相模湾)和釜石近海等架设。海洋科学技术中心又在高知县室户岬近海建设海底地震观测系统,这样加上科技厅在四国等地近海设置海底地震观测系统,海底地震观测覆盖了全日本列岛从北到南所有近海海域(美国敷设海底地震仪及其观测方式是把仪器集中在电缆末端,为联机式;日本海底地震仪系统在电缆末端安装,在中途也敷设,是台阵系统,它可以对地震进行多点观测,综合性能高)。

b. 系统组成。

所谓台阵式系统,是将在海底设置的地震仪传感器,通过电缆与海面浮标构成有线传输线路,再用人造卫星做小型中继台,通过无线电把信号从浮标传输到岸边中枢台。因此,该系统大致分为海底和陆地两部分装置及中继装置。

海底装置由密封容纳地震仪及其传输系统的中间点装置3个,加上海啸仪组成大型设置的末端装置1个,以及上述装置提供电力和传输信号的海底同轴电缆约160 km三部分组成。

陆地装置由海岸中继台装置和中枢装置两部分组成。海岸中继台装置(设在御前崎和胜浦)包括海底收信解调装置、海底供电装置、监控记录仪、地面有线传输发送装置以及附属设备。中枢装置(设在东京气象厅地震课)包括地面有线传输发信收信装置、地震波分析仪等系统自动处理装置、磁带记录器和可视监视记录器。充分应用陆域观测网和海底地震观测系统就可了解和掌握海沟型巨大地震震源区的板块内部应变、构造带位置和应力分布。

(3) 日本20世纪70年代末至90年代初建立的四个海底地震仪观测系统

①御前崎海底地震观测系统。

就抛锚浮标式或自浮式海底地震仪而言,由于缺少将地震计获得的信息传递到陆地的合适系统,因而对于实时监视该区域的地震活动来说缺乏实用意义。在这种情况下,为预报在海域发生的大地震,作为日本第三次地震研究计划的一环,于1973年6月由气象研究所地震研究部制定了于1974年在东海正式开始实施的名为"海底地震观测系统的研究"的计划。该计划从1974年开始动工,于1978年以适当间距在御前崎近海的4个地点布设了海底地震仪,4个布设点的海水深度分别为722 m、817 m、1542 m和2202 m,最远的一点离御前崎约155 km。这样经过5年艰苦努力,正式建成了海底地震监视系统,并于1979年4月1日开始运行。它由设在海底耐压容器内高可靠性地震仪、海啸仪、信号发送等装置和设在陆地上测候所的信号接收、转发装置以及设在气象厅内的信号接收装置、系统自动管理装置构成。整套系统包括海底设备和陆上设备两部分。海底设备由4台地震仪和1~2台海啸仪组成。每台地震仪的幅频特性与日本气象厅常规的标准地震仪的幅频特性相似。用于海底监视海啸的海啸仪,由石英压力仪组成,它的灵敏度和稳定性都很高。耐压容器的耐压强度为

8000 m 水深。

最新的高强度海底同轴电缆用于终端装置的敷设。终端装置在水中重 1 t 多。为了避免在 35 km 范围内由于拖网捕鱼造成对电缆的损伤，在水深小于 500 m 的海区，使用一种坚固的单层或双层铠装电缆。此外，对于水深不足 50 m 的海域，浪涌和海流常会带来麻烦，为了避免这些因素的干扰和破坏，将双层铠装电缆用钢管套住并埋在海底泥沙中。

海底系统所需要的电能通过海底同轴电缆，以直流电方式提供。

地震仪和海啸仪从海域捕获的所有信息采用 FM-FDM 方法传递，其信噪比为 72dB。这些数字信息在海岸上的台站，被解调并转换成以 10 比特为一组的数字量。然后，这些数字信号再通过陆上电话线路传送到日本气象厅数据中心。

1978 年以来这套海底地震仪观测系统一直未出现故障，在预想的东海地震震中区及邻近区域的几次小震群活动已被该系统检测到，这使预想的东海地震震中区域发生的小震监测能力获得了明显的改善和加强。

②胜浦海底地震观测系统。

为了进一步加强发生大震可能性较大的、作为地震预报联络会观测强化地区之一的南关东地区的地震与海啸防灾体制，继在御前崎布设海底仪观测网之后，日本气象厅于 1985 年 8 月 27 日和 9 月 26 日在房总半岛东南近海相模海沟的海底布设了一个新的海底地震仪常时观测系统。配合御前崎海底地震仪观测系统，对东海地区和南关东地区的地震监视发挥了更大作用。

系统布设工程由日本气象厅租用日本电信电话株式会社的海底电缆铺设船"黑潮号"进行两次电缆铺设完成。电缆从千叶房总半岛胜浦开始向相模海沟伸展，总长度约 110 km。在此距离内同御前崎系统一样分别在 4 处布设海底地震仪和海啸仪各 1 台。4 处布设仪器的海水水深分别为 600 m、1900 m、2100 m、4000 m，比御前崎系统都深 1 倍左右。4 处检测到的地震和伴随地震发生的海啸等信息，用海底同轴电缆传输到陆地站，进而通过专用电话线实时传送到气象厅。

日本为建立该观测系统，制定了一个从 1981 年开始的六年计划，1986 年实现从胜浦到气象厅的遥测路线工程，该年末全系统开始工作，最终实现了气象厅海底地震常时监视工作。

这个通过电缆实现常时监视的海底地震仪系统，是一个仅次于东海地区御前崎系统的居世界第二位的系统，是气象厅直接探讨地震之巢的"大听诊器"。两个系统具有同样功能。

③浮标遥测式海底地震观测系统。

为加强太平洋沿岸的地震观测，北海道大学海底地震观测所于 1985 年 11 月 12 日在北海道襟裳岬近海安装了两座漂浮水面的、用水中传声器捕捉海底来的地震波的无人观测浮标，观测资料通过无线传送到地面设施。这是世界上第一个通过无线观测海底地震的系统。东京大学、东北大学、名古屋大学等单位与北海道大学合作，在太平洋沿岸的近处共 9 个点进行了观测。他们于 1990 年、1991 年实施了用于地震预报研究的"浮标-遥测计划"，该系统设在襟裳岬近海的一座是第一号。在南方约 100 km 的海域，漂浮着装有太阳能电池的浮标，垂吊在海中的传声器通过声波形式捕捉海底发射来的地震波。在浮标内部声波变为电波，通过无线信号传送到位于离此约 200 km 的日高支厅静内町箕山（标高 805 m）的北海道大学箕山接收所，而后再通过电信电话公司的线路传送到北海道大学地震预报观测地区中心（位于札幌）。

他们在襟裳岬近海和根室南东近海、三陆近海、金华山近海、茨城近海、房总近海、纪伊半岛近海、四国近海、日向滩近海9个地方均设置有这种观测装置，以后根据需要将考虑在日本其他地方的海面上也设置这种装置。

布设海底地震仪，除对于观测再次发生像关东大地震那样的相模海沟一带巨大地震、微小地震和争取在20 min前检测到海啸信息有很大作用外，还能从与大陆一侧观测网不同的角度观测地震，能够正确地测定震源参数。并根据震源分布，进一步了解板块构造。

④IBOS观测系统（Integrated Borechole Observation System；钻孔式复合观测装置）。

以上述系统为基础，日本又研制了在三分向应变仪和轴向应变仪上加装倾斜仪的装置，联同地震仪一起观测的IBOS观测系统设置在神奈川县西部开展观测。该海底IBOS是在陆地IBOS基础上研制而成的[12]。此外，东京大学地震研究所在本州南部海底旧通信电缆上（该电缆是1964年从神奈川县近海经由伊豆、小笠原群岛到关岛海底铺设的电缆，恰好位于日本以南的菲律宾海板块和由太平洋向西挤压的太平洋板块边界附近的海底，最适合于海底地震的观测）安装地震仪和流速、水温仪等各种观测仪器，作为地球观测站进行再利用。另外，还有两个地震观测点和观测磁场强度、水压、水温、流速的一个综合观测点布设在马里亚纳海沟的海底洼地水深约4000 m处。观测仪器捕捉到的数据直接传输到设置在东京地震研究所的数据中心，该系统在1992年度开始观测。

(4) 阪神地震前日本为海底地震观测实施的几项科学计划

①早期的海洋地震活动性调查。

20世纪80年代，为了研究菲律宾海板块最北部的地震活动性，由国家灾害防御研究中心（NRCDP）在日本中部的西相模湾布设了8台自浮式海底地震仪（OBS），进行为期1个月的地震活动性调查。调查使用两种型号的海底地震仪：7台FEU型，1台CDPOBSⅡa型海底地震仪。前一种地震仪固有频率2 Hz，带宽2～15 Hz，二分量（一个垂直分量，一个水平分量）。后一种固有频率4.5 Hz，带宽1～30 Hz，三分量（一个垂直分量，两个水平分量）并带有一个幅度均衡器，均为连续模拟记录。这次调查揭示了该地区地震活动模式，有力支持了沿最大构造应力方向伸展的弱强度是该地区地震活动频繁的原因[13]。

②维纳斯计划。

1994年10月4日日本北海道东部近海发生地震，震中位于太平洋板块和北美板块的俯冲地，是观测所不能及的深海处。为此，日本实施了"维纳斯计划"，作为5年计划从1995年开始实施。实验海域在神奈川县二宫—冲绳—关岛间，这里可以直接观测太平洋板块、菲律宾海板块、欧亚板块这三大板块的碰撞地点。

该实验被称之为"采用海底电缆的多目的地球观测监测网络"（VENUS），以科学技术厅为中心实施。由于光通信技术的迅猛发展，海底电缆正在逐步将同轴电缆换成光缆。为了"退役"的同轴电缆再得到利用，这是一项以深海底为舞台的宏伟的"资源"再循环计划。同轴电缆比光缆的通信容量低一个数量级，但在获取海底观测数据方面仍具充分能力。该计划将关岛—夏威夷—美国西海岸等地连在了一起。

在观测目标海域，将光缆与同轴电缆连接构成网络，在该网络上配置长周期地震仪和海底地形变测量装置、精密海啸仪，研究海水性质的化学传感器以及研究地幔活动、预报海底火山喷发等用的地磁、地电测量装置。形成的光缆网络在 100 km 左右。全部采取全海底作业方式进行，这在世界上还是首次。

连接同轴电缆和光缆需在压力箱中作业。还要采用同一种不使电缆裸露的非接触性连接方式。这些作业都要在水下 3000~4000 m 深海底进行，为此，需要能胜任的远程操作运载装置（POV）。日本科学技术厅计划使用潜水调查船"深海 6500"和无人探测机"海豚 3K"，并开发新的自动操作装置。在光缆上配接各种观测装置需用深海结合环，同时，由于光缆不能送电，日本在观测装置上配装了高性能、长寿命的蓄电池。

另一个重要的开发课题是在大范围海洋内正确把握同轴电缆的敷设位置，以及确定连接光缆地点的海底电缆精确定位测量技术。迄今为止，科学技术厅的防灾科学技术中心和海洋科学技术中心等单位也在利用海底电缆在房总半岛近海和相模湾实施海底地震观测，但目前还没有到达日本海沟观测。与此相应，VENUS 计划将直接选取三个板块碰撞地探索板块俯冲机制。因此，它是揭开海底大地震预报的一项尝试。

③海神计划[1]。

日本地震学家为加强对全球地震学的研究，通过与国外研究机构的合作开始将地震观测延伸到国外，于 1987 年提出了在西太平洋建立一个区域性地震台网，即面向太平洋的地震数字观测台网（Pacific Orient SEIsmic Digital Observation Network，缩写 POSEIDON）计划，该台网的英文缩写是古希腊语中的海神，故称为"海神"计划。

"海神计划"的目标是在西太平洋和东亚每个约 $10°×10°$ 的地区内设置一个数字地震台[14]。计划分两步执行。

第一步：在有关国家陆地和岛屿上建立地震台站，建立共同的资料中心，并开始架设海底地震仪。

第二步：主要解决在深海海底建立多个地震台站，虽然在日本近海已有数个临时和永久观测系统，但在深海却没有永久性的地震观测点。从放置深海海底盆地的仪器获得的地震资料将有利于了解地球内部的情况。计划完成后预期至少能工作 20 年。

台网覆盖区域（由有关国家的科学家共同决定）包括日本岛弧、伊豆—玛利亚纳岛弧、琉球岛弧、菲律宾岛弧和印度尼西亚岛弧、日本海和班达海等边缘海及太平洋地震带的西北部分，因许多大地震都发生在这一地带。

为了得到高分辨率的地震资料进行地球内部成像，海神台站一律使用宽频带（0.1 s~1 d）大动态地震仪，利用光纤传输。光纤直接把数字传到记录中心，可节省海底地震仪的记录装置。光纤通讯中继站的电源消耗更小，光纤通讯的高信噪比特点使得地震信号处理变得更加简单。

海神计划的另一关键问题是收集、加工和储存海量数据。海神计划将各台站的数据储存在光盘上，数据经过编辑，形成地震文件磁带和网日带（day tape），资料和数据的公布都采用压缩光盘。资料中心与其他国家和地区的宽频带数字地震台网进行资料交换。

海神计划是海洋半球地震台网计划（OHP Seismic Network）的前身，海神计划并不是实质上的组织，它是一种由管理国外地震台站并交换地震信息和数据的地震学家组成的协会，海神计划使用的地震观测设备各不相同，并不统一，这是由于每个台站的维修委托于各国成员，从而造成了在系统地保持台网良好运行状态和数据流通上的困难。1995 年海神计划的地震台网被日本海洋半球地震台网接管。

(5) 日本在阪神大震灾后兴建的海底地震监测网络[15]

1995年1月17日阪神淡路岛大地震后，巨大的震灾使地震预测再次成为社会和地震界关注的焦点，日本科技厅在其后5年中投资了150亿日元，建成了一个电缆总长度为5000 km的海底地震监测网络。为了及时捕捉大地震前兆和研究地震发生的机理，追根朔源掌握海底构造活动和地震动态，日本科技厅、日本海洋科学技术中心以及东京大学地震研究所等从1996年开始，在构造板块边缘地带四国岛附近的南海海沟沿线和日本海等接近震源的海底设置电缆式海底地震观测系统，对板块运动及其动态进行详细监测。同时还建设了下列系统：

①防灾科学技术研究所在相模湾的光纤式地震、地壳变动观测系统（BOS-1）。

1996年3月防灾科学技术研究所在相模湾的房总半岛近海之间设置了全长为125 km的光纤式观测系统。系统在6个地点设置了地震仪，在3个地点设置了地壳变动仪。地壳变动仪实际上起海啸仪的作用。

②东京大学地震研究所在三陆近海海底的光纤式地震观测系统（ERI-2）。

1996年东京大学地震研究所为了探明海沟大地震和震群以及海啸地震的发生过程，在东北大学的协助下，在三陆近海设置了有3台地震仪、2台海啸仪、光缆长达126 km的观测系统[16]。为了对观测记录到的波形进行解析及对破坏过程进行分析等研究，以此推动以前尚未深入进行研究的海域地震，采用了与以往不同的思路，即陆地清晰记录到波形的地震，在海底也能不限幅进行大动态范围观测。系统采用了12芯光纤，其中6芯是为了确保将来延长光缆而备用。

③东京大学地震研究所在伊豆近海海底的光纤式地震观测系统（GEO-TOC计划）（ERI-3）。

该系统是利用已经停止使用的旧商用TPC-1海底通信电缆进行改建的，日本在这条旧电缆上设置了海底地震观测系统（这条旧电缆是1964年日本和美国之间设置的第一条国际通信电缆，在关岛至二宫之间的电缆长度达2659 km）。旧TPC-1拥有128条电话线路。在现代信息化社会中这些数量的线路确实显得太少，但在传送地震波形时，地震仪的每一个成分只需一条线路，128条线路的容量已足以够用。利用这条电缆，日本于1997年在东京以南400 km的小笠原海沟的斜面上铺设了第一个重新利用旧通信电缆的海底地震仪，使用了三分量设有平衡环（gimbals）的伺服型加速度仪。地震数据以24 bit、125 Hz的采样形式，使用同轴电缆内频率多重化的数字化方式传送到东京地震研究所。此系统中除了地震仪之外，还设置了水温、水压和水听器。与以前系统的不同之处在于该系统对地震仪的姿态、放大率、采样速度和CPU的重新设定等可以在陆地上进行控制。

④日本海洋科学技术中心在室户近海底的光纤式综合观测系统（JAM-2）。

自1997年以来，日本海洋科学技术中心启动了海洋电缆式系统项目，在日本活跃的孕震地区组建了地球物理观测系统。该电缆式系统对于长期、实时地球物理观测是极为有效的工具，并且已组建了更为机动的可移动实时海底地震观测系统。该系统包括了分路多通道调制转换器、联合多通道调制转换器、光纤电缆传感器和供电装置。分路多通道调制转换器可将光纤电缆进行分路，以在多路的末端安装联合多通道调制转换器。联合多通道转换器可接受来自4个卫星站的信号，因而，是观测信息的交汇点。2001年7月，实时地震数据以

100 Hz的采样率被成功获取。该系统具有可由陆上台站发射传感控制信号和通过分路多通道调制转换器进行信号分离、发送到各个接口的优点。供电装置可供7.5个月之用，已经以高信噪比记录到了震级大于6.5级的地震。

为了监测在日本南海海槽地区的地震活动性，自1997年开始，日本海洋科学技术中心在该地区全面布设了深海地震监测系统。该系统由电缆连接的台网及无电缆连接的台网组成。其中电缆连接的观测站配备有2台加速度型地震仪、2台石英晶体海啸压力计、1台多学科传感器以及125 km长的光纤海底电缆等设备。无电缆观测台网由1个母台和4个子台组成，母台配备有1台多学科传感器、1台速度型地震仪、1台海啸压力计、1台地电磁计、1台水中震动检波器以及16个自浮式浮标。母台的监测资料可通过自浮式浮标和卫星进行传输。每个子台配备有1台可连续工作3个月的三分量速度型数字式海底地震仪等。

2000年以后，日本在板块边缘地区和岛弧地区采用了新研制的海底地震仪开展长期海底地震观测。还采用沉浮式海底地震仪、水中震动检波器和可控震源来研究不均匀地震结构，并将调研扩展到海盆和海脊地区以进一步研究板块动力学。如2000年日本海洋科学技术中心采用海底地震仪进行了一系列流动地震观测，日本海洋安全署和东京大学地震研究所合作参与了该项目。海底地震仪布设在当时地震活动频繁的三宅岛附近海域，此项目与其他项目同时开展，观测资料不仅用于地震预报研究，还通过高精度观测研究震群多发的海底地区的地壳应力释放机制。在布设观测网时共投入了19台沉浮式海底地震仪。

2002～2003年，日本在高地震活动性的日向滩地区布设了23台沉浮式海底地震仪，高精度地计算了震源分布及地震机制解。发现正断层型地震与逆断层型地震几乎以同样的频度发生，板块边缘两侧均有正断层型地震发生，但逆断层型地震一般发生在正断层型地震之间。

2004年3～5月，日本海洋科学技术中心在日本西南的南海海槽以西海域布设了30台沉浮式海底地震仪，来研究当时的微震活动性以及地壳不均匀结构与同震滑动分布之间的关系。

1997年海洋科学技术中心在室户岬近海设置了2台地震仪、2台海啸仪、光缆长达130 km的综合观测系统[16]。在电缆端部设置了摄像机、分层流速仪等各种海洋观测仪器，该系统的一个新颖之处是设置了海底温度仪、水听器等先进的观测装置。该系统是海洋科学技术中心于1993年在初岛近海的相模海槽首次设置的电缆长度为8 km的综合海底观测点的基础之上新开发的一套系统。经光纤传送的数据通过室户陆上再传送到日本海洋科学技术中心。在未处理的数据中，水深2000 m左右的南海海槽受到黑潮海流产生的噪音的影响似乎较大。为了调查南海海槽轴线以外区域的地震活动，在室户近海的系统中还设置了脱机观测装置。地震仪观测短周期地震波、捕捉地壳倾斜变化，海啸仪以高分辨率检测海水变化等数据，采用卫星通讯方式传输。

⑤东北大学在三陆近海设置光纤式海底地震和海啸观测系统。

日本东北大学等部门利用共用光缆在三陆设置光纤式海底地震海啸观测系统，3台地震仪和2台海啸仪设置在距釜石湾124 km的海底。

该系统除研究地震发生的板块运动外，还可时刻掌握地震活动的动向和发生海啸的信息，将作为防灾信息系统而发挥作用。

⑥VENUS海底综合观测系统（VEN-1）。

该系统也是利用已停止运行的TPC-2商用海底通信电缆进行改建的，于1998年3月开始设置海洋综合观测点。该系统首次使用了英国Guralp公司制造的CMG-1T宽频带地震仪。由于宽频带地震仪的操作极为困难，故此地震仪的设置由"深海6500"执行。另外，地震仪平衡环的操作和质量平衡等在陆地上进行控制。地震数据的数字化具有100 Hz、24 bit的解读能力。地震仪还拥有用于掌握器械设置状态的方位和倾斜传感器，除了宽频带地震仪，还可对水声、地壳变动、海啸、海水流向流速等进行观测。得到的数据经过冲绳陆上局被传送到日本海洋科学技术中心和地震研究所，并在英特网上公布。

⑦日本的海洋半球地震台网计划（OHP Seismic Network）。

1996~2001年日本实施了海洋半球地震台网计划（OHP Seismic Network），在该计划实施前的1995年，OHP地震台网（Y. Morita, I. Yamada, 2001）接管了海神计划的地震台网，并开始改进它。海洋半球地震台网计划项目在太平洋西部布设了宽带海底地震仪观测网络，该网络包括作为长期观测的海底井下观测系统、短期观测的沉浮式宽带海底地震仪系统以及作为长期台阵观测的海底地震仪系统，它将地震台网分为两类：一类是长期观测台网，另一类是短期观测台网。长期观测台网由实施海神计划时期建立的台站组成，短期观测台网为基于科学目的只在短时间内（3~5年）运行的流动地震台网。

（a）长期观测地震台网。

当OHP计划启动时，东京大学地震研究所和名古屋大学科学研究院曾研制并介绍过OHP地震台网的标准记录系统，其技术特性与美国地震学联合研究体（IRIS）系统的技术特性相同。但日本根据下列要点改进了台网，其一是在所有台站用OHP标准系统代换海神台网使用的设备，将地震仪换成三分向的STS-1型地震仪（360 s），所有台站的设备统一配置。其二是如果需要则改建地震仪的摆房。其三是在其他全球台网尚未建立台站的地方创建一些新台站。

日本现在管理着西北太平洋区域位于日本、俄罗斯、韩国、菲律宾、密克罗尼西亚群岛、帕劳群岛、越南和印度尼西亚的12个台站，除此以外，还有与IRIS、PRI和MRI合作管理的5个台站。他们在所有台站（排除合作台站）均安装了OHP标准设备。记录系统具备通过电话线或计算机网络进行数据传输的设备，但由于有一半的台站位于欠发达地区，其电话线路的质量对于数据传输无法保障，而计算机网络通信的条件更为糟糕。因此，所有地震数据被记录在台站PC机的磁光盘上，并被拷贝成其他介质且通过邮局寄到OHP的数据中心。

（b）短期地震观测台网。

除了长期观测台网之外，日本还在西北太平洋区域布设了短期台网。为了得到菲律宾海海底以下660 km深度处停滞板块的精细成像，根据OHP计划在该区域布设了宽频带地震台阵。该区域大部分被海洋所覆盖，连贯的地震仪布设除了需要在海域布设地震仪外，还需要在陆地进行地震仪布设。从1999年11月起，在中国中北部的陆地台站安装了4台宽频带地震仪，并在菲律宾海的海底安装了15台宽频带洋底地震仪（BBOBS）。9个BBOBS系统于2000年7月被取回，但是位于中国的地震仪一直在运行中。在中国的地震观测是通过与中国地震局合作进行的。

对短期地震观测台网要求的仪器性能是：具有较高的灵活性，易于操作，甚至在恶劣的条件下具有很高的稳定性。日本已研制出类似于 PASSCAL 系统的用于陆地流动地震观测的记录系统。此系统体积小，重量轻，低功耗而且容易操作。

(c) OHP 数据中心（N. Takeuchi, S. Watada, Y. Fukao, 2001）。

每个 OHP 台网的观测数据均被汇集到海洋半球计划数据管理中心（OHPDMC），并通过万维网 http：//ohpdmc.eri.u-tokyo.ac.jp 对公众发布。

为了促进数据集的进一步应用，东京大学地震研究所和横滨城市大学科学院建议将台网数据中心系统命名为 NINJA（用 JAVA 软件生成的网络新界面）。在该系统中，地震波形数据由每个台网的数据中心管理，但可通过国际互联网构成数据应用网络。

(d) 日本为 OHP 而研发、部署的海底地震观测系统（T. Kanazawa, E. Araki, et al., 2001）。

在西太平洋海域建设一个宽频带地震观测台网是海洋半球计划（OHP）的目标之一。该地震台网以台站间距为 1000～2000 km 的距离连接洋底观测站、陆地和岛屿观测站并覆盖西太平洋地区。该台网填补了西太平洋海域原有观测台网的大部分空白，有助于提高地球内部成像研究的分辨率。

日本为 OHP 新研制了两种类型的海底地震观测系统，一种类型是用于永久性海底观测的井下地震仪，另一类型是洋底地震仪（OBS）。已研制出的几种 OBS 系统分别是：频带为 360～0.05 s，观测周期约为 400 天的用于长期观测的宽频带 OBS 系统；频带为 30～0.05 s，连续记录周期为一年半的用于长期观测的宽频带 OBS 系统（日本已在沿着菲律宾海 2500 km 长的剖面上部署了 15 个该种类型的 OBS，并于 1999～2000 年间成功观测一年）；频带为 1～0.05 s，观测周期是 1～1.5 年的用于长期观测的 OBS 系统。如同配有短周期传感器（4.5 Hz）的标准 OBS 一样，它们也被设计成自动沉浮型的 OBS，可放置在 6000 m 深的海底。

2000 年 8 月，命名为 WP-2（海洋钻孔宽频带地震仪系统，M. Shinohara, E. Araki, et al., 2001）的新钻孔地震观测站被成功地部署在西北太平洋海盆的 ODP1179 钻孔中（该钻孔在海底以下 475 m 深处，并在 377.2 m 深度以下有一个玄武岩层剖面）。该系统被设计成为一个可坚持多年运行的独立的地震观测系统。它针对该站附近没有用于数据回收和供电的退役越洋同轴电话电缆可利用的环境而设计。因此，它是一种拥有蓄电瓶和记录器的独立系统。

(e) 日本在配合海洋半球地震台网方面的其他开发。

研制海底设置型宽频带地震观测系统以构建海底地震观测网，用海底设置型宽频带地震仪做机动性观测，是"窥察地球内部的新眼睛"的海洋半球地震台网的一个课题，目标是以海底井孔式宽频带地震观测构建 1000 km 长度的观测网。为此对使用的 CMG-1T 型宽频带地震仪的耐冲击性能作了改进，并完成了若干项配套辅助设备的开发。如：

——万向支架装置：

海底观测中难于把握装置的设置情况，为了对倾斜的地形、凹凸不平的地形都能进行观测，拾震器的姿态控制装置十分必要，迄今短周期地震拾震器的自浮型海底地震仪中专门使用油制动的自由支架，不适用于宽频带观测。该装置在调探拾震器的姿态后便完全锁定，不能不影响到观测特性。

日本研制了改进宽频带地震拾震器适用的自由支架，它是一种固有周期为 1 s 的拾震器（英国 Lennartz 公司制 LE-3Dlite）所用的支架。可在水平双向（相正交）上各作 30°幅度的调整，当海底地震仪倾斜时，可依次调整拾震器的水平。观测期间拾震器姿态在地震仪开始运作之初及其后每天做一次调整。读出拾震器倾斜值后，在出现超出正负1°的倾斜时，将沿两个正交的水平向依次做调节。

——数字记录器：

日本研制出了电能消耗极低的记录装置，以达到在难于保障电源的海底实现长期观测，取得宽频带的高增益记录。

所研制的数字记录器不仅是一个单纯的记录装置，也能执行对地震仪各个部分的控制和调节，涉及到电源管理、时间服务、通信信道、自由支架的动作、切换音响接受实施（上浮）脱逸指令以及数据通信等。

——姿态调整：

面向新一代的海底地震观测，日本研制了新的音响切换装置。他们在研制的海底地震仪内，用串行接口将这一音响切换装置同控制地震仪的数字记录器相接，相互取得数据，以便接收实施船上发出的控制指令和向船上发送有关地震仪状态、数据的信号。

所研制的新的音响切换装置，除了具有以往的功能如测距、锚定脱逸之外，还能控制支架装置、数字记录器调整、数据回收以及内置时钟的时间校正。

——海水电池：

日本使用了挪威 SIMRAD 公司推荐的可在深海使用的海水电池（SWB600），制作了耐压容器（耐6000 m水深）并使之系统化。

总的说来，海洋半球地震台网项目在地球物理观测密度较为稀疏的北极东部地区和西太平洋海域组建了新的包括有地震学、地磁地电和大地测量的地球物理观测台网，并能通过海底观测来直接探索地球内部。

该项目的第二期工程包括可移动的台阵观测、长期台网观测及多学科地球物理台网观测。为了有效利用这些综合观测资料，日本特别成立了"海洋半球计划数据中心"，在因特网上提供宽带地震波形数据服务[17]。

海半球项目已组建起包括地震、地磁和测地等海底仪器的台网。已建立的系统包括：①海底井下地球物理观测系统；②可移动海底地震观测系统；③流动宽带地震观测系统；④海底热流监测系统；⑤标准的海岛地震观测系统；⑥标准的海岛电磁观测系统。其中流动宽带地震观测系统使用沉浮式宽带海底地震仪。由于其良好的性能，海半球项目在西太平洋三个地区共4个井下台布设4套海底井下地球物理观测设备，以获取海底高质量、高分辨率的资料。安装布设工作已于2001年4月完成。海底井下地球物理观测由遥操作装置（ROV）激发。海底装置中包含有记录仪和大容量锂电池。海底传感设备包含有1台应变仪、1台倾斜仪和2台宽带地震仪。整套装置由水下可装配连接器连接。因此，各单元可由ROV回收维修。从这几年来获得的海底井下地球物理观测资料来看，所有4个井下台都连续观测，无地震噪声水平的时间变化。

海半球项目还沿菲律宾—中国海域的剖面开展长期地震和电磁台阵观测，以研究不均匀地幔流。这项工作涉及了海底地震仪台阵、海底地磁仪以及陆上地震仪台网等。其中海底地震观测沿2800 km海底布设了15台准宽带海底地震仪，每台的钛球压力舱中安装了1个准宽带传感器。

沿该剖面还布设了6台海底电磁仪。每台电磁仪每分钟测量一次当地的地磁场（三分量）和地电场（二分量），以研究西太平洋地区的上地幔结构。

海半球研究中心的主要日常工作有：①地震、地磁和测地台网的观测和维护；②新型仪器和传感器的开发；③地球内部结构与动力学特点的分析研究；④国内外地震界的交流资料等。

可见，海半球项目是一项颇为成功的项目。

（6）通过海底地震观测日本在海洋地震学方面取得的主要成果

在先进的海底地震观测技术支持下，日本在海洋地震研究中开展了一系列研究，并取得了一系列有价值的结果，如：

①获得了微震记录。日本在鸟取近海 80 km 的日本海上记录到很多微小地震似的振动。这个地区过去被认为从来不发生地震，如果发生微小地震，则该区域在地球物理研究上具有重要意义。

②发现了海沟内外侧地震活动的差别。海沟外侧的地震活动在某一地区发生的大小有上限，并有一个不在近处就测不到的微小地震的场所。观测结果表明，海沟内侧多发生震源极浅的地震，相比于外侧地震活动极低，这与以前估计的在外侧只发生微小地震或根本没有地震活动的看法相反，说明这一地区的地震作为浅源地震发生方式似乎非常特殊，且地震规模越小频度越增加（结论对任何浅源地震都成立），而对于外侧发生的小地震来说，这种关系好像不成立。另外，日本发现海底岩石圈的 Q 值明显的高；地震发生方式与内陆不同，极微小地震的比例至少与深源地震的发生方式有相似之处，这些都是海底板块的重要特征。

③获得了海底地壳的地震波衰减数据。研制海底地震仪的目的之一就是在洋底进行远距离爆破试验。日本于 1971 年在马利亚纳海域进行的爆破试验中，首次得到 Pn（通过上地幔的纵波）传导良好的结论。在日本洋底，1 kg 炸药水下爆破在 70 km 外的记录和 5 kg 炸药水下爆破在 100 km 外的记录都能清晰记录到 P 波初动，而在日本陆地则需 300 kg 左右的炸药量。这表示海底地壳中地震波的衰减非常小，也意味着海底噪声在短周期范围内比陆地更安静。

20 世纪 70 年代末，日本开创了"长距离爆破实验"或"长炮列实验"，实验场地的剖面长度可达 1500 km 或更长。日本在该剖面上放置了许多海底地震仪，进行可控震源的分析研究。在大爆破实验中，日本首次了解到海洋岩石层或岩石层下面的精确深部构造（其深度比海底深 100～150 km）。日本用高灵敏的海底地震仪，获得了地球内部最佳信噪比信号的频率。并查明了琉球海沟区的海底分层构造，揭示出菲律宾海板块在该处俯冲到日本西南琉球群岛底下的事实，首次成功地描绘出达 30 km 深的消减板块的构造。

日本用海底地震仪阐明了深海沟区地震活动的许多细节，这一研究结果在过去根据陆上观测资料是一直没有搞清楚的。

作为 1980 年温哥华岛地震规划的一部分，日本在胡安·德富卡板块使用三分向海底地震仪，沿垂直于板块运动方向获得了一条长 110 km 的折射剖面记录。使用 WKBJ 合成地震图模拟初始到时和多达 6 个转换波和多次折射波的震相，特别是获得了每个海底地震仪放置地不同的一维 V-Z 结构。理论和实际剖面之间大多数震相的一致，表明一维模型提供了一个速度与梯度的恰当的关系。以这些结果和连续地震剖面给出的沉积物厚度为基础，采用射线径迹法和 ARF 合成地震图计算了二维结构模型。低速沉积物（2.0 km/s）之下是速度为

4.43 km/s 的高速梯度（1.0 km/s·km^{-1}）的第二海洋层。第二海洋层下部层（3A 层）的厚度在 1～2.3 km 之间，速度急剧增至 6.2～6.6 km/s，但梯度值相当低（0.2/s）。测线的南东部 3A—3B 过渡层为一薄层（0.5 km）的高梯度层，其速度大于 7 km/s。试验中的 4 号海底地震仪的资料表明，在 3A 层增厚部位下方有一个 2 km 厚的低速带，使海底地壳厚度在测线的北西端为 11 km，南东端为 8 km。该处上地幔速度约 8.2 km/s，但据 4 号海底地震仪，距离为 71 km 处的 Pn 速度明显为 7.6 km/s。这些结果，对查明胡安·德富卡板块地壳结果起了巨大作用。

日本海底地震仪观测资料的分析准备工作由小型计算机处理，由北海道大学的大型计算机完成正式计算。海底地震仪的数字化记录被输入计算机，并对时间偏移、绝对时间和振幅进行各种校准。1984 年日本在琉球海沟区获得了记录剖面。通过分析，了解了琉球海沟区海底分层构造，即每层的厚度及各层的地震波速度。

日本借助计算机模拟"海震"。海震可以从海底地震的震源传播到 500 km 远处，使船体产生高频的巨大晃动。历史上曾有 1854 年安政地震的海震使停泊于伊豆、下田的俄国军舰损坏的记录（上海附近 1971 年 12 月 30 日长江口地震时有两个轻微的事例记载）。日本清水建筑公司的研究组通过计算机模拟试验再现伴随海底地震产生袭击船舶的突然震动——"海震"的机制获得成功。目前，正在研究如何将该成果应用于巨大浮体结构物的海上城市和海上机场，这项工作有助于此类设计，对人工岛有参考价值。

④ 观测到近震。如前所述，1992 年 8 月日本把海底地震仪放入海洋科技中心潜艇"深海 6500"号的标本罐里，在奥尻海岭（44°05′N，139°05′E，水深 3338 m）进行两天半试验观测，得到了数个 S-P 在 3 s 以内的近震。

⑤ 用超小型宽频带地震仪进行宽频带海底地震观测的研究。日本将宽频带拾震器搭载于海底地震仪中，进行了海底的实地观测。

日本海底地震监视系统的建成对日本的地震研究工作产生了积极作用：首先是有助于正确求出日本海底地震的震源位置（对于以前的海底地震，由于资料不足，计算时所使用的地震波速度往往和实际的地震波速度有一定误差，有时会算错地震的震源位置）。其次是有助于日本正确求出地震活动的空区。第三是能监视海域大地震发生的前兆变化（一般大地震发生之前会发生许多前兆性小震。过去在陆地上监视海域大地震的前兆，由于相距位置较远，难于准确监视）。最后是由于海底地震监视系统设有海啸仪，可以迅速发布准确的海啸预报和警报。

另外，在海洋重力测量方面，日本也取得了实质性结果并开展了海底噪音测量，首次发现了三条海底裂缝，宽 1～15 m，深 2～3 m，最长的一条超过 100 m，表明日本对海底活断层的研究也颇有收获。

(7) 日本在海底地震观测方面开展的若干国际合作

日本一边用海底地震仪加强观测研究，一边结合观测开展了若干国际合作，并根据需要进行了新一轮观测，历年来开展了不少合作研究。如：

1985 年夏，为了研究岩石层的深部构造，日本在太平洋西北部进行了长距离的爆破实验。日本布设的海底地震仪台阵总长度为 1800 km。

1988 年春，日本与汉堡大学合作进行了琉球海沟西南消减带的折射研究。在该项实验中布设了 43 台海底地震仪。1988 年春夏之交，日本与汉堡大学和卑尔根大学合作，对大西洋东北地区进行了折射研究，日本布设了 25 台海底地震仪。1988 年夏，日本与挪威卑尔根大学合作对罗弗敦群岛外的挪威边缘处作了反射/折射研究，日本再次布设 25 台海底地震仪（总数为 43 台）。

1989 年夏，日本与挪威卑尔根大学合作，通过密集的海底地震仪台网对远离挪威海岸的北大西洋地震活动性作了精密研究。日本把 17 台海底地震仪布设在海底，3 台海底地震仪布设在陆地以作陆上地震仪台网的补充。

1990 年夏，日本与冰岛气象局合作，对冰岛西南的大西洋中脊地区的地震活动性作了精密研究并对深部构造作了折射研究。在此项研究中，冰岛向日本提供一艘考察船。日本布设的 18 台海底地震仪都工作得很好。

1990 年冬，日本与波兰科学院、美国得克萨斯大学和基尔大学合作，采用日本的海底地震仪对南极半岛进行折射研究。

日本与德国合作，从 1991 年开始利用深海潜水调查船"深海 6500"对裴济附近海域联合进行了两个月的海底调查，以查明裴济附近海底不断扩张的机制，并共同实验 KAIKO 计划——即 1984 年以来，从未间断过的海沟计划，以开展海沟地区地震构造及运动的研究。

1991 年夏，日本用海底地震仪，对冰岛北部的大西洋中脊地区进行精密的地震活动性研究和折射研究。

1991～1992 年与印度海得拉巴的国家地球物理研究所合作，对孟加拉湾区进行折射研究。日本还应要求与巴黎大学的地球物理所合作，对法国的吉布提和 Tadjura 湾的地震活动作了精密的研究。

为了研究 1999 年 8 月 17 日土耳其马尔马拉大地震后的地震活动性，获得微震的高精度震中分布和震源机制，2000 年日本与土耳其合作，在土耳其马尔马拉海域开展工作。而此前，对该海域的微震活动性和微震震源机制了解甚少，合作研究分两个阶段。第一阶段：2000 年 4 月 28 日～6 月 2 日，在东马尔马拉海底布设了 10 台沉浮式海底地震仪。第二阶段：2000 年 6 月 14 日～7 月 17 日，在西马尔马拉海底布设了 10 台沉浮式海底地震仪。布设的地震仪间距为 10～20 km。仪器配备了三分量速度型传感器、自然频率为 2 Hz 的传感器以及数字式记录仪。工作取得了预期的效果。

日本和法国开展合作研究分为下列几个阶段：2003 年 1 月，由日本海洋研究船布设 8 台宽带海底地震仪；2004 年 9 月，从海底回收宽带海底地震仪，在同一海域重新布设 8 台宽带地震仪，继续下一年度的观测；2005 年年底回收宽带海底地震仪。

此外，日本在新扩充的国际合作观测网中，将海底地震仪的设置间距定为 10～20 km，用海底电缆连接。各设置海域的海底电缆长度为 50～100 km。观测数据可实时传送到气象厅，并可观测到可能是地震前兆的微震。科学技术厅耗资约 150 亿日元，在 5 年内完成了电缆总长度达 500 km 的这个观测网。

日本开展海底地震监测虽然取得了许多令人瞩目的成果，但仍存在着诸多问题。

（8）日本海底地震观测存在的问题

①确定观测区域和设置观测点的问题，对此一是要考虑地震活动，二是海底电缆架设，二者综合考虑才能保证观测目的的实现，但二者在技术上难以适应，有很多技术困难及经费

问题。

②海底通讯问题,海底电缆铺设方法仍未得到有效解决。在大陆架至海槽的陡坡上安放电缆很困难,日本安放在大陆架前缘连接海底和浮标的电缆线很长,在几个月之内可能会折断。

③需巨额经费。海底地震观测中最关键的是观测船问题,租船费用昂贵。电缆在海底地震仪设备中所占费用很大,日本御前崎近海观测系统安装在海底的设备中电缆大约占费用的 70%。

④自浮式海上作业存在投放、呼叫、锚定等技术困难。投放在海底沉积物上不利于观测。

⑤观测项目不宜太少,因为海底地震仪是非常昂贵的设备,应尽量多设几个观测项目(如重力、地磁、电导率等)在内的综合地球观测,但目前情况下要寻找同地震仪、海啸仪一样具有可靠观测的仪器不太容易,如流速仪等在敷设方法上存在困难。

⑥地震仪性能也存在问题。目前使用的地震仪其周期都不太长,因周期越长地震仪需要的空间越大,并增加调整的困难,又由于受电缆敷设的制约,地震仪容积是有限的。

不过,尽管海底地震观测存在着各种困难和问题,日本对海底地震观测和研究仍然充满信心。

3. 美国海底地震仪的研制、实验和研究项目

(1) 历史和早期工作

早在 20 世纪 50 年代日内瓦会议期间就有专家提出了研制海底地震仪的计划,目的是为了在公海上接近对象国进行地下核爆炸监测。1965 年美国哥伦比亚大学拉蒙特地质研究所 (Lamont-Doherty Earth Observatory) 在美国西海岸的 Point Arena 近海铺设了试验性的海底电缆式地震仪,长达 180 km,观测一直持续到 1974 年。同样的研究还有利用夏威夷近海、威克 (Wake) 岛近海和中途岛近海的 SOFAR 水听仪 (hydrophone) 对地震和海底火山进行的观测,这些设备原来是为了探测海难事故所设置的[15]。此后,美国地震学家制造出两种类型的海底地震仪:一是由得克萨斯仪器公司制造,造价昂贵,曾于 1966 年在千岛群岛至堪察加近海安装了 18 台,并进行了 3 次观测;另一种由斯克里普斯海洋研究所 BRADNER 研制,主要检测海底脉动。

1970 年美国科学家新设计了一套海底地震测量系统,该系统的检测能力是以前同类系统的 50 倍。它被安置在美国加利福尼亚州南部的沿海地区,采集到的数据有助于建造抗震的海上石油平台。

这套系统有一个独立的测量单元,它用 1 个探测器及 1 台微处理器接收和储存海底信息,然后通过声学遥测通信线路把这些数据送到设在海面船只上的接收机。

1972 年美国俄勒冈州立大学研制成自浮(落)式记录的海底地震仪。1987 年美国海军局资助研制了新一代海底地震仪,目前已有 31 台仪器分别置于西海岸 (SIO) 和东海岸 (WHOI) 操作基地。1990 年以来,这些仪器被频繁地投入观测。

为了解更多的有关海底地震噪声的需要,海军海底噪声咨询组 SNAG (Seafloor Noise Advisory Group) 为海军研究署海底地震仪确定了技术规格。仪器适应性很强,可用于各种海洋或湖泊的地震实验。

这种模拟记录的电子仪以 SIO（Prothero，1976；Moore et al.，1981）操作的一系列较早期系统为基础，这些系统均采用频率为 1 Hz 的地震仪。它的三分量正交地震仪（Mark 产品 L4-3D）置于受高黏度液体阻尼的重力水平框架系统内。框架悬挂于一个直径为 0.35 m 的压力箱中。在使用时，将压力箱置于一条旋转臂上，并依靠这条臂将其下降到海底离仪器框架 1 m 远的地方。这一举措可隔离记录装置产生的机械噪音并防止海底洋流作用于机械框架而产生涡流引起的仪器偏离。

外部传感包包括可提供 1~512 个 unit（0~54dB）的由计算机控制的前置放大器和可产生校准所用电报随机伪码的电路组成（Berger，Agnew，Parker and Farrell，1979；索特和多尔曼，1986）。模拟放大器利用减少动态范围的整形滤波器处理海底背景噪声，总体动态范围可达 120dB。

数字记录信息写在一张 SCSI 磁盘机上，可允许记录 4 个通道频率为 128 Hz 的数据 22 天以上或 4 个通道频率为 32 Hz 的数据 88 天。

(2) 美国海底地震仪研制情况

美国海底地震仪基本上由美国地质调查局和海军署两个系统进行开发。

①美国地质调查局研制的海底地震仪。

美国地质调查局海底地震仪（简称 OBS）用于记录人工声源所引起的洋底或湖底的地震动。一般来说，人工声源由 OBS 附近海面上的船只拖拽着，在海面形成的声波以不同的路径（方向）传播。传播路径直接由水域到达 OBS，或由水层传播到海底，并沿海底水平传播到 OBS，还有的路径是通过地壳较深层传播。由于声波速度与介质密度有关，所以地壳较海水传播声波快，地壳深部岩层传播声波较浅部岩石也快一些。每个 OBS 接收不同时刻产生的声波。任一到达声波称作射线路径。结合来自不同地点和 OBS 声源的波射线路径的到时、震幅、震相可以建立地壳结构模型。安放在 OBS 上的水平测震仪往往可记录到 S 波（剪切波）信息，将这些信息加入到模型中可以提供单个岩层组成信息。这种层析成像法称作宽角地震反射和折射，因为射线路径投影一般来说在垂直向上是宽角的。美国地质调查局海底地震仪特别提供有关沉积层和地壳结构的信息（深达 30~40 km）。

在海洋开展地震折射工作比在陆地上要快捷并且成本低廉，因为非爆炸源可由船拖载着，船体运动时可反复引爆。美国地质调查局的 OBS 可以携带，可置放在任何船只上（通常为一种小规模研究工作或渔船作业）。

OBS 仪器本身由一层铝壳包着传感器的电子装置以及在海底可用 10 天的碱性电池和一个发声设备组成。两个半球形壳用 "O" 形环及一个金属钳固定在一起。为了保证系统密封，在球壳上放置一薄层真空壳。球壳本身可漂浮，所以要将其沉于水底时，需使用直径 40 英寸的扁平金属块做锚用。这种仪器易于在船上安装和拆卸，需要有充足的甲板空间来容纳 OBS、锚以及一只吊杆，吊杆用于举起 OBS 离开船并将其沉入水中。OBS 被系在锚上并从一侧轻轻放入水中。这种仪器的数据记录器可同时记录 4 个传感器信息，持续工作 280 h。

用于 OBS 上的传感器由一个固有频率为 4.5 Hz 的垂直摆，两个固有频率为 4.5 Hz 的水平摆和一个水中地震检波器组成。摆需水平放置，以便保证传感器保持水平。水平摆与垂直方向成 90°角，各摆之间也成 90°角。水中地震检波器所提供的信息方式与一个垂直摆类同,在确定条件下有较高的信噪比。为了保证 OBS 简便易携带,测震仪不直接借助球壳、释放的硬件、锚及固定 OBS 与锚的弹簧与地壳耦合在一起(在释放期间,弹簧拉固定螺栓离开 OBS)。当其与地壳直接接触时,工作状态最好,这种设计已被证明在收集长期发射与接收器偏离的数据方面是有效的。

OBS 中另一个重要部件是时标系统,其所记录的数据与外部事件联系起来的唯一参考标志是时间。每个 OBS 使用一种烤箱控制振荡器,使时钟保持稳定,时间漂移小到每天百分之一秒。使用 24 伏 DC 电源使振荡器保持恒温,每个 OBS 数据采集器被连续供电。时间设定通过每个数据采集器中的软件,使用一种 GPS 卫星时钟的分脉冲信号作为起始触发。当时间被卫星锁定之后,精度可达 100 ns。

②美国海洋研究署和伍兹霍尔海洋研究所联合开发的海底地震仪。

美国海洋研究署(ONR)的海底地震仪(OBS)简称 ONR-OBS。可记录 3 个相互垂直的 1 Hz 地震检波器的输出。在 6000 m 深的海底,1 台水中地震检波器动态范围超过 120dB,采样速率在 8~128 Hz,容纳 400 Mb 数据的光盘记录器可以满足下列方式的任何一种:连续记录,给定时间窗的间歇记录。事件检测由单纯的长周期到短周期的平均值进行。这些强有力的、适应性强的仪器可以被改变外形以至于记录到 6 个波道。这些标准的构造形式可在海底放置两个多月,工作一年的仪器正在研制中。计划用这些仪器进行远震和微震的研究,进行地震折射以及海底最低频噪声的调查研究。用两个一前一后独立释放装置定位和回收。

③加利福尼亚大学、斯克里普斯海洋研究所和海军研究署研制的海底地震仪设备(ONR-OBS$_S$)。

ONR-OBS$_S$ 即海底自动地震记录仪。该仪器位于海底记录数据,然后通过回声装置将数据返回海面。简言之,OBS$_S$ 置于海底时,其扮演海底地震观测台的角色。

为进一步满足海军需要并为更广泛的科学团体服务,海军研究署(Office of Naval Research, ONR)承担了该仪器的设计及制造任务,并且建立了两个仪器中心:一个位于斯克里普斯海洋研究所,另一个位于伍兹霍尔海洋研究所。两个中心都拥有可与其他科学团体成员共享的海底地震仪(OBS$_S$)及其附属装备(雅各布森等人,1991)。这些设施的运作以自筹资金为主,以国家科学基金以及海军研究署的资助为辅。

每台海底地震仪包括有一个外部遥感器件、单独的电子仪器及记录组件和一个外部框架的固定装置。

美国国家研究室和斯克里普斯海洋研究所、华盛顿大学、马萨诸塞州理工学院和伍兹霍尔海洋研究所联合宣布,设立两个国家海底地震仪(OBS)研究(所)室。海洋地震和声学研究方面的进展包括地球层析 X 射线摄影法、地震折射层析 X 射线摄影法、局部无源地震学、高分辨率地震折射和海洋环境噪音研究。这些研究需要一整套等同标定的海底地震仪,能持续开展数周海底地震仪记录资料的分析。

国家海底地震仪研究室对合作者提供航行规范、海上技术支援、数字记录和归档工作及回收资料的质量制度,根据用户需要和能力,提供岸上或海上的部分或全部技术支援。

美国的海底地震仪设备以联合研究为基础,分别由伍兹霍尔海洋研究所(WHOI)和马萨诸塞州理工学院(MIT)及斯克里普斯海洋研究所(SIO)和华盛顿大学(UW)管理使用。在海底地震仪研究室管理和使用该仪器的同时,由美国海军研究署继续向他们提供费用。

美国现有的 OBS 仪器大致可分为两类：小型仪和大型仪，尽管有时两者区别并不明显。小型仪主要采用 4.5 Hz 的地震检波器或水声仪，记录能力和使用期比较有限，主要用于活动源地震试验以及持续一周到一月的微震研究。大型仪在频段、动态范围、定时精度和使用期方面具有陆地观测台的特征。大型仪对远震观测更有用，也更能集中满足"全球地震学家"的需要。小型仪被包围在玻璃球中，很容易由单人操作。USGS 拥有 7 台小型仪器。大型仪拥有许多陆地观测台的特征，如相对高的动态范围——高达 126dB，极好的时钟稳定性——每天的误差仅 1 ms。均采用 1 Hz 的惯性摆，可测到 0.05 Hz 的地球噪声。大型仪甚至可提供 0.01 Hz 的面波信号（Blackman Orcutt, Forsyth, 1995）。这类仪器可配备用于毫赫兹的水声仪。

1989 年 ONR 基金资助建成大型仪基地，一家由斯克里普斯海洋研究所负责，另一家由伍兹霍尔海洋研究所负责。前者拥有 29 台仪器，后者拥有 16 台仪器，它们起初仅仅被作为水声仪之用，后来才配置了 1 Hz 的地震传感器。此外还有 SIO 掌握的 5 台仪器。

表 5-1 给出了大型 OBS_S 的特征比较。

表 5-1　美国海底地震仪的特征比较（上海局）

	ONR（SIO）*	ONR（WHOI）	SIO-MPL	SIO-IGPP
管理人	多尔曼	德特里克/柯林斯	韦布	奥克特
地震传感器	1 Hz Mark 产品 L4C-3D 0.05～32. Hz	1 Hz Mark 产品 L4C-3D 0.05～32. Hz	1 Hz Mark 产品 L4C-3D 0.05～50. Hz	1 Hz Mark 产品 L4C-3D 0.05～32. Hz①
水中检波器	Cox-Webb DPG	Cox-Webb DPG 或 E-2PD	Cox-Webb DPG 或 AQ-1	Cox-Webb DPG
频率响应	0.001～5 Hz	0.001～5 Hz	0.001～5 Hz or 0.02～32.	0.001～5 Hz or 0.02～32.
动态范围	126dB	126dB	90dB	126dB
记录手段和能力②	磁带（DAT），2 兆字节	磁盘，2 兆字节	磁盘，2～4 兆字节	磁盘，2、3 兆字节
时钟漂移③	<1 ms/d	<1 ms/d	3 ms/d	<1 ms/d
持续时间	6～12 个月	6～12 个月	6～12 个月	6～12 个月
现存数据	14	15	15	5
合计	51			
注	①测震仪免受 20 Hz 以下假共振的影响。 ②2 兆字节约可记录 4 通道 128 Hz 数据 22 天或 16 Hz 数据 176 天。 ③1 ms/d≈1×10^{-8} *这些仪器并入仪器框架中的流体流动仪/采样仪中。			

美国 OBS 系统的用途正在拓广，大型仪将用于作长期布置观测并供远震研究之用。小型仪与 WHOI 和 SIO/IGPP 正在工作的水声仪（目前由 NSF 资助正在建设之中）共同用于小范围的洋壳结构研究。

④美国地质调查局（USGS）海底地震仪项目。

美国地质调查局海底地震仪（OBS，Ocean Bottom Seismometer）计划始于 1978 年，记录了大范围的地震折射资料，补充了沉积盆地和地壳的海洋多道地震研究。更近代的海底地震仪，结合近海实验已应用到近海岸的陆地地震剖面研究。这种仪器也可用来记录余震。最初设计的 OBS_S 的成套设备有 3 个浅球（500 m），3 个深球（5000 m），浅水系统较轻，能在 11 英尺的橡皮艇上使用。后来，计划被改进为包括 8 层的深水系统。这些年来，海底地震仪为美国地质调查局、其他政府机构以及研究和教育系统广泛使用。同时也应用于其他团体，如伍兹霍尔海洋研究所、汉堡大学以及里雅斯特大学。

该项目是美国地质调查局工作的一部分，由伍兹霍尔大西洋海洋地质中心执行。具体称为海底多道地震仪实验室，有较高的科学价值。

⑤洛杉矶地区地震试验（LARSE）。

为描述洛杉矶盆地近海下地壳结构，1994 年 10 月，美国地质调查局、加州工学院、南加利福尼亚大学、加利福尼亚洛杉矶大学和南加利福尼亚地震中心（SCEC）的科学家们共同在加利福尼亚布设了 9 台海底地震仪（OBS），进行近海广角地震试验。这是该区自 1958 年以来的第一次。OBS_S 记录质量非常好，大多数 OBS_S 的 PmP 到时有高信噪比。两次 OBS 资料的回收率为 80％。

⑥格陵兰边缘的地震调研（SIGMA）。

美国和丹麦对格陵兰陆缘东南的美国—丹麦深部地壳构造进行了联合调查，调查中用了 37 台三个剖面布置的岸上 Refeek 便携地震仪，11 台伍兹霍尔海洋研究所的 OBH，8 台美国地质调查局的 OBS 记录了广角地震数据。Ewing 的 4 km 长牵引在一起的水中地震检波器记录了垂直倾角数据。全部试验用 Ewing130 升（8495 立方）汽枪台阵进行。

⑦全球地震台网（GSN）。

全球地震台网（GSN）是美国对海底地震观测的全新举措，它是一个由分布在地球表面的 114 台地震仪组成的台阵。人们虽然不断获取由地震、火山喷发和核爆炸产生的地震波记录，但陆地地震台网不足以监测大部分海洋区域，70％的地球表面仍然没有得到监测。因此，在全球范围发生的小震级地震和地球深部地震的监测仍是空缺。

由斯克里普斯海洋研究所和伍兹霍尔海洋研究所的科学家实施的海洋地震台网（OSN）计划在距大陆周围遥远的海域安装了 20 台永久性海底地震仪，以填补全球地震台网的空白。在海洋钻井项目（ODP）和国家科学基金会的资助下，OSN 的科学家从夏威夷南部的一个实验性地震台搜集到了数据。将地震仪安放在距洋面 250 m 深的井孔内，同时还安装 1 台宽频带地震仪；还有 1 台埋在泥砂中，并记录了 6 个月的小震波和其他活动。OSN 的研究人员于 1998 年 12 月 6～10 日在旧金山召开的美国地球物理协会年会上展示了从这个实验地点获得的资料，OSN 主席、斯克里普斯海洋研究所的科学家 J. Orcutt 认为所获得的资料非常不寻常。

ODP 研究船"JOIDES Resolution"上的科学家们在海底钻孔，安装地震仪。在 5 年中建立了 20 个地震观测台。JOIDES 在印度洋 90°E 海岭钻了一个 100 m 深的井孔，与 OSN 一起工作的法国科学家在钻孔中安装了地震仪。

这些台站也为地磁仪、声纳台阵及其他能监测地震活动、气候、洋流、海啸等过程的仪器提供电力。OSN 是一个更大的称为洋底的深海观测站（GEOS）的一部分。Orcutt 说，这些观测点能得到大量退役的海底电话电缆线供电，或通过放置在浮标上的可充电电源供电。

随着海底实时观测的需求量日益增加，美国的 H_2O 计划与日本的 GeO-TOC 计划和 VENUS 计划中的重新利用通讯海底电缆的计划一起推进。此外，美国利用已经停止运行的原属于军方的水中监听设施水声仪台阵（SOSUS）对位于胡安·德富卡海岭等地的海底火山进行了研究。SOSUS 台阵通过对水声仪进行指数级间隔的排列，设置了能与任意波长同调的天线，在与传感器的相位保持一致的基础上对电子流束进行编排，提高了 S/N 和指向性等性能。另外海洋物理领域也有利用 SOSUS 进行研究的事例。这些事例至少显示了海中实时音响系统的有用性[15]。

⑧海底宽频带地震记录导向实验（OSNPE）。

1998 年 1 月下旬至 6 月上旬，美国伍兹霍尔海洋研究所和斯克里普斯海洋研究所的科学家们在夏威夷 Oahu 西南 225 km 处的太平洋深海进行了海洋地震台网导向实验（OSNPE）。这次实验目的是尝试在深海进行持续高质量的宽频带地震观测。在该次实验之前，已在太平洋（Beauduin and Montagner，1996）以及日本海（Suyehiro et al.，1992）布设了宽频带地震仪。OSNPE 的具体目标有两个。一是对直接布设在海底沉积物中的地震仪与直接放入火成岩地壳岩石钻孔内地震仪的记录进行评估。其次是对海底台站资料与附近岛屿的记录资料进行比较。海洋地震台网导向实验的结果表明，海底宽频带地震观测可以得到类似平静陆地台站的高质量资料。但这取决于地震仪的埋置位置——地震仪埋置在海床表面或置于深井孔内，对资料质量有着深远的影响。埋置在海底的长周期仪（<0.1 Hz）资料质量最佳；而置于海底以下 242 km 钻孔内短周期地震仪（>0.1 Hz）的记录资料质量最佳[18]。

⑨全球地震台网（GSN）建立的第一个海底台站。

在获得美国国家科学基金会（NSF）的资助后，美国地震学联合研究协会（IRIS）于 1998 年 9 月在檀香山东北 1750 km 处，介于默里断裂带和莫洛凯断裂带之间 5000 m 深的海底安装了夏威夷-2 海底地震观测台，这是全球地震台网（GSN）第一个建在海底的台站。安置点有 100 m 厚的来自陆地的沉积黏土层。该处的洋壳形成于始新世（45～50 Ma），正以 3.5 cm/a 的速度快速扩张。1999 年 9 月由 R/Vthomas G. Thompson 和 Jason 遥控设备对观测台进行了重访和维修。电缆由美国电话电讯公司捐赠，观测台接线盒安装了一组防水连接器。海底电话电缆系统使用真空管 Submarine-D（SD）电缆技术。电缆直径 3 cm，电力由马卡哈电缆站供应（3300 V，恒定电流 370 mA）。夏威夷-2 海底地震观测台的所有数据都通过电缆流向马卡哈电缆站（美国地震学联合研究协会从美国电话电信公司租借），然后传到夏威夷大学的数据采集中心，与因特网连接，数据流经因特网到达西雅图美国地震学联合研究协会数据管理中心（DMS），及时提供给用户。海洋钻探计划（ODP）在夏威夷-2 观测台所在位置钻井，并安装了一台宽频带井孔地震仪。

2002 年初，海洋钻探计划（ODP）在夏威夷-2 观测台传感器的东北 1.5 km 处钻了一个穿透（厚（29±1）m）沉积层到达玄武岩层的钻孔，以用于将来的钻孔传感器的布设。

夏威夷-2 观测台填补了太平洋东北部海域的一个重要空缺，将为夏威夷、美国西部和阿拉斯加的震源研究提供必要信息[19,20]。

⑩海底光缆实时观测台网——（海王星）计划（NEPUNE）[21]。

为了开发海洋观测新技术，进行实时及长期的海洋和地球研究，美国华盛顿大学和加拿大维多利亚大学联合领导的 NEPUNE 项目对太平洋东北部的胡安·德夫卡构造板块实施了海底实时观测。NEPUNE 的目标是在太平洋东北部建立一个区域性的实时海洋观测系统，计划铺设 3000 km 海底光缆覆盖整个胡安·德夫卡构造板块（500 km×1000 km）。

1998 年国家海洋学项目提供资金资助 NEPUNE 的可行性研究。

1999 年加拿大太平洋科学技术研究所应邀访美并承担加拿大与美国合作部分的可行性研究。

2000 年 6 月美国 NEPUNE 可行性报告完成并发表。同年 6 月，美国国家科学基金会（NSF）资助了光缆观测的通讯系统。同年 7 月，在 Emerald Lake 成立了 NEPUNE 机构组织。项目执行单位有华盛顿大学、伍兹霍尔海洋研究所、蒙特利尔海湾研究所、加拿大太平洋科技研究所以及 Caltech's Jet Propulsion 实验室。同年 10 月，加拿大 NEPUNE 可行性报告完成并公布。

2001 年 NSF 对光缆观测动力系统进行了资助。同年 12 月，维多利亚大学加盟。

2002 年维多利亚试验台网的海底试验（VENUS）在佐治亚海峡和胡安·德夫卡进行，由加拿大创新基金长期提供资助。同年 9 月，NSF 对在蒙特利尔海湾进行试验的蒙特利尔加速度研究系统（MARS）进行了资助。

⑪PROBES 项目（Puerto Rico Ocean Bottom Earthquake Survey）。

为了更好地评估海底滑坡和海啸造成的地震灾害，2000 年，美国地质调查局和波多黎各大学地质系开始在 Puerto Rico 西部陆地及周围海域布设由 3 台陆地地震仪和 12 台海底地震仪（OBS）组成的台阵，这一行动是地方震和近震系列研究计划的一部分，在 4～5 月期间进行了 45 天的观测记录。海陆台阵联合记录的数据可对震中进行更精确的定位，绘制台阵底下地壳的地震波速图。因为波速曲线能较好地反映随深度岩石类型的变化，对地震的重新定位较好地揭示了活动断层的位置。地震专家们希望能够得到台站记录的地震的能量衰减情况，以更好地了解 Puerto Rico 底下的热结构情况和预测该地的地面振动强度[22]。

总的说来，20 世纪 90 年代美国实施的 MELT 项目，是迄今为止规模最大的海底地球物理观测，布设了几十台各种方式的海底地震仪、磁力仪和电位仪，采用地震和电磁探测相结合的手段，辅之以声纳探测海底深度、气枪探测地壳厚度进行高扩张速率的海洋岩石圈的生成机制、海洋地壳及上地幔构造成像和岩溶传递与地幔对流模式等科学研究。

美国基金委海洋科学部还设立了 OOI（Ocean Observatories Initiative）五年计划以扩大深海观测，以后并入 ORION 计划（Ocean Research Interactive Observatory Networks，大洋研究互动观测网）。1998 年美国地震学研究联合会（IRIS，Incorporated Research Institutions for Seismology）在提出的地球透镜（EARTHSCOP）计划中就包括板块边界观测计划（PBO）。该计划将为北美大陆动力学研究和地震预报提供全新的基础资料。

为了更有效地利用宽带海底地震仪研究大西洋中脊海域的地震活动性，并更好地认识地壳和上地幔的基本地球物理和地球动力学特点。美国于 1998 年在夏威夷外围海域开展了宽带海底地震仪台的布设和观测工作。每个宽带海底地震仪台还同时进行长期海底水中压力传感器的观测工作。共布设了 8 台海水中压力传感器。与此工作相配合，还在附近海岛进行宽带地震观测记录，开展海底与海岛地震信号及噪声的比测工作。

美国还在北太平洋海域组建了海底水中声音监测系统。可长期监测北太平洋地区的地震活动性。比较陆上地震台站，它具有以下显著的优点：低监测阈值、较高的观测精度、较大的有效监测面积，可使用较少的传感器以及较低的成本。在此工作取得成功的基础上，美国还在赤道附近的太平洋海域布设和组建了海底水中声音监测系统。推进了研究板内地震活动性、转换断层地震活动性及板间地震活动性的工作。

由上可见，通过多年的努力，美国在海洋地震观测的研究方面，在和经济发展与军事目标的结合方面取得了出色成果，在世界上处于领先地位。

4. 俄罗斯（含苏联）和其他国家（法国、希腊等）的海底地震观测和研究

苏联在地震研究方面曾是较先进的，对海洋地震的研究也不落后，早在1987年前，苏联的科学工作者就意识到世界上80%～90%的地震都发生在海底，而不是在陆地。海底地震同样给人们带来灾难。例如在石油天然气地区直接影响开采，而破坏性的波动——海啸亦威胁着人们。他们认为通常人们在地面布设密集的地震台网，也可以观测海底地震，但由于距震源较远，不大可能详细了解地震过程，尤其是它往往造成关于海底地震的不正确概念。因此，必须直接将地震仪置于源上，即置于海底。

事实上，早在1965年，苏联科学院海洋研究所就开始了海底地震仪方面的实验。1966年苏联莫斯科大学曾研制重约150 kg、可置入直径为20 cm容器的海底地震仪，在印度洋进行了观测，观测到印度洋中央海岭两平行岭的峡谷有小地震活动。此后，苏联地球物理所、海洋地震研究所也相继研制了海底地震仪。苏联科学院（П. ПШИРШОВ）海洋地震研究所研制了自动下沉与上浮的海底地震台（АДС）。从船上将其抛置于海面，它能自动下沉至海底进行测量，工作结束后（或由船上发出信号）能自动浮至海面，由船回收。海底地震台还可装置其他仪器，如研究近海底洋流的仪器，但时速超过5 cm/s的流速会给拾震器带来干扰。苏联地震学家先后在爱琴海南部和北部以及克里特周围海域重点进行了海底地震观测和海洋地震学研究工作。

(1) 爱琴海南部的海底地震观测

从南面环抱爱琴海的希腊岛弧是欧洲最活动的地震带。在许多方面与太平洋岛弧相似，但也有一系列自身的特点：这里的贝尼奥夫带的倾斜较缓，即位于爱琴海内岛弧中心下面从弧外边线向地幔倾斜的震源层坡度较缓。由于希腊现有地震台网的监测能力不够，不能详尽研究岛弧内和国内其他地震活动带的地震过程特点（包括对震源层细微结构的研究）。

为了研究爱琴海南部（希腊和卡拉布里弧）的地震活动特点，1987年4～5月间在索罗维约夫的领导下，苏联科学院海洋研究所执行了苏联与希腊的科学合作计划——科学考察船"裂谷"号第11测线地震考察。用自浮式АДС-8和АДС-М海底地震仪在爱琴海南部的克里特岛东北进行了海底地震观测实验。

该项实验使苏联科学院海洋研究所科学家注意到了海底地震仪台网记录的海底震源在深度上的分布特点。以往推测的某些震源位于地幔40～200 km深处，但根据海底观测，大部分震源集中于深度为2～25 km的地壳范围内。

海底地震仪记录的地震震级分类仍处于详细研究阶段。初步绘制的地震重复率曲线，向强震方面的外推以及与在爱琴海南部希腊陆上常设地震台记录的地震重复率曲线的比较使地震学家初步认为，在从陆上向海底观测过渡的情况下，爱琴海底记录到的地震数量在飞跃增长。爱琴海南部地壳地震占优势的观测结果推翻了先前根据陆地地震台多年观测得到的关于该地带无地壳地震活动的认识。

苏联科学院海洋研究所科学家的实验观测结果表明：爱琴海底地震活动仅根据一些地面地震台的观测来评定是明显不够的，爱琴海南部的地震活动主要集中于地壳范围内[23]。

(2) 爱琴海北部海槽的海底地震观测

1989年10月，苏联科学家在北爱琴海槽地区布设了7台固有频率10 Hz、放大100万倍的海底地震仪。连续5昼夜的观测，记录到了99次-0.5~2.8级的地方微震。实验使用了有表面信号浮标的海底地震仪，与复杂的自浮型海底地震仪相比，前者对准备工作要求的时间较短。北爱琴海槽的地震学实验由"德米特里·门捷列也夫"科学考察船第45航测计划执行。该次海底高灵敏度短期观测确定了31次微震的震源。发现了海槽组成部分斯帕拉德斯和萨罗斯海沟底的无震性，这与地面地震台多年观测得出的结果相同，并与海沟高热流值一致。被记录微震的震源机制解与典型的关于右旋剪切及海槽区地壳内存在扩张态势的概念相一致[24]。

(3) 用微震记录标定地震仪-海底界面的耦合特性[25,26]

苏联科学院海洋研究所科学家用海底地震仪记录微震信号谱细微结构的分析方法，来标定跨越海底-仪器界面的频率特性对信号谱产生的畸变。海底地震仪耦合特性标定用1979年"德米特里·门捷列也夫"号科学考察船第23测线的记录，选取与噪声相比振幅最大且不超出海底地震仪动态范围的微震，并从已知振幅的微震中选择持续时间最短的微震进行。他们指出，在分析海底地震噪声谱成分时应注意区分仪器与海底耦合界面产生的畸变。在对1978年进行的各类海底地震仪实验结果进行对比时，他们发现大部分地震传感器的海底振动记录回放呈畸变状态。实验分析发现，它们源于海底-仪器系统内产生的共振效应。因为除仪器设置点沉积物的弹性外，仪器的机械参数（集装箱的形状、重量及框架刚度等）也会影响记录信号的形状，产生耦合效应，这可能与海底的力学性质有关。即使是使用同一台海底地震仪进行观测，海底-仪器界面的频率特性在不同观测地区也不相同。因此，确定耦合特性相当复杂。他们认为，在诸多情况下理论标定较为有效，但必须掌握有关海底地震仪设置地点的海底力学参数，并给出了根据海底地震仪记录到的微震记录标定海底-仪器界面频率特性的实验方法和初步结果。

苏联科学院海洋研究所从1965年就开始了海底地震仪的研制实验，记录仪器均能观察到短脉冲信号。根据分析得出，产生这一脉冲信号最可能的震动源是观测海域海底下沉造成的外部强烈的力学作用。他们认为这一作用可作为在1978年进行的标定实验中，人工（机械）给予地震仪作用力的"阶跃"脉冲模拟。地震仪对这种作用的响应记录和分析在地球物理学中称为脉冲标定。它为获得海底地震仪记录-回放线路的脉冲特性提供了可能，借此可以标定所求仪器的耦合特性——标定信号形状的相对耦合畸变。

同一台海底地震仪在太平洋西北海盆不同的两个点上（彼此相距数百千米）记录到的微震记录谱证明了海底地震仪同一设置记录的形状及其谱成分均有重复性（海底地震仪动态范

围为 3~25 Hz，标定仅适用此频段）。

通常的微震记录具有复杂的形状，对它而言还不能准确知道此记录能否说明海底-仪器系统对短时间输入脉冲的反应，或者说它是海底地震仪下面海底的形状复杂且时间更长的位移的重复。大量微震记录并没有带来关于上述两个过程的信息。但是，当海底地震仪的同一记录上不同微震具有相同形状时，可以确认耦合效应在微震形成时占优势，因为在各种微错动情况下准确重复海底的复杂运动是不太可能的。必须要考虑，微震时位移与时间的关系曲线形状偏离矩形将为确定耦合特性带来误差。耦合特性曲线越平坦越好（此时仪器更好地反映海底振动的形状）。

根据微震记录谱确定的耦合畸变在海底地震仪记录的其他信号谱上也应该存在。实验用的两台仪器为同一类型的海底地震仪（ДС-2 和 ДС-3），它们记录到同一次地震（$t_{S-P} = 56$ s），两台地震仪相距 55 km。由于同一类型仪器线路的电子部分的特性相差很小，有理由认为地震谱的主要差别系由两台海底地震仪耦合特性的差异所造成。这一事实证明极值与地震的初始谱无关，海底地震仪耦合特性对记录信号谱有影响。

为了分析 1979 年在"德米特里·门捷列也夫"号科学考察船第 23 测线得到的记录，进行了海底地震仪耦合特性的标定。标定选取了不超出海底地震仪动态范围，且与噪声相比有最大振幅的微震，再从有已知振幅的微震中选出那些有最低持续时间的微震，然后将微震记录传输给 2033《Брюль 及 Кьер》分析器，得到功率谱。功率谱考虑了耦合-畸变的海底地震仪记录——回放线路的全频特性标定。海底地震仪的工作范围为 3~25 Hz，所有标定仅属上述频段。在 32 Hz 频率附近的谱峰可能系仪器之故。

图 5-4 和图 5-5 是在太平洋西北海盆内不同点上同一类型海底地震仪记录到的微震记录和谱。每一个点给出了一对微震谱和地震图，表明海底地震仪每一设置情况下记录图形和谱成分的重复性。图 5-4（a）、（b）和图 5-5（a）上给出了三对微震谱，分别由相距数百米、设置深度分别为 5500 m，4402 m 和 5240 m 的三个点（1，2，3）上的同一台地震仪的记录。正如图上所见，微震谱和地震图在每一设置的范围内是相似的，而对于不同的设置则明显有别。对于其他海底地震仪也观察到类似的图像。所引述的实验表明，微震形状及谱随设置而改变，不由海底地震仪机械参数单值确定。

同一点上记录的微震谱的相似性证明，相应外力作用在仪器上时有同样的形状。这使得能从大量错动类型中划分出海底地震仪坐标对时间的关系函数的形状，它接近阶跃形状，因为仪器的其他某一更复杂的运动形式能够如此一致的重复概率很小。

实验资料表明，在某些情况下经标定的海底地震仪耦合特性与海底-仪器界面的实际频率特性相符。对根据不同微震的同一记录标定的耦合特性，在谱的标定精度范围内相当符合，见图 5-4 和图 5-5。

苏联科学家认为，微震瞬间地震仪在我们感兴趣的平面上（垂直的）位移距离有限，因为水平位移对垂直线路的影响小。这时，该位移的速度接近 δ 函数（$\delta(t)$ 脉冲），而仪器记录反馈的微震信号则是系统响应的脉冲函数 $h(t)$。在这种情况下记录-回放线路的传递复变函数 $H(f)$ 将由 $h(t)$ 的傅立叶变换确定。对于海底地震仪，

$$|H(f)| = |C(f)| \cdot |S(f)| \cdot |A(f)|$$

式中，$C(f)$ 为复频耦合特性；$S(f)$ 为拾震器的复频特性；$A(f)$ 为记录和回放的仪器复频特性。

实验用海底地震仪的记录-回放线路的标定是给海底地震仪放大器的输入端输入慢变频和固定振幅的特殊正弦信号，这些信号在感兴趣的频段内呈现出几乎水平的幅谱。地震传感器的频率特性由实验确定，或取所用传感器的平均值。因此，传感器频率特性所校正的微震幅谱在所允许的范围内应是耦合特性 $C(f)^2$ 的标定曲线，能量谱的标定曲线是 $C(f)^2$。

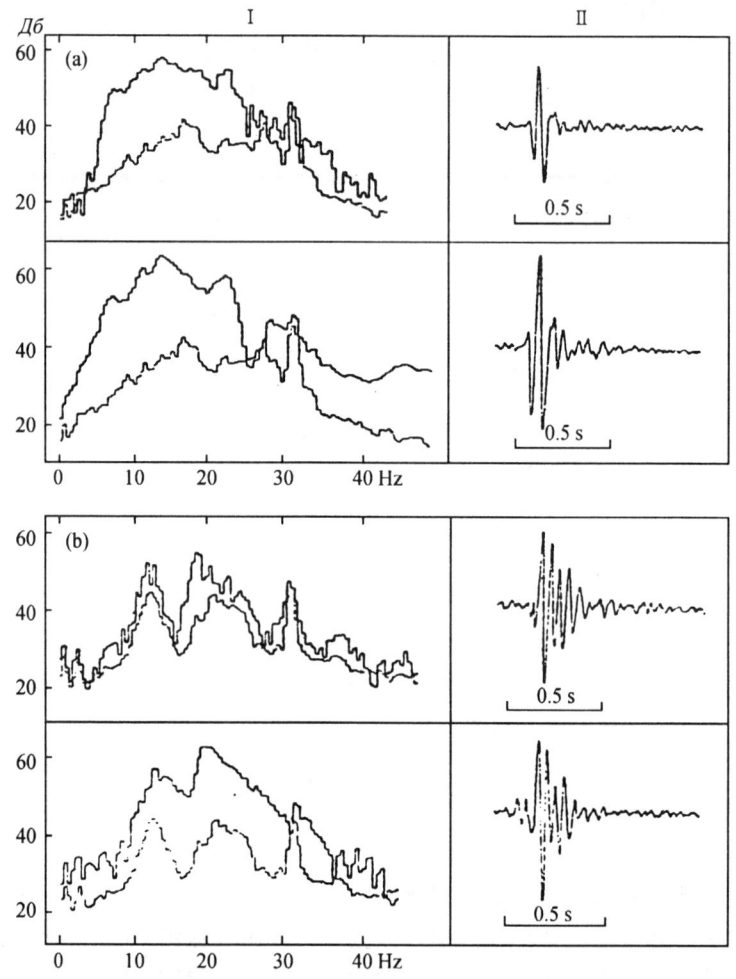

图 5-4　同一台海底地震仪（ДС-1）在太平洋西北海盆内
两个地点（a，b）上记录到的两对微震的谱（Ⅰ）和地震图（Ⅱ）[25,26]
这两个地点相距数百千米，深度分别为 5550 m 和 4402 m。虚线表示微震前的噪声谱

　　为了耦合特性的绝对联测，必须用有 EZO 参数的地震信号标定海底-仪器系统。在这种情况下有可能确定出上述系统的传递系数，进而实现所得耦合特性与绝对值的联测。最终或许能够根据海底地震仪记录的信号谱考虑记录-回放线路所有畸变的远离耦合畸变系统的发射波谱（绝对单位），但目前完整的程序设计还做不到，所以微震记录标定方法仅能标定信号形状及记录频谱的相对耦合-畸变。

　　实验分析结果表明，在分析比较不同海底地震仪产出资料时，应考虑仪器相应设置的耦合特性，由渐近微震记录的傅立叶变换分析地震和其他信号谱的形状，可能是标定深海海底地震仪现场记录时耦合特性的唯一方法。苏联科学家希望能为海底地震仪配备一种装置,给安置在海底的仪器一个已知强度值的脉冲进行标定测量,或许能对海底地震仪装置的耦合特性做出更为精确的标定[25,26]。

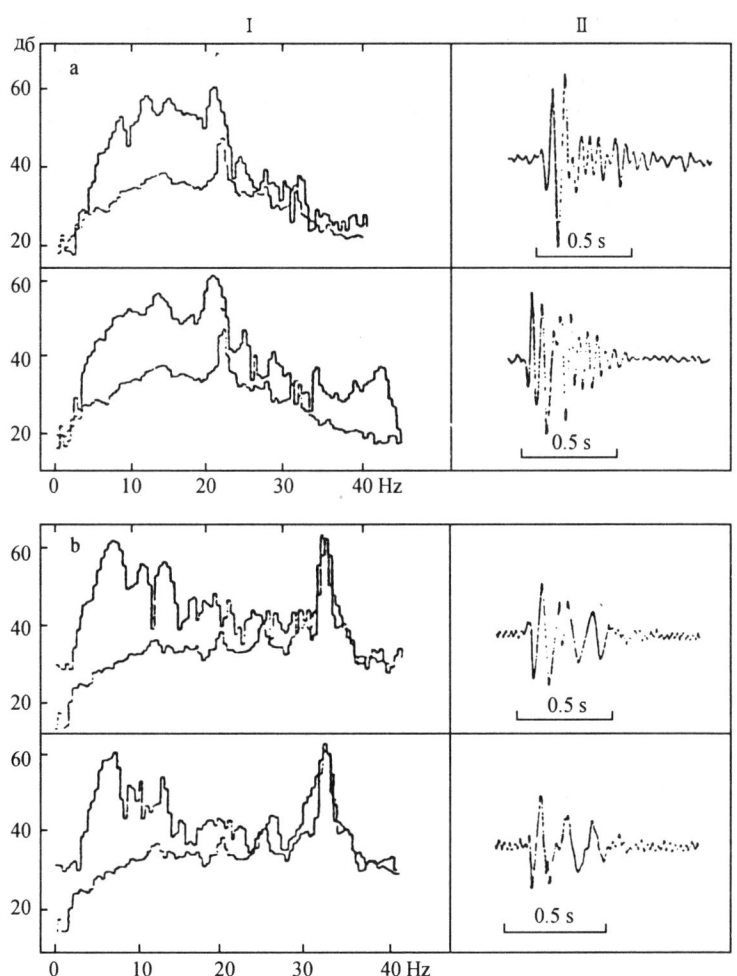

图 5-5　用同一类型两台海底地震仪在两个点上所记录的两对微震的谱
（Ⅰ）及地震图（Ⅱ）[25,26]。

地震仪 ДC-1 和 ДC-2 分别设置在太平洋西北海盆内相距数十米的 a, b 点上
（深度均为 5240 m 左右),虚线表示微震前的噪声谱

（4）克里特周围海域的海底地震观测

1987 年,苏联实验室工作人员在地中海东部（欧洲的强地震活动区）克里特岛东北侧进行了海底地震仪实验。地震学家们根据近 80 年的地面地震观测资料曾确信:这一地区的地震发生在深部地幔,而不是发生在地壳中。海底地震仪一星期的观测表明,80%的地震（430 次地震）都发生在地壳中,沿克里特东端,发现了高度密集的弱震震源,表明这一地带有深大断裂穿过地壳和上地幔。

1988年夏,在地中海继续进行实验,由5个地震仪组成的台阵置于克里特岛东南侧的海底,深度1700~4000 m,间距20~40 km。在一星期内观测到上千个微震,其中150个地震得以确定震源参数。分析结果表明,沿克里特岛东岸,震源分布高度集中,可能预示着该地区正孕育着强震。

其次是更好地了解了地震深度的分布情况。岛弧的典型特征是,其外侧是狭窄的深海槽,槽底及侧坡是地震多发区。震源在岛弧形成锥形薄层,即贝尼奥夫带。

爱伦岛弧与其他岛弧的差别在于,它相应的海槽不是连续延伸,而是由数段组成,其中帕林尼海槽穿过台阵,斯脱拉蓬海槽位于台阵以南约50 km。海底地震仪的短期观测表明,上述海槽相应的贝尼奥夫带的倾角约60°,但延伸深度不同,在帕林尼海槽下为0~120 km,在斯脱拉蓬海槽下为30~70 km。地震学家根据以往工作曾确信,在岛弧下贝尼奥夫带的上部(至70 km)为"疏松"状态,而其下倾角较平缓,约45°。而海底地震仪的实验结果改变了以往的看法。

海底地震仪的实验曾不断在洲间断裂带进行,洲间断裂带由西向东延伸,巨大的地壳裂缝分隔了非洲板块和欧亚板块。曾做过连续13昼夜的观测及相应的分析,结果表明这些地区与岛弧地带不同,相对强震来说弱震较少,因为在这些地区地壳被分割成数个巨大的地块。

在伊朗西北的水下高地进行的实验表明,海底地震仪记录了大量地震,而该地区曾经被认为是非地震活动区。

在地中海及沿苏联海域也进行过海底地震仪实验。当时不时有文章发表,数量较多,质量较高,解体前的成果是出色的,苏联的解体使俄罗斯无经济实力进一步开展这方面工作,因此,对这一领域的研究带来巨大的损失,是很可惜的。

尽管开展海洋地震研究困难程度大于陆地,但世界上不少国家都已意识到该项目的重要性,尤其是不少沿海国家或岛国。

法国国立天文和地球物理研究所(法文名称的缩写为INAG)的地震学家们于1980年研制了一种能安装在海底的地震仪,并称之为"海底地震仪器"。

根据法国国立天文和地球物理研究所取得的成果,巴黎地球物理研究所成功地制造了7台海底地震仪。这些地震仪可以通过自由下落的方式安装在深度为1000 m以上的海底,并按照预先确定的程序进行有始有终的记录。工作结束后,在操作装置上除掉压载,地震仪就可以自动浮出海面。

这种地震仪在研究西地中海岩石圈构造总方案的实施时发挥了作用。4台这样的地震仪分别在深度500~1800 m之间的海底运转了17天之后,被如数收回,对所做的23次爆破都有记录。这为研究从阿卡巴到塞浦路斯的海湾中地震波折射剖面的海洋部分作出了贡献。这些地震仪亦同样适用于研究天然地震。借助这些仪器,尤其可以研究像希腊海沟或安德烈斯海沟那样的海沟消减带上的地震活动。这些地震仪对地震信号的检测是自动控制的,它们首先将地震信号汇集在一个缓冲存储器里,然后再转录到磁带上。由于采用自动控制的方法,地震仪的观测时间可达三个月,在此期间可记录到600个左右区域地震。

2003年法国又在玻利尼西亚开展了新的海洋-陆地联合观测。建立了海底热流监测系统监测浅海海底孔隙流体压力及温度变化。法国海底井下地球物理观测系统具有低噪声的特点,系统中的应变仪和倾斜仪几乎完全与井壁岩石紧密结合、合为一体。法国的工作表明他们对海洋地震学有浓厚的兴趣。

20世纪70年代以来的近20年,希腊地震学家已经观测到大量有关克里特海地区(以及希腊岛弧)的地球物理资料。根据这些资料,曾经有过几次建立一些地壳构造模型用以解释该地区物理过程的尝试。但研究表明,要更好地了解这一过程,还需要更多和更精确的资料。

在这种情形下,他们意识到能够设置在震源上方的海底地震仪是非常有用的,因为它能为描述震源区附近岩石层的构造和特征提供捕捉信息的机会。

希腊的海底地震实验在克里特海的深水海盆以及水下火山脊的南坡进行。海洋研究所地震实验室使用了两种类型的地震仪进行海底地震研究。它们分别是系留式和自浮式地震仪。前一种通过合成纤维升降索设置在海底;后一种从船上自由落入水中,在海底,地震检波器由一个深水运载工具抛出。自浮式海底地震仪用锚放下去并留在海底,在接收到从调查船或内装的定时器传给的编码水声信号后即浮出水面。仪器配备有无线电、灯光信标和一个转角反射器,以利于在水面上对仪器进行搜寻;另有一种声学信标可用来指示仪器在海底或上浮期间的位置。

两种类型的海底地震仪都有由万向节头悬挂维系的三分向地震检波器,用两种灵敏度直接在磁带上作模拟记录。海底地震仪的动态范围是70dB。地震检波器的固有频率是5 Hz;地震波信道的通频带在0.7电平时是5~15 Hz。低电平的电子噪声可以使海底地震仪的放大倍数高达3×10^6。图5-6是典型的海底地震仪响应曲线。可以14天连续记录,由1台晶体温度补偿发生器产生编码时间记号。地震实验室在Baikal地区进行的实验证实了从海底地震仪记录计算出的地动位移的可靠性。

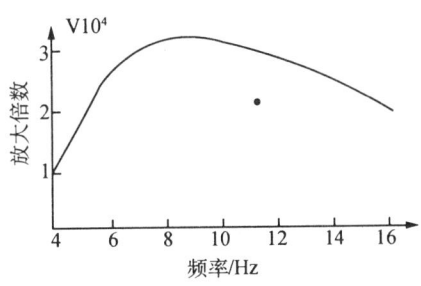

图5-6 典型的海底地震仪响应曲线

1987年4月在克里特海进行的一次海底地震实验中,使用了4台自浮式和1台系留式海底地震仪。在海底地震仪台网运行的9天时间里,记录到430个地震,其中135个地震是由3台或3台以上仪器确定的。

希腊的地震学家通过海底地震仪的资料研究了微震震级的测定,研究了横波振幅及其衰减并应用了一种和以前不同的方法来计算岩石层的品质因数Q。由海底观测结果所得到的Q_s值与在陆地上进行研究得出的结论相一致,其平均定量估算值为200~300。这样低的数值可能是由于岩石层的膨胀所致,这一特征不仅克里特海有,爱琴海也是如此。膨胀发生在海洋演化的新构造阶段。一方面,低品质值可用岩石层力学参数在膨胀下的变化来解释;另一方面,还可能是由于岩石层张力而从地球深层中混入了熔融岩浆所造成。

总之，克里特海东南角以及卡帕托斯岛和希腊东端之间的地区，品质因数 Q 值是非常低的。这一结论在我们的研究中也已发现，陆上的观测资料表明：从黄海到佘山路径的 Q 值比溧阳到佘山路径的 Q 值低，如果在今后中国的海域中布设一些海底地震仪，将会对此现象作出更好的理论解释。

此外，英国海洋研究所也研制了密封式的自浮海底地震仪，用于研究海岭地震活动性；在欧洲，2004 年提出了 ESONET (European Sea Floor Observatory Net) 欧洲海底观测站网计划。

可见世界各国均对海洋地震观测研究开展了多年工作，并取得了长足的进展。

5. 中国的海底地震观测研究

中国是一个发展中的海洋大国。中国现有海洋研究机构 100 多个，科研人员超过千人，形成了在海洋调查和科学考察、海洋基础科学研究、海洋资源的开发与保护、海洋监测技术等方面的综合海洋科技队伍。

在国内，台湾地区开展海洋地震观测较早，例如国立台湾大学理学院在海洋研究勘探计划中，曾进行过一系列海洋地震观测，并装备有海洋测量专用船 3 艘。

大陆上，1979 年底中国科学院地球物理研究所率先研制了沉浮式海底地震仪（OBS），1998 年夏季在我国东部海域进行了短期地震观测；在海洋岩石圈结构探测研究方面，中国科学院海洋研究所 1993 年与日本东京大学等单位、1996 年与德国基尔大学、2000 年与台湾大学海洋研究所和台湾海洋大学合作，利用对方的海底地震仪和我们的船只、气枪和配套应用空压机以及海洋重力仪、磁力仪，完成了海上调查 3 航次，获得广角地震探测剖面 5 条、地热探测剖面 1 条，推进了我国海洋岩石圈结构的广角地震探测和模拟研究的发展。中国科学院地质与地球物理研究所"九五"期间成功完成了国家 863 计划中用于天然地震观测的宽频带海底地震仪（OBS）研制，"十五"期间开展了海底地震试验观测设备研制，目前又参与了国土资源部广州海洋地质调查局主持的"十五"863 计划中的"深水油气地球物理勘探技术"课题，主要任务是承担高频 OBS 的研制和配套应用技术。中国地震局"十五"项目"中国数字地震观测网络"中，计划由上海市地震局在东海建设钻井地震台 2 个、在南海建设沉浮式地震台 6 个，由天津市地震局在渤海利用海上油田钻井建设地震台站 1 个，作为试验性海域地震观测。中国地震局地球物理研究所与军方合作，正在实施中国领海内 35 个岛屿测点、大陆（包括海南省）海岸线附近 62 个测点的磁偏角测量。

从 20 世纪 70 年代出现数字地震观测起，三十多年来，随着时间的推移，数字地震学研究的不断深入，对观测地震学的发展提出了必然的要求，即必须实施海洋部分的地震观测。于是 20 世纪 80 年代末和 90 年代初，日本、法国、美国等发达国家先后启动了海底地震观测计划，经历了流动的海底地震观测和永久性海底地震观测两个发展阶段。从 90 年代末开始，在国际上产生了海洋半球台网计划（OHP）和国际海洋台网计划（ION），海洋区域的地震观测步入国际合作的新阶段。20 世纪 80 年代开始，我国也跻身于发展海底地震观测国家的行列，中国政府支持并参与联合国系统的各种海洋事务，加入了由 20 多个国家参加的国际组织，并与几十个国家在海洋事务方面开展广泛的合作。新世纪伊始，中国科技部对高起点的发展我国海底地震观测给予了高度重视，批准课题以支持研发具有国际水准的沉浮式海底地震观测系统，从而表明我国在这方面已取得了一定进展。但目前我国海底地震监测基本还是空白，不能为海洋地震区划、海洋资源的开发、国防、外交提供地学依据和证据。

下面将阐述近年来我国自行研发的海底地震观测系统的现状，并提出在我国沿海大陆架海域筹建海底钻孔式长期地震观测站的建议与设想。

(1) 中国海底地震观测系统的发展

①基于863计划的海底地震观测进展（刘福田，2004）。

我国对海洋地震研究的关注并不晚，起步初始就把注意力集中在对海底地震观测仪和观测技术的研究上，可以认为是世界上较早重视发展海底地震观测的国家之一。1979年底，中国科学院地学部组织了院地球物理研究所、声学研究所及南海海洋研究所共同承担了我国第一台海底地震仪——HS1海底数字地震仪的研制。HS1海底数字地震仪为浅海地震仪，作业海区深200 m。1984年底对该仪器进行了鉴定，与会专家一致希望进一步开展仪器研制工作，由于科研经费拨款制度的改革，直到1985年9月才争取到基金会的支持，作为HS1之改型的深海底数字地震仪HS2的研制才得以继续。工作由中国科学院地球物理研究所承担，研制成实用型仪器。HS1和HS2均是自浮式海底地震仪。HS2的性能指标如下：

▲总体结构：投放重65 kg，回收重35 kg；外形尺寸：60 cm×60 cm；上浮力：7 kg；下沉力：19 kg；投放和回收时保持垂直姿态。

▲沉耦架：水中重26 kg，下沉速度≤2 m/s，能保证地震计安全和与海底介质的耦合刚度，能减小海流造成的偏移。

▲紧固脱钩：既保证刚性联结，又能实现双保险自动脱钩。

▲仪器舱：工作水深≤2000 m，回收上浮力7 kg，上浮速度0.8 m/s，重35 kg。

▲组合电源：5组电源，供电4天，重约4 kg。

▲S1时控指令器：控制范围1分—23时59分，功耗≤0.5 mW，脱钩功耗≤0.07 W·h，重0.5 kg。

▲QZC1-2信标机：作用距离≤4000 m，重0.8 kg。

▲QFS5-1水声接收机：作用距离≤3700 m，重2.5 kg。

▲HS2数字采集器：4道，1~25 Hz，AD12位，114dB，输入端噪声电压≤$1\mu V_{PP}$。记录次数999，记录时间累计90 min，功耗1.7 W，时钟$\pm 3\times 10^{-7}$，重4.7 kg。

▲姿控三维地震计：频带2~50 Hz，灵敏度200 V·m^{-1}·s，姿控范围≤±45°，重2 kg。

HS2的频带宽度达到4个10倍频程，动态范围达到100~140dB，具备地震弱讯号识别和滤波去噪功能，实现长期平稳、可靠工作；另外实现了可靠投放、回收，沉浮点的精确定位及数字记录的处理。

HS2研制成功后，在海上做了实验，中国科学院地球物理研究所在广州南海海洋研究所和青岛海洋研究所的协助下，于1988年6月和1989年5月两次在海底进行实验。

1988年6月在广东南澳岛附近海面进行了以下几项实验：

(a) 水声释放及信标机寻找实验。水声释放及信标机寻找实验分别在水深1800~3000 m距离处进行，共进行了3次投放回收。

(b) 深海投放及密封容器耐压实验。因寻找2000 m水深的海域航程较远，花费太大，只能在可能到达的航程范围内取最深处——水深约1000 m处，进行了投放和回收。

(c) 地震（剖面）测线的数据记录。这是对整个仪器进行一次综合全面的验收检查试验。原定测线 60 km，后因风浪太大，做了 30 km。

以上实验表明，深海海底数字地震仪的各项指标和功能均属正常。水声释放和信标机寻找的作用距离达到 2 km，耐压密封容器的密封性能良好。实验基本上达到了预期目标。地震剖面数据回京后进行了回放。由于实验期间海况恶劣，风浪大，回放后的地震剖面图噪声较大。为了得到信噪比更好的地震剖面记录，更好的试验密封性能和寻找、回收，1989 年 5 月，中国科学院地球物理研究所与青岛海洋研究所在东海海面进行了一次地震测线记录，并将 HS2 与青岛海洋研究所进口的一套美国声纳浮标地震仪同时投放于同一地点，进行多炮点气枪震源记录。经回放处理，获得各自的地震剖面图并进行了对比。结果表明，HS2 密封容器性能良好，地震记录数据可靠，震相清晰，信噪比高，看不出失耦造成的干扰。从两套仪器处理后的记录图可以看出，HS2 对较深层的信息反应好一些，美国的声纳浮标地震仪则对速度接近于水声的浅层覆盖面反应更好一些，由两套仪器的频带和使用目的差异而引起。

上述实验表明，HS1 和 HS2 是一种适用于沿海大陆架地区水深为 200 m 和 2000 m 的垂直分量短周期数字磁带记录的海底地震仪。它们参加了国家重大基金项目的海上地震观测工作。

"九五"期间，国家高技术研究发展计划（"863 计划"）海洋领域的专题之一"海域地形地貌与地质结构探测技术"于 1995 年首批启动，其中的一个课题"海洋岩石层三维地震成像技术"（820-01-04）开始实施，课题由中国科学院地球物理研究所刘福田负责。课题的目标是研制宽频带、大动态范围、三分量数字海底地震仪，在我国海域（科用深度不小于 3000 m）进行海底和陆地流动地震观测试验，以获得深部结构特征，为"我国大陆架和专属经济区划界"这一国家目标提供高技术支撑（刘福田，2004）。

在对仪器结构作了少量改进后，工作人员又制造了 5 套新仪器，称为 HS3（即 863OBS），其主要技术指标为：

频率范围　　　0.05～10 Hz
动态范围　　　不小于 120 dB
连续记录时间　不少于 2 个月
最大工作深度　不小于 3000 m

并进行了下列试验：

(a) 1997 年 11 月在河北省平山县岗南水库，进行了水陆联合地震观测试验，虽遇大雾和大风降温，两次回收都获得了成功。该次观测试验记录到 11 月 8 日西藏玛尼 7.5 级地震（图 5-9，图 5-10），与同类数字地震记录比较尚未发现因失耦造成的失真。观测期间内，河北省地震局区域地震台网记录到 1～3 级小地震 8 次，但台址噪声偏高，因此信噪比较低，震相识别困难。HS3 海底地震仪在白家疃地震台进行的实验说明，该地震仪对小地震亦有良好的记录。同年 12 月至次年 2 月在白家疃地震台继续进行地震观测，取得了河北省张北 M_L 2.5～6.2 级 50 多个地震记录（图 5-11，图 5-12）。将前放改成 4 倍，在 ≥200 km 的范围记录 8 级地震不限幅。

(b) 1998 年 5～8 月在浙、皖、闽三省及其以东海域进行了海陆联合地震观测试验。配备 9 套陆地宽频带地震仪和 5 套海底观测系统。6 月 30 日搭载试验船"奋斗七号"，7 月 2 日 05 时～3 日 13 时，按"投放时序流程"圆满完成 5 套仪器的投放作业，于 7 月 29 日

09时～30日17时，由"探宝号"搭载船和两艘护缆船按"回收时序流程"进行5个观测点的回收作业。在此期间，船上回收仪器工作一直正常，5个投放点A，B，C，D，E中的E点和最后一个A点的回收获得成功，另3个点上的仪器可能被拖网船拖倒而未能顺利回收，因此，只是鉴于海上渔船作业等外界因素，才只成功地回收了2台海底地震仪。但尽管如此，这次海试的海底A台取得了台湾嘉义$M_b6.1$地震的良好记录并取得了宽频带地震信号与噪声记录的信噪比（图5-13，图5-14）。

2001年，中国科学院地质与地球物理研究所参加国土资源部广州海洋地质调查局主持的"深水油气地球物理勘探技术"863课题，课题由刘福田负责，研究可用于深水（300～3000 m）海域的低功耗高频海底地震仪（OBS），其主要技术指标：

  工作频带   2～100 Hz
  动态范围   频带内部小于120 dB
  采样率   1～16 ms（可调）
  连续记录时间 不少于30 d
  记录方式   磁盘，容量64 MB～4 GB
  记录状态功耗 约0.3 W
  电源容量   160 A·h
  工作水深   300～3000 m
  释放方式   水声释放器、电腐蚀

2003年5月，在我国珠江口潮汕凹陷海域进行了大容量气枪源长排列多道地震观测（MCS）与海底地震仪（OBS）联合海上试验，在100多千米的测线上投放了5台高频海底地震仪，试验结果是5台OBS全部成功回收，在120 km的测量范围内产出高质量的清晰地震记录。由此表明我国海洋地震学研究的基础、海底地震仪器的试验和海底观测技术取得了一定的进展。

②基于国际科技合作重点项目的海底地震仪的研究进展。

2002年4月，"中国数字地震实时分析系统与海底地震观测"作为中国科技部国际科技合作重点项目"地质过程与灾害发生机理与预测"的子项目获得立项批准。子项目的"海底地震观测系统研制"课题由中国地震局分析预报中心庄灿涛负责。课题的任务是设计并研制1～2套实用的沉浮式海底地震仪，注重沉浮式海底地震仪的密闭耐压外壳、地锚分离系统、姿态控制装置、超声波控制装置、海底固定系统、低功耗存储和数据采集系统的研制。研制工作在充分吸收国外（日本、美国）在这方面已经取得的技术进展和多项试验的基础上进行，研制出了与国际水平接轨的设备。

沉浮式地震仪主要用于我国的海域，一般说来下沉的深度可在200～3000 m，容器耐压为300～400多个大气压。与地面地震观测不同，海底地震仪增加了地震计调平系统、定向系统、音频信号发生和接收系统、释放器等。各部分的连接框图如图5-7所示。

地震仪、数据采集器和大容量记录器是收集地震运动的关键部分，这些部分也是地面地震观测必需的部分。不同的是，海底观测仪要长期置于海底，因此要求这些部分的功耗越小越好。现采用12 V高性能锂电池，对于100 AH的12 V电池，要保证能正常工作1个月以上，耗电总量小于1 W。

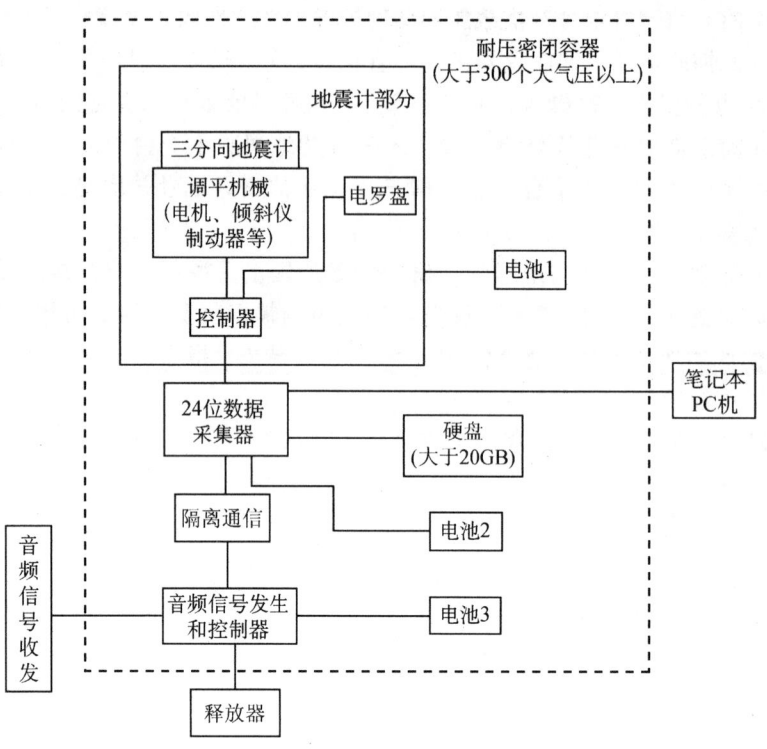

图 5-7 中国沉浮式海底地震仪框图（据周公威私人通讯）

该仪器的音频通信系统、释放器、密闭容器、电池系统等均可在市场中直接采购，为通用件。调平系统为自行开发的适合海底地震观测的部件。

在对各类外购设备和元器件进行选型后，最终进行了系统集成。

中国海底地震仪主体的外形如图 5-8 所示。

图 5-8 中国沉浮式海底地震仪主体的外形图（据周公威私人通讯）

(2) 上海市地震局在海底地震观测方面的前期工作

几乎与国内海底观测开展的同时，上海市地震局也走出了第一步。上海市地震局曾于 1986 年争取到国家地震局地震科学基金项目：长期观测海底地震仪可行性方案试验，该课题于 1986 年 10 月立项。实际工作时间为 1985 年 5 月至 1989 年 11 月，分两期进行。1989 年 3 月 15 日该课题在厦门接受基金咨询专家组的评审。

仪器试验最后选在沪浙边界，乍浦地区的陈山码头，水深约 10 m。第一阶段工作从 1985 年到 1987 年 5 月，由于电缆漏水，只有几天的记录。第二阶段针对第一阶段的结果，作了以下努力和改进：

①购置新电缆。
②研制了地震仪的自动定位套管。
③重新设计了固定支座。
④解决地震仪在不锈钢外壳内的固定问题。
⑤解决了岸上对海水中地震仪的标定问题。
⑥解决了前置积分放大器的供电问题。

海底地震仪第二阶段记录时间从 1989 年 5 月 5 日至 1989 年 11 月 22 日，长达半年。

第二阶段的试验记录到了海底脉动和天然地震。仪器装置在实验中经受了考验，我们对设备材料受海水腐蚀的程度有了初步认识。另外，对地震仪与海底界面耦合的重要性有了新认识，在陈山码头的试验，海底噪声要比岸上大 100 倍，这是一个相当可观的数字，关键是如何处理好相应耦合问题。另外对支座的系绳要求也有了了解，丙纶绳受海洋生物和海水腐蚀，质地易变脆变松。对此，上海市地震局早期开展过一些探索性的试验，并取得了成功，为海底观测的进一步开展积累了一定经验。

显见，我国在作为海洋地震研究的基础——海底地震仪器研制和海底观测技术方面虽然取得了一些进展，但与国际先进技术相比差距尚大，这是因为：从当前科研和实际需要来看，对海底地震仪提出了进一步要求（为公正起见，国内外差距的以下评价摘引自"海底宽频带数字地震观测技术"课题论证报告）。首先是，宽频带和大动态范围的数字地震仪要求频带宽度跨越 3~4 个 10 倍频程，动态范围达到 100~140 dB。国内现有数字记录地震仪都无法满足海底地震观测所需的这一主要技术指标。为了使海底地震仪能在水下长期、稳定工作（一次记录几百个事件，工作时间达几个月），仪器必须是低功耗，并有足够的储存容量。海底数字地震仪的宽频带、大动态、长期无人值守的工作特点决定其工作方式只能是触发式记录。另外，为了充分利用海底干扰背景低的优点，需在低信噪比情况下，选择合适的阈值，但这却涉及到弱信号的识别，这恰恰是信号处理中的高难技术。此外，要对数字记录地震信号进行预处理，包括去噪、消除仪器系统造成记录的失真——波形复原等也是一系列高难度的处理。

实施海底地震观测本身也有一系列技术难题。首先是海底地震仪的安置与调试。我国目前还不能利用载人潜水装置,地震仪的姿态控制是关键技术之一。准确确定仪器方位角,保证仪器的正常工作状态,会直接影响震源的定位精度。海底地震仪与海底松软介质间的耦合是至今世界各国都没有解决的难题,研究失耦对仪器系统动力学特性的影响是直接关系到层析成像精度的重要课题。地震仪准确投放、回收以及水下通讯释放、仪器上浮精确定位等也是决定海底地震观测成败的关键技术。

目前,我国对上述各关键技术均还未深入掌握,HS2和HS3虽然走出了同类仪器的路子,但与国际水平尚有差距,HS3海底试验5个仪器只回收了2个就说明了海底观测的复杂性。另外,我国经济实力还不够,海底地震观测缺少风险保障机制。面对复杂的海底情况,许多未知的风险不可避免,海底观测系统要实现成功率≥75%的商业化要求,即海试总次数必须是意外失误数的4倍,才能达到商业要求。要做到符合这一要求的海底长期观测,我国的财力、物力、人力目前均无法支持。为了发展海洋地震事业,一方面必须尽快发展海底观测仪器和数字技术,另一方面需走海陆结合的道路,充分利用陆上的优势保证对海洋各课题的研究深度,而要做到这一点,开展国际合作,利用国外仪器和技术开展有关研究,进行资料共享,不失为是目前最适当的方法。

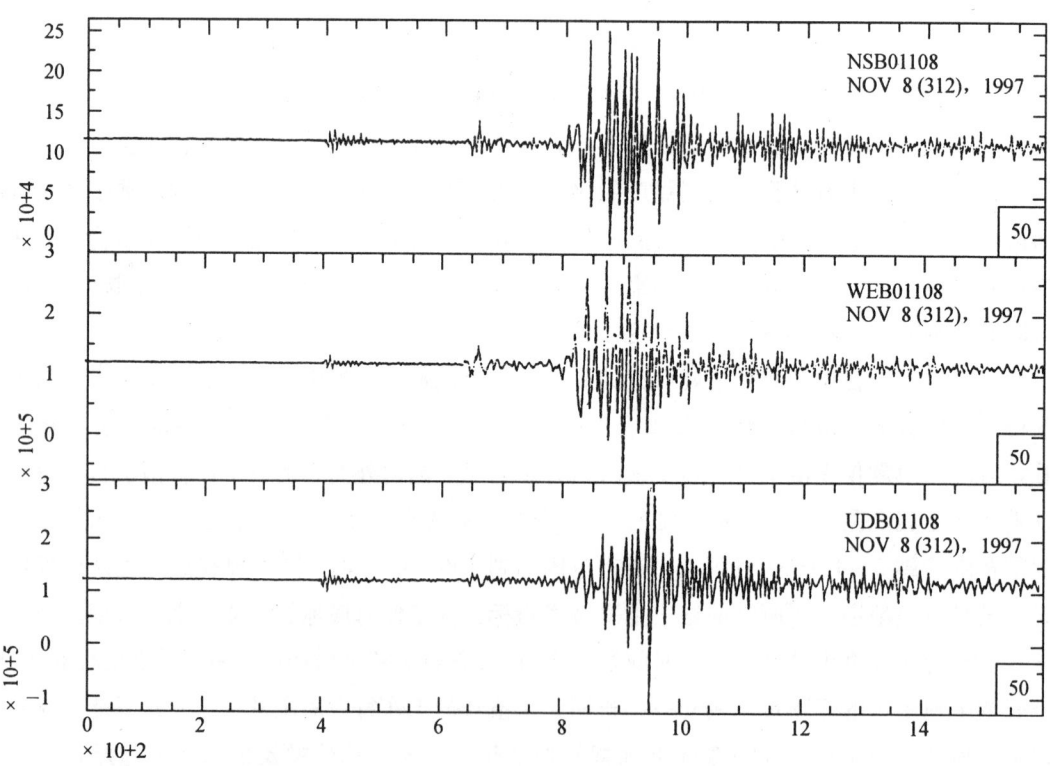

图 5-9　HS3　1997 年 11 月 8 日 18 时西藏地震记录

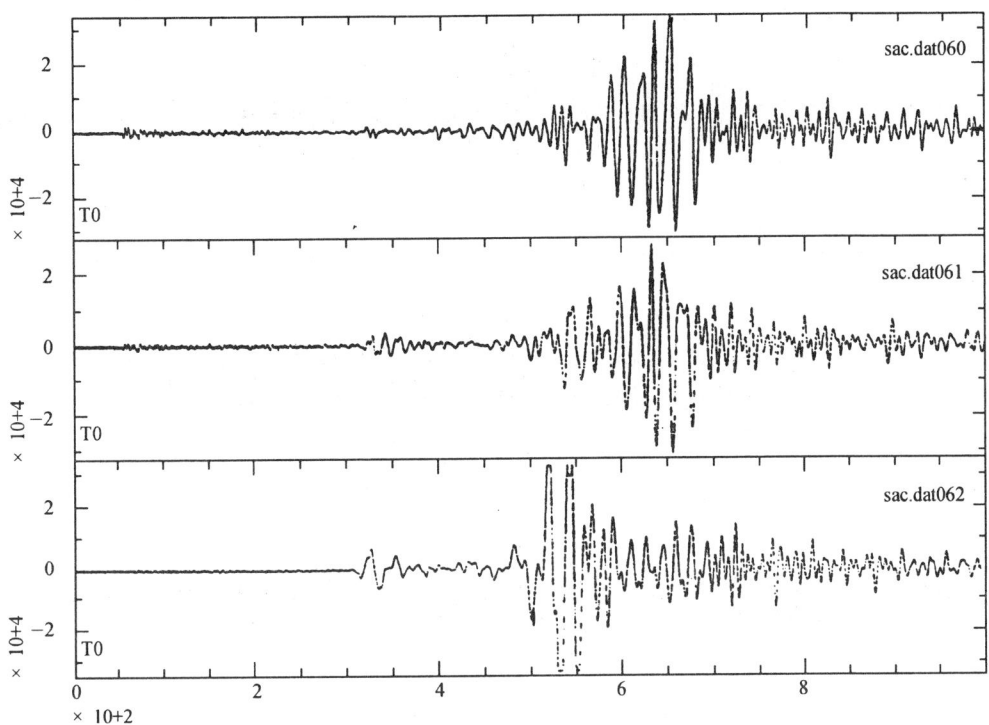

图 5-10 北京数字台网 1997 年 11 月 8 日西藏玛尼 7.5 级地震记录（据冉从容，私人通讯）

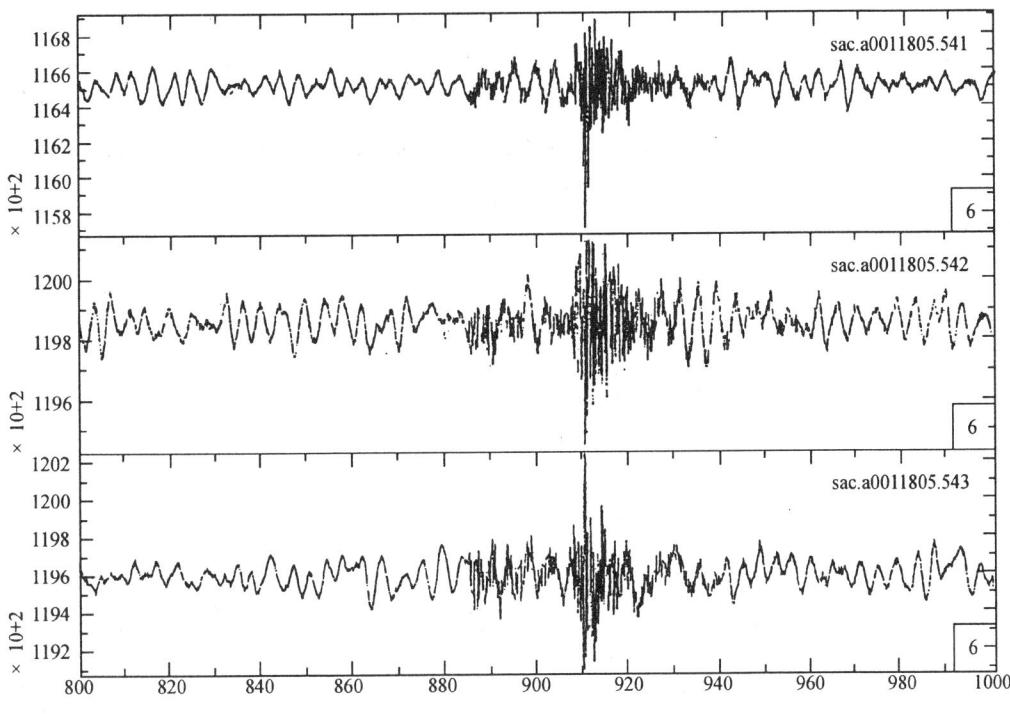

图 5-11 1998 年 1 月 10 日 11 时 50 分张北 $M_L=6.2$ 地震之余震北京 A 样机记录
（1 月 18 日 05 时 48 分 $M_L=2.5$）（据冉从容，私人通讯）

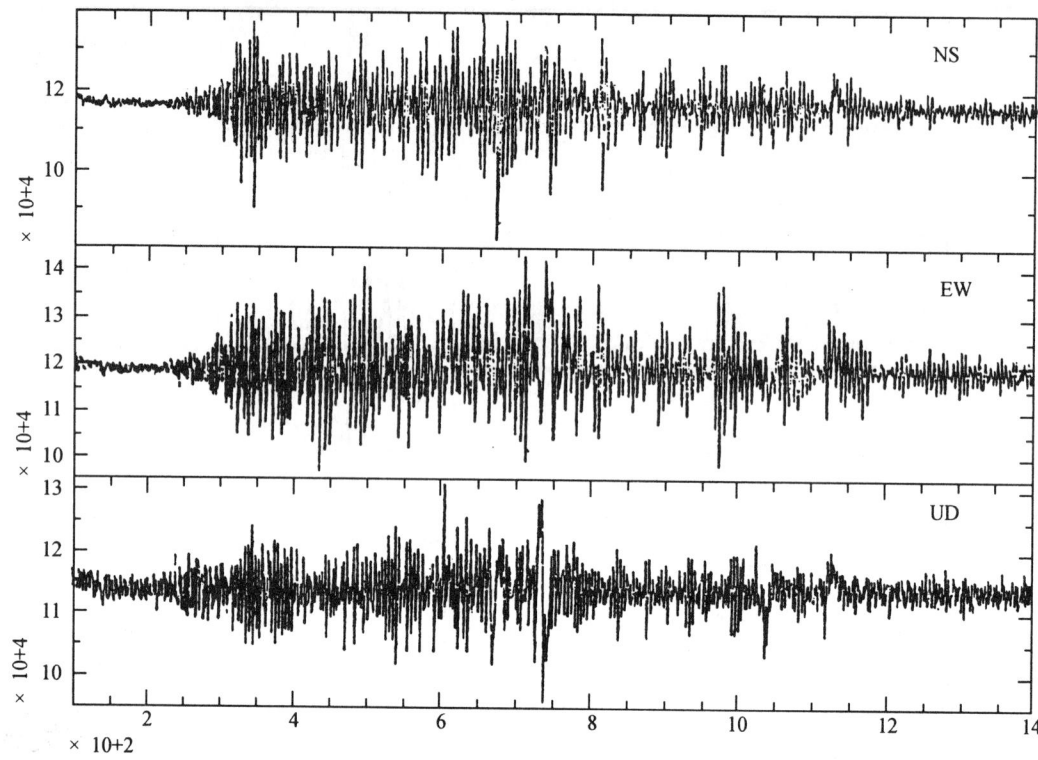

图 5-12 1998 年 1 月 10 日 11 时 50 分张北 $M_L=6.2$ 地震北京 D 样机记录（据冉从容，私人通讯）

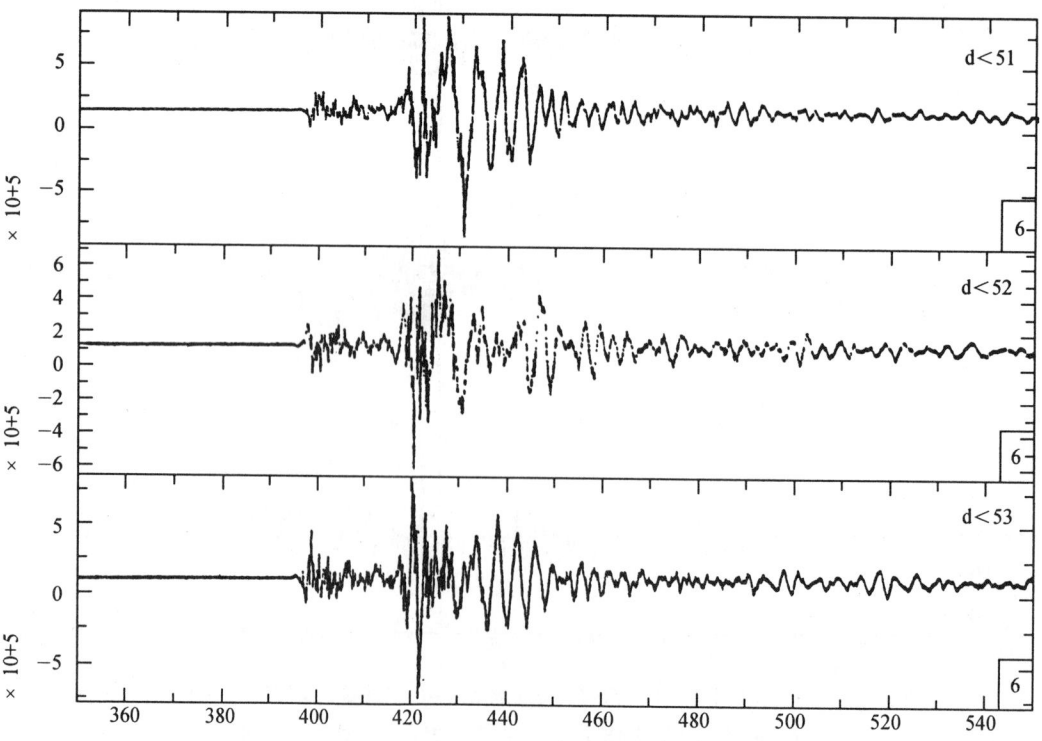

图 5-13 台湾嘉义地震（1998 年 7 月 17 日，$M_b=6.1$）在 OBS 海底 A 台的记录（据冉从容，私人通讯）

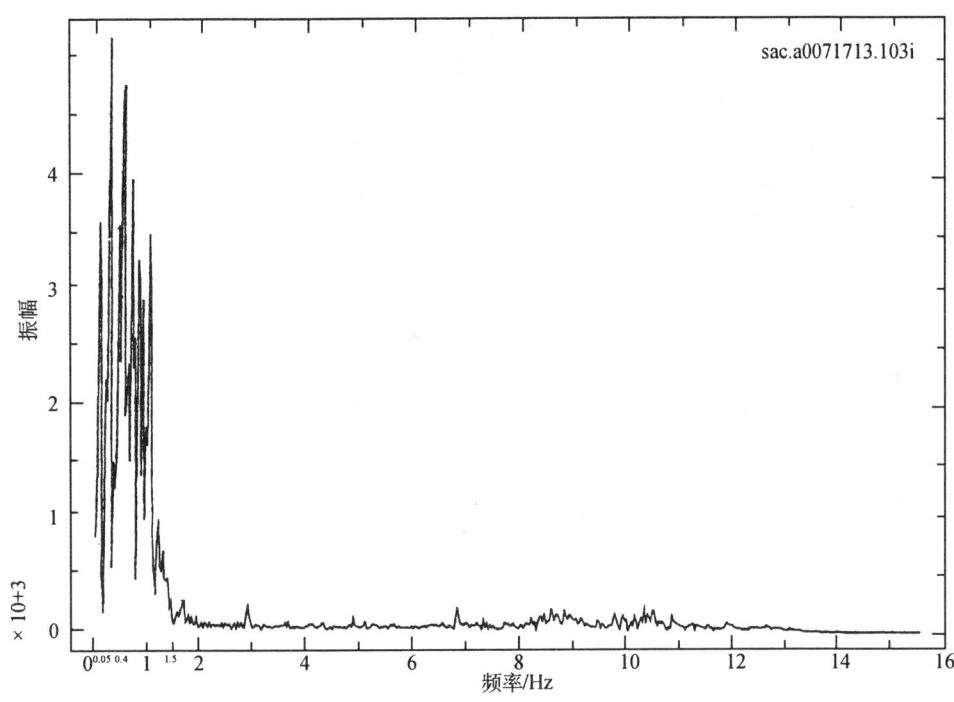

图 5-14　东海（27°39.2′N，123°25.6′E）96 m 水深海底噪声谱（据冉从容，私人通讯）

第三节　海底地震观测展望

1. 日本对未来海底地震观测研究的设想

尽管海底地震观测存在着各种困难和问题，日本对海底地震的观测和研究却充满着信心。

在前日本科学技术厅的地震综合开拓研究规划中，日本海洋科学技术中心设立了"海底深部构造开拓研究"项目，目的是调查研究日本海沟周围 8 级大震的发生背景和过程。在地震综合研究中，海洋科学技术中心是唯一从事海洋综合推进的地震研究组织。该研究计划由金泽大学理学部教授河野芳辉兼任总负责人，在现在的物理调查观测、潜水调查船和遥控海底观察、地震观测台站的基础上，利用挖掘船挖出"掘削孔"进而调查观测"地震巢"。

为此，日本政府对海洋地震研究投入了大量经费。其中对"初岛海底观测系统的运作（前日本科学技术厅研究开发局）"专门拨款 170 万日元。

推进光缆式海底地震实时观测计划也是日本海洋地震学研究领域的一项重要措施。日本光缆式海底地震实时观测计划包括日本海洋科学技术中心（JAMSTEC）1999 年前后在常磐近海设置海底地震实时观测系统。作为第二工作面，VENUS 计划中已有提及，已在玛利亚纳海槽或菲律宾海中部设置了综合海底观测点[15]。

当前，光缆式实时地震观测系统有了很大的改进，可以期待将会得到进一步的完善。下一代系统考虑的问题有遥感台阵、地壳变动观测、钻探孔以及水听仪的利用等。

日本海洋科学技术中心制定并牵头实施了,"日本海洋研究开发计划(1998～2007年)"[27]。在该计划的第三部分"海洋研究开发目标"中,海洋科学技术中心制定了日本今后十年海洋研究开发的重点是"进一步了解地球和生命"。包括:掌握辽阔、复杂的地球系统的整体情况,在填补尚未涉足领域、观测空白区域的同时,对有对照性特点的重点海域进行集中观测,进行全球海域之间的比较研究;提高预测精确度和制定有效的对策,通过长期的广域研究,找出对社会有重大影响的气候变动、生态系统变化、地震预测可能性及观测方法。

另一项是继续参加"深海地球钻探计划"课题。由 22 个国家参加的深海钻探计划(ODP)证明了板块构造学说,弄清了白垩纪(1 亿年前)以后环境变化的概况,取得了划时代的成果,但是碳氢化合物存在区域对于挖掘海底更深部很困难,为此,要通过引进新的深海挖掘船,要对石油钻探使用的升降器挖掘技术加以改良,开发新的深海钻探船等海洋先进技术,以确立新的海洋技术开发基础。包括:深海平台技术、海洋平台技术、信号技术、统一系统、海洋观测系统、深海调查系统等。

在海洋研究开发计划第四项工作重点"未来海洋研究开发的工作重点"中,除强调继续抓紧前期已着手进行的重点课题之外,其中与地震研究有关的工作重点还包括:海底地壳变动综合观测研究;制作 5 套实时观测地震及海底变动的显像系统;深海地球钻探计划和开发新型的钻探船(OD21)等。

日本海洋科学技术中心是一所综合性试验研究机构。在海洋科学技术跨学科、跨领域研究日益突出的今天,更重视促进与国内外有关机构的合作和互助,营造良好的研究环境,以顺利实现海洋研究开发计划。

2. 美国 21 世纪地球科学计划——观测研究太平洋与北美板块边界带[28,29]

地震学作为一门以观测和测量资料为基础的学科,随着社会需求的变化和学科的发展,随着地震信号的捕获、采集、记录、传输、解析逐一实现数字化,传统地震学的研究领域正在发生着变化。

在 1915 年魏格纳(A. L Wegener)正式发表著名论文《大陆和海洋的形成》之后,以地槽学说为代表的垂直论,与以大陆漂移学说为代表的水平论就构造运动方式进行了长达 40 年的争论。1962 年赫斯(H Hess),1963 年瓦因(F. Vine)和马修斯(D. Matthews)以他们的论文,把海底扩张的思想与海底地磁的新资料圆满地结合在一起,奠定了板块构造学说的基础。

从刚性板块简单地沿断面错动,狭窄的变形带上容易发生地震,到板块边界具有宽大的变形带,区域构造应力场复杂作用下发生地震,是地震学在地震机理认识方面的一个飞跃,这种新的视角促使美国在 20 世纪末到 21 世纪初计划进行多个大型观测工程,其中以计划实施 15 年的"地球透镜计划"(EarthScope, www.earthscope.org)最具代表性。该计划以"发展地震科学,促进地震科学在减轻地震灾害、能源资源勘探和保证国家安全等方面的应用,确保美国在地震科学方面的领先地位"为宗旨,实施了 4 个大型观测计划,即以利用流动地震台阵勾画美国大陆高精度地下结构为主要目标的"美国台阵"项目(USArry);以利用 GPS 和应变仪台阵勾画美国西海岸形变场为主要目标的"板块边界观测"项目(PBO);以利用遥感技术获取大尺度区域分米至厘米级连续应变为主要目标的"远红外多孔径雷达"

项目（InSAR）及以利用钻孔数据获取圣安德烈斯断层构造变形资料为主要目标的"圣安德烈斯断层深部观测"项目（SAFOD）。其中，美国板块边界计划（PBO）是"地球透镜计划"的重中之重，主要目的是观测宽大板块边界带的变形特征，以探索在区域构造应力场背景上断层带如何运动并可能产生地震的机理。同样，在研究大陆地震分布时，除了活动地块外，还提出了活动边界带的概念。在世界大陆的许多地方，是活动地块大还是活动边界带大？活动地块和活动边界带概念的提出，不仅将地震分布的规律性和随机性结合在一起，而且是从板块理论向板块边界带研究过渡的体现。这种思想在地质的层面上模糊了大陆和海洋的具体边界，把传统的大陆地震和海洋地震揉和在一起，因此和我们提出的"滨海地震学"有了交接点。

PBO 是以利用 GPS 和应变仪台阵勾画美国西海岸形变场为主要目标的"板块边界观测"项目，PBO 板块边界观测台（Plate Boundary Observatory）的任务是研究太平洋与北美板块边界变形引起的三维应变场，项目由两部分组成。第一是 GPS 接收机组成的骨干网，提供整个板块边界地带的长波长和长周期概要图。该网从阿拉斯加伸展到墨西哥，从西海岸延伸到北美科迪勒拉的东部边缘。GPS 接收机的间距约 100 km，如果可能，将采集的数据与 InSAR 数据结合，以确定应变场区域的成分。第二是在活动构造现象发生地区，如沿圣安德烈斯断裂系和年轻的岩浆系周围布设密集台站。要求这些地区具有最高的时间分辨率，在其周围布设钻孔应变仪和 GPS 接收机综合台站，仪器间距 5~10 km。为覆盖美国本土西部大部分构造活动区和阿拉斯加南部，需要 1000 多个观测站（应变仪加 GPS 接收机），完成骨干网需要大约 300 台 GPS 接收机。为了解决板块边界动力学、活动构造、地震和岩浆活动等各种科学问题，沿太平洋-北美板块边界将布设连续记录的遥测应变台，以显著增强 SCIGN、BARD、EBAR、NBAR、SBAR、PANGA 和 AKDA 特别台站的数据采集能力。此外，鉴于板块运动所引发的一系列沿海大地震对大陆沿岸的破坏，20 世纪 90 年代初美国加州理工学院金森博雄提出了震时警戒的概念，即利用地震波和电磁波传播速度差，由电磁波信号进行远程预警，获得宝贵的时间采取应急措施。地震预警目前在世界许多强震地区实施，如墨西哥首都墨西哥城、美国加州的旧金山和洛杉矶、日本东京和中国台北等，并在墨西哥西海岸 7 级强震发生时，在墨西哥城的震灾防御中取得了成效（在我国，2006 年天津市也已建立了滨海地震监测预警中心（国际地震动态，2007 第 2 期，p18））。从这里我们或许可以领会到美国科学界对"滨海地震学"所寄予的厚望和远见。

3. 关于发展我国海底地震观测的建议和设想

我国发展海底地震观测，基本与国际发达国家同步，但由于海底地震观测涉及到技术复杂、投资大、海事部门配合等诸多因素，造成我国目前的水平与发达国家相比尚有较大差距。很显然，从国际上看，全球地震观测从陆地走向海洋已成为势不可当的潮流，我国应迎头赶上日本等发达国家，使我国的海洋地震观测达到国际先进水平。我们必须深刻认识到努力发展海洋地震观测对推动我国地震学研究、对我国大陆架和专属经济区划界、海底资源开发与管理、我国 21 世纪可持续发展均具有重大意义。

关于未来我国海洋地震观测计划的建议和设想可归纳为以下几点：

①密切跟踪国际海洋地震观测的发展动态，有计划地开展同日本等发达国家的科技交流与合作，目的在于从国外引进并掌握与关键部件设计有关的新技术。

②由国家主管部门发起并建立发展海底地震观测的联合机制，集中国家的财力、人力和物力形成国家高水平的研究力量，避免重复研究、投资和建设。

③研发具有我国自主知识产权的达到世界先进水平的新一代沉浮式海底地震仪，在我国领海建立若干流动海底地震观测站，服务于我国地震学研究和地震预报工作。

④研发具有我国自主知识产权的海底钻孔地震观测系统，与国际大洋深钻计划（ODP）中国委员会和国家海事部门合作，在我国海域创建 1～2 个永久海底钻孔地震观测站，作为国家数字地震观测网络在海洋区域的延伸。

⑤参与国际 OHP 和 ION（国际海洋台网）计划，广泛开展国际合作，贡献并分享海洋地震台网的观测资料，促进全球地震学研究的新发展。

未来数年，是我国发展海洋地震观测的关键时期，挑战与机遇并存。作为一个世界大国，我们应抓住国内和国际上的发展机遇，在全球海洋地震观测领域有所作为，为我国地震学研究和国家的可持续发展作出应有的贡献。

第四节 滨海-海洋地震学

1. 滨海-海洋地震学的含义、研究简史、现状和展望

如同概论中所述的那样，在严格意义上滨海地震学仅是海洋地震学的部分内容，只是随着海洋地震学的发展，由于郭增建教授的创导（1991，海口会议）才得以为我们所称呼，然而据第三节所述，可以预见滨海地震学的这一分支将会独立形成，目前我们暂且放在海洋地震学中不作区别。海洋地震学是以研究海底的深部构造和运动为主要课题，进而研究地球的构造、运动，乃至地震成因、地球起源等重大问题的地震学分支。具体地说，海洋地震学的任务是研究海底的地震活动性，并通过地震勘探和地球物理勘探等各种观测和测量方法探明地震、海底地壳和地质构造、海底深度、物性以及海洋地磁、重力、波速等海底深部资料，查明海底深部形变、应变积累、板块运动、块间界面性质等，以期对海洋有一个全面的了解。

海洋地震学虽然如同其他地球科学一样具有明显的区域性，但尤为重要的是，由于海洋地震学所要研究的领域与对象如此广阔，所以它具有明显的全球性。总起来讲内容有四大块：海底地震观测；海洋地震活动性及海洋烈度区划；海域工程的防震减灾研究；海域活断层和构造研究等。

人们对海底地震研究的关注，首先起因于海底地震造成的严重灾害。全球约 80% 的巨大地震集中发生在海沟地区。给沿海国家造成严重破坏灾害的地震，大约一半发生在海域。且不说日本 1923 年东京地震、1995 年阪神地震，美国 1906 年旧金山地震，1964 年阿拉斯加湾地震等对沿海大都市造成的毁灭性破坏；即使 1996 年发生在上海东边的地震，如果震中位置西移，发生在 1971 年的地震位置上，抑或在 1996 年地震位置上发生历史上最大的 6¾ 级地震，对经济发达、人口高度集中的上海，将造成不堪设想的后果，除部分建（构）筑物破坏，人员伤亡外，海塘防汛墙将部分坍塌、码头开裂沉陷或滑移、新近围垦的土地将震陷、液化甚至部分滑入海中；断层的新活动将会危及进入上海的输油、气管及光电通讯电缆的正常运转。因此，为评价地震危险性，海域是不可缺少的重要观测地区。为填补沿海各国周围海域发生巨大地震的观测空区,掌握海域的地震活动,在海域进行地震观测是极其重要的。

另外,海底地震引发的海啸对沿海地区也会带来巨大威胁,2004年12月26日班达亚齐8.9级地震激发的印度洋大海啸,可谓史无前例。波及印度洋沿岸10多个国家和地区的滨海地带,导致包括本地居民和外地游人将近30万人死亡和失踪,灾情惨重,直接损失百亿美元。不过应用海底电缆式地震仪,可以获得长期的连续数据,对掌握海啸的发生过程及其传播形态,在海域进行海啸观测是极其重要的。通过在地震发生区的实时观测,可望早期检测到海域发生的地震和海啸,提高预报海啸到达时刻的精度。

此外,地球科学研究发展过程中出现的一系列新问题,也促使和推进了海洋地震观测与研究的兴起和发展。如:

①在20世纪50~60年代,地震学家认为地球内部的构造是球对称的,但在应用地震学方法测定地下核爆炸中,开始知道上地幔(地震波速度)的构造有区域性差别的特点,例如莫霍面下的纵波速度在美国西部是7 km/s,在东部是8 km/s,而且在西部地震波衰减大,在东部衰减小。后来JEFFREYS制作的适用全球的走时,对北美东部不适用,其原因是走时制作使用日本数据太多。这说明地震观测台网分布的不均衡,会给地下构造分布的研究结果带来很大影响。

②板块构造和海底扩张学说出现后发展很快,但对海底自身的构造和物性却了解甚少。以前调查海底上地幔是在陆地上观测并分析经过海底的面波,用的是整个传播过程的平均值,但面波方法解像力差;陆地上观测的体波由于远距离越海,潜得很深不起作用,若能在海底观测体波则应非常有效。因此,为了详细调查和研究海洋板块下的低速层以及板块下的速度分布,在海底建立必要且充分的地震观测网,进行海底地震观测,就能弥补上面提到的地震观测台网不均衡的不足。

③海底是发生巨大地震的场所。一般地说,在大洋底很少发生地震,在海沟附近和中央海岭才发生具有特色的巨大地震。在海岭上,只在海岭中轴和断裂带才有小地震发生。这些都与海底扩张有密切关系。为了了解这些地区的构造和地震发生情况,需要在附近的海底进行观测,以做进一步深入研究。

④国际上研制海底地震仪的目的之一就是要在大洋底进行远距爆破实验,调查岩石圈和上地幔的构造,希望至少在几个海洋地区进行试验。

⑤为了了解海沟附近特有的不均质地壳构造内的震源分布,必须在海底建立由很多海底地震仪组成的海底台阵观测网。

尽管各地震强国都对海底地震有所关注,日本却由于其处于太平洋西北俯冲带的特殊地理位置,对海洋地震的认识和研究投入了很大的力量。20世纪60年代以来,先后建立了数个海底地震观测台和台阵,在海沟附近进行了长期观测,取得了日本近海和西北太平洋地震带较详细的观测资料。20世纪70年代末期,美国科学家发明了双船地震方法,在探测海洋-上地幔结构大地构造研究方面发挥了重要作用。80年代初期,英国科学家改进了油气勘探的单船地震方法,加大了地震震源,增加了排列长度,从而可采集整个岩石圈的深地震反射剖面,为研究岩石圈构造和地球动力学提供了极其重要的资料[30]。

国际大洋钻探计划(ODP)及其前身深海钻探计划(DSDP)是迄今为止地球科学史上规模最大的海洋地球科学研究计划。DSDP的钻探船"格罗玛·挑战者"号(Glomar Challenger) 1968～1983 年间在各大洋进行了 96 航次钻探，钻井 1092 口，获取岩心 96000 m，其突出贡献是证实了海底扩张，发展了板块构造，创立了古海洋学理论。ODP 于 1983 年开始实施，1985 年在墨西哥湾开钻。钻探船"决心（Resolution）"号已远航作业 58 航次，获取岩心 10×10^4 m。

ODP 总部"深地层采样联合海洋研究机构"（JOIDES）设在美国，由 19 个国家组成，计划已安排到 2008 年。中国 1998 年参加了该机构，1999 年在我国南海进行了海洋钻探，这项合作计划促进了我国对大洋重大地质问题的研究。

我国学者臧绍先、宁杰远等人在 20 世纪 80 年代后期至今，对西太平洋俯冲带（主要指太平洋板块、菲律宾海板块和欧亚板块边界处的千岛群岛俯冲带、日本俯冲带、琉球群岛俯冲带、东吕宋海槽俯冲带、菲律宾俯冲带、伊豆-小笠原俯冲带及马里亚纳俯冲带等）的分布及特征、西太平洋 Wadati-Benioff 带的形态及俯冲带上的应力状况及太平洋板块、菲律宾海板块与欧亚板块的相互作用作了研究，总结了地震层析成像结果，计算了俯冲板块在地幔中引起的 P 波速度异常，提出俯冲板块与 660 km 间断面相互作用的各种可能，并对俯冲板块物理性质的变化、俯冲板块产生的负浮力及其影响因素作了研究。对菲律宾海板块与欧亚板块的相互作用及其对东亚构造运动的影响进行了分析。研究表明：菲律宾海板块与欧亚板块的相互作用有明显的分段性，在南海海槽一带有较强的挤压性；在琉球海沟一带由于两板块耦合较弱及冲绳海槽的开裂，没有形成对东亚大陆的挤压；台湾附近两板块碰撞，对中国东南形成了较强的挤压[31,32,33]。

20 世纪 70 年代以来，以海底深部构造和运动为主要研究对象的海洋地震学以及全球地震台网，特别是 80 年代全球宽频带数字地震台网的相继建立，为研究地球的三维结构创造了条件。海洋地震台网（OSN）的建立及不断扩充，对海洋岩石圈中地震波传播的研究及对板缘地震和板内地震特征的深入了解将拓宽人类对全球震源应力分布及动力学特征的理解。对地球内部三维速度结构的研究已成为近 20 多年来地震学发展的最重要的成果。东京大学 1998 年开始的海洋半球项目和国际海洋地震网就是其中的一部分。加强海底地震台网的监测能力是必要的，现在正在进行这样的努力。还有就是发展一种能随意自主的自动在水上漂流的装有水中地震检波器的水中地震装备，以便改进对不能到达区域的数据收集，同时不存在安装和跟踪海底地震仪所必须的人员消耗和安装时间[34]。

地震是地质构造和介质运动变化的产物[35]。1998 年全球地震台网的第一个水下地震站——夏威夷-2 观测站（H2O）的"纳震"（nanoearthquakes）观测，提示了太平洋板块内部的地震活动和地壳结构的极小尺度的细节。作为一个实时的海底观测站，H2O 站记录的小的和不明显的信号，尤其是水平分量信号的可信性，使研究者能够通过质点运动来识别高频震相，但这需要耦合很好的埋深传感器。地震学家期待着对海底地震台站的数据开展进一步的研究[20]。

海底地震研究是一个崭新的研究领域。它所包括的内容目前只有一个雏形，还有许多问题没有表现出来。滨海-海洋地震学就是其中的一个问题。

2. 上海市对滨海-海洋地震学研究的设想

如前所述，21 世纪是海洋世纪，上海诸多行业都已向海洋进军。上海位于太平洋西岸线的中点，是我国沿海的最大都市，她的兴起和未来的发展皆有赖于海洋。然而上海长江口及其以东海域相对说来又是一个发生地震较多的地区之一，正是大城市滨海地震的危害性引起国内外，包括上海市行政首脑和科学家、工程师们的极大关注，也极大地推动了沿海市政建设、防震抗震技术和地震科学的发展。在我国，自1997年后，除上海市地震局就沿海地震问题进行了"上海及其邻近海域一期工程"（以下简称"一期工程"）的研究外，天津市也着手研究了渤海地震及天津—蓬莱NWW向断裂活动对天津的影响；江苏开展了南黄海地震对苏北沿海城市危害的评估，广东为港澳回归后平稳发展，在珠江口外进行了大量海上物探，这一切都在一定程度上促进了我国"滨海-海洋地震学"研究的兴起，然而在所有的工作中只有"一期工程"对我国未来的"滨海-海洋地震学"研究作了全面规划和可行性讨论。因此可以说，"一期工程"对我国未来的"滨海-海洋地震学"研究的规划集中体现了上海对未来的种种设想。例如"一期工程"以1999年的知识水平认为："滨海-海洋地震"未来研究的长远规划是否应分为五个阶段，并转述了1992年海口会议上的专家建议，将其作为"滨海-海洋地震学"的特性研究（地区性研究）内容。例如，对南海地区应进行：

①南海地震观测。建议尽快在南海诸岛合适地点增设地震台；争取早日完善中美合作的数字地震仪观测；与日本合作建立海底地震仪试测；利用南海石油钻井作深井地震仪观测试验；与周边国家合作，建立地震资料交换关系。

②南海地震活动性研究。南海地震时空分布规律；海洋地震与大陆地震的共性差别；南海地震与大陆地震活动的关系。

③南海活动断裂的调查与研究。建议首先查明近海活动断裂的形态、产状、组合、性质、活动时代、特征、活动量等，在研究莺歌海盆地断裂带时，要与红河断裂带联系起来，注意其分段特征研究。

④南海潜在震源区研究和地震区划图编制。

⑤南海构造应力场和岩石圈动力学研究。

对渤海地区应进行：

①郯庐断裂带渤海延伸的形态状况等特征研究。

②适当安置海底地震仪做地震活动观测并把渤海和华北联系起来做中长期地震研究，在此背景下研究渤海特有震情。

③开展渤海地震对周围经济圈影响的研究，做震害预测。

④开展渤海地震对石油平台影响的研究。

⑤海洋工程抗震防震措施的研究。

对黄海地区应进行：

①黄海地区海底地貌、地质状况综合调查、地壳结构和深部构造的精细研究。

②黄海历史地震（结合地质构造）的研究，尤其是确定1505年黄海7.0级（有定为6¾级）地震的确切位置。

③苏鲁交界南黄海重点监视区震情跟踪短临预报指标的进一步研究，海洋地震前兆指标研究，日本海沟地震与黄海地震的相关性研究。

④海洋工程港口码头的防震措施研究。

对东海地区应进行：

①东海地区深部地壳构造研究。在台湾海峡配置海底地震仪和台湾地震台网联合进行东海及东海地区地震研究（在台湾海峡放置海底地震仪将对核试验和潜艇活动等军事用途提供

资料)。

②东海油田的防震减灾措施研究。

③海洋采油与地震关系研究。

④海震和海啸研究。

因此,"一期工程"的核心在地理上贯穿着以上海作为中心点向外辐射的思想,即以上海为中心研究上海周围地区(特别是滨海地区)作为全国沿海地区的示范,做从渤海南到南海的广大海域南北辐射研究;在取得经验后再做东向辐射,向东进入朝鲜、日本地区,向太平洋进军,在世界海洋地震等研究领域内占有一席之地。滨海-海洋地震研究是目前国际上地震研究的前沿阵地之一,上海理应在该领域中占有应有的地位。上海对未来的种种设想表明,不断深入这方面的研究,将会大大扩展我们的知识,推进地震学本身的发展,不仅在学术上而且在实用上都具有重大意义。

事实上,上海市已于2006年开始,在东海北部海域建设海洋地震观测台,预计在2010年12月前建成上海海洋地震监测系统,完成系统调试、试运转和工程验收。系统建设内容为:建设3个海洋深井固定台站(其中1个建成向全社会开放的公用海上实验室),3个海岛台站;投放10套海底沉浮式地震仪;1个由20个地震台构成的十字型台阵;1个海洋地震与海啸预警中心;1个海洋地震仪器研制与维护中心;1个海洋地震与海啸监测与预警培训中心。

3个海洋深井固定台站在选址上要求:①以上海附近重点监防区为依据,能自成网络。监控范围包括南黄海地震活动带南缘、东海长江口1996年11月9日地震震中附近,以利于研究重点监防区的地震地质特征;观测海礁、东海大桥及洋山国际航运中心附近的地震活动性,综合考虑地震和海啸的监测与预警。②避开航线、通信光缆与重要渔场。③能与陆地台站形成网络。④在地理上参考陆地地震台站建设的国家规范、规程。尽量保持与国家基本网(一等水准网、基本重力网、GPS基本网等)的密切联系,成为其有机的组成部分。沉浮式地震仪投放位置参照固定台站位置的要求。

正在开工建设的该系统,在技术上所引进的宽频带海底地震仪是目前国际上最为先进、技术含量极高的地震仪。上海市地震局自主设计开发的深井与铰接式微型海洋平台系统则具国内领先水平。在技术指标上,拟建的整个上海海洋地震监测系统具有低监测阈值、较高的观测精度、较大的有效监测面积以及较少的传感器等优点。最后建成的将是布局合理、密度适中、定点观测与流动观测相结合、运行可靠的近海海域地震观测系统。将使上海市的地震监测能力达到1级以上,地震速报能力将达到30 min以内,配以将初步建成的基于海域地震观测的海啸监测与预警系统,为最终建成上海立体海洋监测网络奠定了基础。

该系统将是我国率先建成的覆盖陆地与海域的地震监测台网,将全面提升上海市地震与海啸监测的能力与水平,为防灾减灾,确保社会稳定与可持续发展提供保障。特别是对东海油气田及其输油气管线、海底通讯光缆、东海跨海大桥以及洋山国际深水港等特大型海上工程的地震与海啸的危险性评价与监测起着至关重要的作用,为它们提供一道规避地震与海啸危险的有利屏障。可以预计,通过海域地震台网的观测,将会有助于海域地震烈度的详细区划,圈定地震后易造成破坏的区域,使新建海洋工程尽量避开这些危险区。一些低烈度区的确定,可直接降低工程的设防要求,节省大量建设资金。直接地震与海啸速报能力的提高和震后灾情快速评估系统的完善,能最大限度地减轻地震与海啸灾害造成的损失。所积累的海域地质与地球物理资料可大幅度提高政府部门制定海域资源开发利用规划的合理性和科学性。从而极大地展示上海市政府的效能和社会的文明程度，实现新时期国家防震减灾目标。

该系统在科学上将填补我国在海域地震监测领域的空白，形成上海市对近海海域测震、重力场、地磁场等多学科的综合观测能力，积累与地震及海啸有关的基本地球物理场的数字信息，提升我国海洋地震及海啸的监测能力和水平，紧跟世界海洋地震及海啸监测的步伐。为全面建成我国海域地震及海啸观测系统、编制海域地震及海啸观测台站建设的国家标准积累经验。在获取与海域有关的基本地球物理场信息的基础之上，能够建立与完善完整的、高时空分辨率的上海海域地球物理场基本模型，建立大陆架板块动力学模型，深化板内强震机理的认识，为全球板块构造及其运动理论做出应有的贡献。而在我国海域开展测震、形变、重力、地磁、海底温度等综合地震观测，精确记录地震从孕育到发生的全过程则无疑是透彻理解地震形成和发生机理的一个重要条件。这些基础信息不仅仅有助于地震地质的研究，还可满足对板块运动、地质活动、储油构造以及我国大陆地震的动力条件等重大科学问题研究的需求。同时，该信息将成为上海海域数字地球的重要组成部分。

以地震监测为主的开放性小型海上实验室的建立，可以为海洋大气、海洋物理、海洋地质、海洋生物、海洋化学等研究形成一支以海洋地震监测为主的海洋科学研究队伍，有助于建成海洋地震监测、研究与培训中心。同时能为相应专业学生的实习提供一个平台，这一切将极大地推动我国和上海市海洋科学的发展，在国际地震科学和地球科学研究中产生重大影响（据方国庆等，上海海洋地震监测与研究项目建议书，上海市地震局，2005）。

可以预期，地震学界众多前辈和我们对开发滨海-海洋地震学未来研究的共同愿望将在不远的将来得以实现。

参 考 文 献

[1] 陈颙主编，数字时代的地震观测，北京：地震出版社，1998
[2] http：//www.cas.ac.cn（中国科学院网站）
[3] 渡部晖彦等，海洋地球物理，北京：科学出版社，1980
[4] 陈国营译，目前的海底地震仪设施，EOS，1991，72（45）
[5] E. Kappel, The Ocean Seismic Netwoerk, IRIS-2000
[6] 刘希玲译，海洋地震台网：海洋中的宽频带地震学，世界地震译丛，1997，5
[7] Geotimes, 1998, 43 (8)
[8] http//：www.kepu.gov.cn/magazine/gwkjdt/2004/02_87.htm
[9] http：//www.iris.washington.edu/sabout/GSN/02-03sites.htm
[10] 吉川一光，骏河湾内自浮式海底地震仪的观测结果，月刊地球、号外 No.33、総特集、東海地震、その新知見、海洋出版株式会社，2001，183～187
[11] 地震学会讲演预稿集（日文），1992
[12] 坂田正治，日本《地震学会新闻通讯》1994，5（6）
[13] Motoo Ukawa et al., Seismicity Surver with POP-UP-Type OBS Array in the Western Part of Sagami Bay, J. Phys. Earth, 1989, 37 (1): 31～54
[14] 陈运泰等，数字地震学，北京：地震出版社，2000
[15] 笠原顺三，月刊地球，1997，19（12）

[16] 金沢敏彦：リアルタイムの海域地震観測，地震ジャーナル，2000，29：34～44
[17] 日本"海洋半球观测研究计划数据中心"开始提供因特网数据服务，地震科技情报，1999，3
[18] J. A. Collins, et al., Broadband seismology in the oceans: Lessons from the Ocean Seismic Network Pilot Experiment, Geophysical Research Letters, 2001, 28 (1)
[19] R. Butler et al., Hawaii-2 observatory pioneers opportunities for remote instrumentation in ocean studies, EOS. 2000, 81 (15); 世界地震译丛，2001，4
[20] 吴忠良译，夏威夷-2观测站："纳震"的观测，世界地震译丛，2003，6
[21] http//：www.kepu.gov.cn/magazine/gwkjdt.
[22] Jennifer L. Martin et al., U.S. Geological Survey Open-File Report 01-112 Online version 1.0
[23] С. Л. СОЛОВЪЕВ 等，ГЕОФИЗИКА УДК550.34，1988，1085～1087，崔桂芝译，爱琴海南部地壳的地震活动性（根据海底地震观测结果）
[24] С. Л. СОЛОВЪЕВ，崔桂芝译，用海底地震仪对短时间观测进行的北爱琴海槽的微震活动，ФИЗИКА ЗЕМЛИ 1993，7
[25] ОСТРОВСКИЙ А. А. 崔桂芝译，根据微震记录标定海底地震仪耦合特性的可能性，ГЕОФИЗИКА УДК550.34，1988.5.21
[26] ОСТРОВСКИЙ А. А. ВУАКАНОЛОГИЯ И СЙСМОЛОГИЯ No3 P93～101，崔桂芝译，在海洋进行地震观测时，海底地震仪耦合特性对记录信号谱的影响
[27] 中科院文献情报中心情报研究部，中国科学院网站：Http；//www.cashq.ac.cn/html/Dir/2001/08/02/0167.htm
[28] 陈颙等，地震科学发展的几个趋势，国际地震动态，2003，1
[29] 肖庆辉，国土资源部信息中心网站，2001
[30] 陈毓川等，世纪之交的地球科学，北京：地质出版社，2000
[31] 臧绍先、陈奇志、黄金水，台湾南部—菲律宾地区的地震分布，应力状态及板块的相互作用，地震地质，1994，16 (1)：29～37
[32] 臧绍先、宁杰远，西太平洋俯冲带研究及其动力学意义，地球物理学报，1996，39 (2)：188～202
[33] 臧绍先、宁杰远，菲律宾海板块与欧亚板块的相互作用及其对东亚构造运动的影响，地球物理学报，2002，45 (2)
[34] K. Yoshizawa，地球科学的未来——IASPEI青年科学家的展望，国际地震动态，2004，1
[35] 车时，从认识论的角度分析我国地震预报的历史、现状和未来，地震科技情报快讯，2003，16

后　　记

　　本书在中国地震局地震科学联合基金会、上海市地震局和地震界各方好友同仁们的资助和关心下，历时八年，克服经费和其他众多方面的重重困难，终于得以付印出版，可以说是集体工作成果的结晶。全书实为两大内容，前者为上海及其附近海域的地震研究，概述了我们在这方面取得的一些工作研究结果，后者为滨海-海洋地震学方面的文献综述，旨在为后续研究作些铺垫。鉴于本书所述内容的实用性，这方面内容的研究者众，出成果速，技术和知识更新极快，本书的出版就无法包容许多崭新的成果。本书写作时间之长，一个重要原因就是作者总希望赶上新潮流、新成果，但遗憾的是虽屡次补充总仍跟不上。无奈之下只能就此了断，敬请各方谅解。

　　再次向所有关心本书、帮助本书出版的科技人员、管理人员，向所有原始文献的作者，向所有未及提名的学人好友，尤其是向上海市地震局的李梁才先生致以最深切的谢意，感谢他无数次地对老旧计算机进行维护，保证了全部书稿的产出。